中等职业教育园林园艺专业系列教材

设施园艺

主编　姜　翌　副主编　张建军

重庆大学出版社

内容提要

设施园艺是农业可持续发展中的一种现代农业生产方式，是我国现代化农业发展的一个方向，是涉及园艺设施、蔬菜、花卉、果树等多学科交叉的边缘学科。本教材以培养从事设施园艺生产，适应设施园艺职业岗位要求的中等技能型人才为目标，以设施园艺基础知识和实践操作技能为重点，兼顾了我国南方和北方设施园艺的特点。全书内容包括：设施园艺的概念、学会电热温床建造技术、学会地膜覆盖技术、掌握塑料拱棚的结构性能及应用、掌握荫棚和防雨棚的搭建及其应用等14个任务。

本书适合中等职业学校园林园艺专业学生使用，也可作为在职人员的培训教材。

图书在版编目（CIP）数据

设施园艺/姜翌主编．—重庆：重庆大学出版社，2011.1（2025.1 重印）
（中等职业教育园林园艺专业系列教材）
ISBN 978-7-5624-5686-5

Ⅰ．①设…　Ⅱ．①姜…　Ⅲ．①园艺—保护地栽培—专业学校—教材　Ⅳ．①S62

中国版本图书馆 CIP 数据核字（2010）第 176014 号

中等职业教育园林园艺专业系列教材
设施园艺
主　编　姜　翌
副主编　张建军
策划编辑：沈　静
责任编辑：沈　静　　版式设计：沈　静
责任校对：秦巴达　　责任印制：张　策
*
重庆大学出版社出版发行
出版人：陈晓阳
社址：重庆市沙坪坝区大学城西路 21 号
邮编：401331
电话：（023）88617190　88617185（中小学）
传真：（023）88617186　88617166
网址：http://www.cqup.com.cn
邮箱：fxk@cqup.com.cn（营销中心）
全国新华书店经销
重庆新生代彩印技术有限公司印刷
*
开本：720mm×960mm　1/16　印张：18.5　字数：341 千
2011 年 1 月第 1 版　　2025 年 1 月第 4 次印刷
ISBN 978-7-5624-5686-5　定价：49.00 元

编委会

总序

在贯彻落实国家教育部《面向21世纪教育振兴行动计划——“职业教育课程改革和教材建设规划”项目成果——中等职业学校重点建设专业教学指导方案》的过程中,教育部中职教材出版基地——重庆大学出版社组织全国一批国家(省)级重点中职学校的教师和业内资深人士共同编写了这套中等职业教育园林园艺专业系列教材。

本套教材在培养目标与规格上力求与教育部《重点建设专业教学指导方案》保持一致,同时,充分考虑近年来中职学生生源状况的实际和现代园林园艺行业的岗位设置变化与用工需求,强调“理论够用、技能突出、强化实践、贴近生产”,教材编写以行动导向教育教学理念为指导,以任务要求来驱动教学为特色,要求教材既要方便教师组织教学,同时更要让学生对教材感兴趣、容易学、懂生产、会操作。

本套教材的编撰思路是:在充分分析园林园艺行业初中级岗位技能要求的基础上,将其具体生产中应知与应会的知识和技能,综合在若干个与实际工作任务相吻合的学习与训练任务之中,而每一个学习和训练任务又综合包含了完成某项具体工作任务所必需的知识、技能和职业资格要求。让学生的学习过程既要有乐趣又要有收获,重点解决目前园林园艺专业学生学习兴趣不高、职业要求与学习内容脱节的问题。

本套教材的各个分册均为相对独立的教学课程内容,均由若干学习和训练单元及任务构成。每个学习和训练单元及任务均包含任务目标、实训内容、实践应用、扩展知识链接、考证提示。其具体要求如下:

任务目标:包括重点、难点、教学方法。

实训内容:重点进行单元知识的学生实践实训的传授及训练。

实践应用:通过进行相关学习后,让学生能将相关知识运用在实际生产中。

扩展知识链接:借助案例、小资料、小链接、想一想等形式,让需要提高的学生通过知识链接进行相关理论的提升。

考证提示:对本单元所涉及的行业资格证的考试内容进行辅导和训练,帮助学生能比较容易地通过行业资格证的考试。

本套教材作者多系中等职业学校的一线教师和行业人士,将多年的中职教育教学思考和亲身体验所得到的感悟融入了教材的编写之中,教材的体例与传统的教材有所差异,并且本套教材要求加大图片的比例,力求吸引学生的关注和兴趣,希望能使学生的学习兴趣从教材开始,让教材成为学生的行业指导书,这也是编写这套教材的一个初衷吧!

囿于知识、经验、能力与环境等多重因素,本套教材也一定存在诸多值得商榷和有待完善的地方,敬请各位同仁提出宝贵的意见,对此,作者表示诚挚的感谢!

编委会

2010 年 8 月

前言

设施园艺是指在园艺作物不适应露地生长的地域(高寒地区、沙漠地区等)和寒冷或炎热季节,采用保(加)温防寒、降温防雨、通风透光等设施设备人为地创造适宜园艺作物生长发育的环境条件,在此条件下进行蔬菜、花卉、果树等园艺作物生产,以期获得绿色、优质、高产的园艺产品,以满足人民生活的需求。这是农业可持续发展中的一种现代农业生产方式,是我国现代化农业发展的一个方向。设施园艺的发达程度,往往是衡量一个国家或地区农业现代化水平的重要标志之一。

设施园艺是一门涉及园艺设施、蔬菜、花卉、果树等多学科交叉的边缘学科,它采用连续生产方式,高效、均衡地生产各种园艺产品,大大提高了土地产出率,也提高了社会效益和经济效益。在我国农村经济结构调整中设施园艺优势明显,其产品(主要为蔬菜、花卉和果品)附加值明显高于传统农业,是农民脱贫致富的一条有效途径。

本教材以培养从事设施园艺生产,适应设施园艺职业岗位要求的中等技能型人才为目标,以设施园艺基础知识和实践操作技能为重点,兼顾了我国南北方设施园艺的特点。教材以"任务"的形式来编写,每一个"任务"是一个独立的内容,便于讲授和学习。每个任务以"任务目标、基础知识要点、实训内容、实践应用、扩展知识链接、考证提示、任务后(考证练习、案例分析)"的体例来编写,突出了对学生生产实践能力的培养,更符合中职学校培养目标(动手能力的培养)对教材的要求。全书分为了解设施园艺、学会电热温床建造技术、学会地膜覆盖技术、掌握塑料拱棚的结构性能及应用、荫棚和防雨棚的搭建及其应用等 14 个任务。本教材可作为中职学校园林园艺专业的教材,同时也可供基层园艺工作者参阅。

本教材任务 1、任务 4、任务 5、任务 6、任务 7、任务 8、任务 9、任务 10、任务 11 由兰州园艺学校姜翌老师编写,任务 2、任务 3、任务 12、任务 13、任务 14 由甘肃定西临洮农业学校张建军老师编写。书中引用借鉴了有关专著和期刊的研究资料，在此表示诚挚的感谢！

由于编写时间仓促，加上编者水平有限，一定存在许多错误和不足之处，敬请读者批评指正，并提出宝贵意见。

编　者

2010年8月

目 录

任务1　了解设施园艺

任务2　学会阳畦及电热温床的建造技术

任务3　学会地膜覆盖技术

任务4 掌握塑料拱棚的结构性能及应用

任务5 掌握夏季栽培设施的结构性能及应用

任务6 认识温室的结构类型及性能

任务7　识别设施覆盖材料

任务8　掌握设施栽培基质的种类及其应用

任务9　掌握设施环境调控技术

任务 10　掌握工厂化穴盘育苗技术

任务 11　了解无土栽培技术

任务 12　掌握主要花卉设施栽培技术

任务 13　掌握主要蔬菜设施栽培技术

任务 14 掌握主要果树设施栽培技术

参考文献

任务1 了解设施园艺

任务目标

知识目标：理解设施园艺和园艺设施的概念及其区别，了解我国设施园艺的发展现状及趋势，明确发展设施园艺的意义。

能力目标：掌握学习《设施园艺》这门课的方法和技巧。

1.1 基本概念

要学好《设施园艺》这门课程，必须先了解园艺设施和设施园艺这两个基本概念及其区别，作为初学者往往容易混淆这两个概念。

设施园艺是相对于露地园艺而言，是指在园艺作物不适应露地生长的地域（高寒地区、沙漠地区等）以及寒冷或炎热季节，采用保（加）温防寒、降温防雨、通风透光等设施设备人为地创造适宜园艺作物生长发育的环境条件，在此条件下进行的蔬菜、花卉、果树等园艺作物生产，称之为设施园艺，它是现代化农业发展的一个方向。而用来进行园艺作物生产的设施和场地叫园艺设施，主要包括温室、大棚、荫棚、温床、地膜覆盖等保护设施（如图1.1）。

图1.1 玻璃温室（左）和塑料大棚（右）

设施园艺和园艺设施从概念到内容有着本质的区别，设施园艺主要学习和研究设施条件下园艺作物生产技术，其重点是“园艺”而非“设施”；园艺设施主要学习和研究适宜园艺作物生长发育的温室、大棚等设施的设计和建造技术，其重点是“设施”而非“园艺”。

设施园艺是现代化农业的重要组成部分，其核心是通过现代化农业工程、机械及智能化技术来调节或控制设施内的温度、水分、光照、气体、土壤营养等环境因子，在园艺作物非正常生长季节按照人们的要求采用连续栽培的方式生产出绿色、优质、高产的蔬菜、花卉、果品等园艺产品，可以有效提高土地产出率、劳动生产率和优质产品率，从而增加经济效益和社会效益。

1.2　设施园艺的主要内容

设施园艺涵盖了园艺、环境、机械、自动化工程等多个学科的知识,其主要内容就是学习和掌握设施条件下园艺作物的生产技术,包括基本技术和作物生产技术,以期达到和满足人们的生产目标。

设施园艺的主要内容具体来讲一是蔬菜、花卉、果树等园艺作物生长发育对水、肥、气、热、光等环境条件的要求;二是温室、大棚等园艺设施的类型、结构、性能及其应用;三是适应于设施的各种覆盖材料及其特点;四是设施园艺常用的栽培基质种类及其特性;五是设施环境调控技术;六是蔬菜、花卉、果树等园艺作物设施栽培技术;七是工厂化育苗技术;八是无土栽培技术。

1.3　我国设施园艺的发展现状

近年来,在推动我国农业现代化建设的过程中,全国各地都建立了许多农业高科技示范园区,其主要内容就是设施园艺。这说明设施园艺是现代化农业的重要组成部分,是衡量一个国家或地区农业现代化水平的标准之一。改革开放以来,我国设施园艺事业得到了迅速发展,主要用于蔬菜、瓜果、花卉的生产,其中普通日光温室和塑料大棚发展最快,加温温室由于投资高、能耗大、运营费用高、经济效益不理想而发展缓慢。

1.3.1　设施面积大

自国家科技部"九五"期间将设施园艺研究开发列为国家科技产业工程项目"工厂化高效农业示范工程"后,我国设施园艺产业得到了快速发展,以日光温室和塑料大棚为代表的设施园艺进入高速发展期。1995 年,全国设施园艺面积约 57 万 hm^2,其中塑料中小拱棚 31.061 万 hm^2,塑料大棚 11.688 万 hm^2,各类温室 14.2 万 hm^2。从表 1.1 可以看出,2001—2006 年仅日光温室就增加了 4.48 万 hm^2,年递增 7%,2006 年日光温室面积 15.73 万 hm^2,占温室总面积的 22%(表 1.1)。

表 1.1　中国温室面积　　单位:万 hm^2

年　份	2001	2002	2003	2004	2005	2006
温室总面积	607 736	689 503	692 924	662 423	661 090	707 633
玻璃连栋温室	534	501	497	585	1 039	704
塑料连栋温室	15 072	16 562	27 645	23 797	26 178	32 202
塑料大棚温室	472 331	498 198	537 019	499 814	480 961	512 054
日光温室	112 454	91 592	110 355	128 476	145 250	157 295

我国设施园艺面积约占世界设施园艺总面积的80%,居世界第一位。设施类型以现代温室、日光温室和塑料拱棚为主,比20世纪80年代初期增长了约160倍,在各类设施应用中以蔬菜栽培为主体,约占园艺作物栽培总面积的97%。2003年蔬菜设施面积近200万 hm^2,2005年设施生产的蔬菜人均占有量逾80 kg,比1980年增长近400倍,大大缓解了北方居民冬季吃菜难的问题。近几年来,花卉、果树设施栽培面积迅速增加。设施园艺分布区域改变了以北方为主的态势,并迅速向经济发达的南方发展。

1.3.2 设施大型化

在设施园艺发展过程中,小拱棚由于产出率低、作业不便、劳作强度大等原因所占比重下降较快,据统计分析,1981—1982年,小拱棚占69%,不加温薄膜温室、塑料大中棚占31%;到了1998—1999年,不加温薄膜温室、塑料大中棚的比重达到59%,上升了28%,而中小棚的比重则由69%下降到41%,下降了28%;2006年中小拱棚面积为23.1万 hm^2,大棚面积46.5万 hm^2,温室面积8.1万 hm^2,温室面积以日光节能温室发展迅速,传统加温温室增加缓慢。1984—1999年,日光节能温室由300 hm^2 扩大到约1.32万 hm^2,年均增长44倍;普通日光温室由3 700 hm^2 增加到9 916 hm^2,年均增长2.68倍;而同期传统加温温室则由1 773 hm^2 增加到2 624 hm^2,仅增加0.48倍。可见中小拱棚面积在逐步缩小,园艺设施大型化是发展趋势。

1.3.3 特色明显

我国设施园艺初步形成了以节能为中心的设施园艺生产体系。北方地区大力发展日光节能温室,冬季不加温,在北纬40度的高寒地区能生产出喜温性的果菜类蔬菜,使北方冬春蔬菜淡季消失;塑料拱棚、荫棚和防雨棚在南方的推广应用,解决了南方高温多雨的夏季不能生产蔬菜的历史。设施园艺的发展使我国南北方蔬菜能够四季生产、周年供应,极大地丰富了城乡居民的菜篮子。

1.3.4 总体水平提高

我国设施园艺从设施类型到技术水平近年均有明显提高。园艺设施向大型化发展,简易的小型设施比例逐步下降;第四代新型日光节能温室已推广应用;设施园艺科技的总体水平显著提升,在温室环境调控及配套工程设施的研发方面取得了重要成果,显著提高了温室设施的技术性能和设计水平,选育出了一批具有自主知识产权的工厂化生产专用蔬菜新品种,扭转了我国主栽园艺作物品种依赖进口的被动局面。研究形成了园艺作物高产栽培技术体系,缩短了与国外发达国家的技术差距,“十五”

期间新研制的工厂化农业生产关键技术，与“九五”相比，可降低生产能耗15%～20%，运行成本降低10%～15%，提高水、肥、药施用效率10%～20%，提高产量15%～20%，降低化肥、农药施用量50%以上。

1.3.5 存在的问题

如果从数量上来看，我国设施园艺的面积与人均蔬菜供应量均居世界前列，但仅仅是数量第一，如果从设施类型、环境调控能力和栽培技术的科技水平和科技含量评价，与发达国家相比，我国仍停留在低水平的初级阶段。主要存在以下问题：

1）设施类型以小型、简易结构为主，抵御自然灾害能力差

据专家分析，在我国约250万 hm^2 设施园艺生产中，大型连栋温室仅有100 hm^2，占总面积的0.04%；日光温室约占20%，是北方冬季能进行大面积生产的唯一类型。塑料拱棚占我国设施园艺总面积的76.4%。在191万 hm^2 的塑料拱棚中，只有部分为钢骨架塑料拱棚，竹木结构还占较大比例，因此受自然气候影响很大，抵御天气变化的能力有限，太冷、太热季节生产都比较困难。

日光温室是设施园艺中比较高级的类型，但单栋面积多为666.7 m^2，小型而分散，温室以最简陋的普通型为主流。以日光温室发源地辽宁省为例，日光温室蔬菜产值占辽宁省种植业产值的31.8%，成为其农业支柱产业。目前，该省生产中同时并存4种类型温室，其中普通型为竹木结构，抵御自然灾害的能力差，约占总面积的65%。目前，普通型仍是我国北方日光节能温室的主流，抵抗自然灾害的能力较差，遇灾害性天气和年份生产没有保障，造成园艺产品对市场的周年供应出现波动。

2）生产管理科技含量不高

我国设施园艺生产管理多依赖于传统经验，缺乏科学的量化指标和系统技术，不符合现代化农业的要求，与发达国家相比差距较大，尤其表现在作物的产量水平上。尽管我国也有高产典型，但很不普遍，大面积平均单产与发达国家相差甚远。世界上设施园艺发达的荷兰和日本，蔬菜平均产量往往是我国的几倍甚至十几倍，如荷兰温室番茄年产量中等水平为60万 kg/hm^2（即40 000 $kg/666.7\ m^2$），是我国的4～5倍。

3）栽培技术落后

我国设施园艺的生产经营方式以个体农户为主，栽培技术以小农生产方式为主，凭经验管理，导致劳动生产率和产业化水平相对较低。我国历史上延续的以农户为单位的小农生产方式，在设施园艺产业表现突出，小型简易正是适应了小农生产方式。如何让科技进入农户，依靠科技实行集约化、产业化、工厂化管理，仍是困扰我国

设施园艺业发展的问题。近年来,工厂化农业示范项目中取得的高端成果,与实际生产者的素质低下和农村科技人才的极度匮乏形成巨大反差,出现了“你研究你的,我干我的”的消极现象。生产中盲目施肥浇水、滥用农药、污染环境的情况比比皆是。大面积生产存在的产量低下、品质不佳、生产者效益下降等实际问题仍没能得到很好地解决。小农经济的生产和经营与日益发展的市场经济矛盾越来越突出,更难以走出国门与国际市场接轨。发达国家的设施园艺工程已形成独立的产业体系,我国还是分散的,以小型的乡镇企业为主,尤其在“硬件”的生产与制造方面技术水平、工艺水平不高,无法和发达国家相比。

4)发展的盲目性

目前,各省市、地区都在大力兴建设施农业高科技示范园区,忽视了发展设施园艺要从当地实际情况和气候特点出发、因地制宜的原则,存在一定的盲目性。有些地区或单位不顾市场需求和预期效益,大搞“政绩工程”,重建设轻管理,使得生产不仅不能盈利,还严重亏损,体现不出高科技示范作用,对今后设施园艺的发展带来负面影响。

1.4 我国设施园艺发展趋势

1.4.1 生产技术标准化

目前,我国温室大棚等设施园艺存在没有严格的作物生产技术标准或规范,生产科技含量不高、技术不配套、病虫害发生严重、经济效益差等问题。因此,未来设施园艺必须围绕高产、优质、高效和无害化的标准,将国内外设施园艺的先进生产技术进行组装配套和改进,研究开发适宜不同区域气候条件下的“现代设施园艺标准化栽培技术体系”,主要包括:苗木组培快繁标准化生产技术、优质无公害蔬菜标准化生产技术、珍稀花卉标准化生产技术、优质果品标准化生产技术、特色芽苗蔬菜标准化生产技术、无公害蔬菜生产贮运保鲜标准等。

1.4.2 环境控制智能化

目前,我国园艺设施以简易类型为主,环境调控技术与设备落后,对环境的调节和控制能力有限。塑料大棚在遇到灾害性天气时容易受损,无法生产,即使在正常天气,大部分塑料拱棚所能进行的环境调控手段也仅限于通风和避风;日光温室遇到寒流或连阴(雪)天,光照不足失去热源和光源时,室内光照、温度、湿度都会出现不适合植物生育的逆境,轻则减产,重则绝收;现代化温室在北方因气候寒冷,主要靠加温来保证作物生长,能源消耗大、成本高,在南方优越性较为显著,但由于基础研究起步晚,计算机调控环境的软件参数多引自国外,缺乏自主知识产权产品,难以对温室进行有效的环境调控。因此,我国未来要大力研究园艺设施环境调节和控制技术,塑料拱棚和节能温室在结构和材料科技化的基础上,提升环境调控手段,对现代化温室要研发具有自主知识产权的智能化环境控制系统。

1.4.3 园艺产品绿色化

设施园艺特殊可控的生产模式为人们常年提供绿色、优质、高产的园艺产品,极大地丰富了城乡居民的菜篮子,有效地提高了广大农民的经济效益。随着社会经济和设施园艺技术的发展,有机食品、绿色食品将成为人们餐桌的首选,因此,设施园艺就成了我国无公害食品生产的重要途径,园艺产品绿色化是设施园艺发展的必然选择。

1.4.4 栽培品种专门化

露地常规园艺品种不适应温室、塑料拱棚等园艺设施内低温、高湿、弱光照等环境条件,生长受到严重抑制,病虫害严重,抗性下降,作物产量低、品质差。研发培育大量的耐低温、耐潮湿、耐弱光、株型矮化紧凑的设施专用品种是今后的育种目标之一。适应不同设施条件的栽培品种进一步细化,如塑料拱棚、日光节能温室、现代化温室等设施条件不同,其环境条件也就不同,栽培品种就要适应不同的环境条件而专门化,这样就对设施园艺生产高产、优质、绿色无公害的产品提供了源头保障。

1.4.5 发展区域化、产业化

设施园艺是农村产业结构调整的重点,每个省或地区要根据当地的自然条件和经济水平作出统一规划。对不具备设施园艺发展条件的地区要慎重或禁止,对自然条件和经济条件均符合发展设施园艺的地区统一规划,加强宏观调控,以实用为前提,对建设大型现代化温室要实行严格审批制度,尽可能改变一家一户的生产模式,规模建设、联合生产,做到发展区域化和产业化,产生规模效益。

1.4.6 设施结构科技化

日光节能温室以其建设投资小、经济效益高的特点,成为我国设施园艺当前和今后一个阶段的主要发展方向。提高日光节能温室的适宜性、耐久性、安全性和环境调控自动化是日光节能温室结构科技化的主要内容,根据不同地域的自然条件实行日光节能温室结构标准化对提升我国设施园艺水平具有重要意义。日光温室的荷载、几何尺寸、采光屋面角度、脊高、跨度、后屋面仰角、采光面的形状、屋面骨架材料、墙体结构等要从日光节能温室的光、热环境和结构受力综合研究，使日光节能温室结构更科学、更合理，使生产中出现第五代、第六代、第七代甚至更多的日光节能温室。

1.4.7 经营管理现代化

经营管理是指为了获取最大赢利、提高工作效率，对生产经营活动进行的决策、计划、组织、控制等一系列活动的总称。在市场经济条件下，设施园艺管理者应具有现代化经营管理理念。设施园艺生产经营活动比较复杂，有物资采购、设施管理维修、作物生产、产品销售、人员管理、人才使用、技术培训等诸多内容。因此，作为管理者，要具备市场调查、经营预测与决策、经营计划、经济合同、生产资源合理利用、产品储藏加工、产品营销、核算和分析等能力，科学管理，实现设施园艺生产利润最大化。

1.5 为什么要学习设施园艺

设施园艺是实现园艺作物绿色、优质、高效，达到全年供应的重要手段，我国发展设施园艺意义重大。首先，土地资源和水资源少，发展设施园艺可以对盐碱沙荒、沿海滩涂等无法进行农业耕种的地区进行开发利用，有效利用国土资源，设施园艺可以节约用水，提高水资源利用率，为发展生态农业提供了必要的条件；其次，我国人口众多，如何在人口增长、资源减少的趋势下保障食品供应安全，既是经济问题又是战略问题，设施园艺能人为调控环境，是最大限度地发挥生产潜能、提高单位面积产量的有效途径；再次，由于设施园艺种植的蔬菜价格比普通蔬菜高 3 ~4 倍，发展科技含量高的设施园艺有助于农村产业结构的调整，增产增收；最后，从提高人民生活质量的角度来说，设施园艺能满足人们对食品鲜活、安全的客观要求。

因此，作为园林园艺专业的学生就有必要学习《设施园艺》这门课程，掌握设施园艺生产和管理技术、掌握设施园艺作物栽培的基本技能，为我国城乡居民生产出更多的绿色、优质、高产的蔬菜、花卉和果品，为自己走向社会全面发展掌握一门专业技能。

1.6 怎样学好《设施园艺》这门课程

设施园艺是一门多学科交叉结合的课程，作为中职学生，要学好这门课程，首先要明确学习目标：学习掌握设施条件下园艺作物栽培技术和基本技能，要达到这个学习目标，一是要具备植物学、植物生长环境等基础知识；二是要熟知蔬菜、花卉、果树的生长习性和其生长发育对环境条件的要求；三是要了解栽培设施的结构及性能；四是要掌握设施环境特点及其调控技术。

设施园艺是一门实践性很强的课程，在认真学习必要理论知识的基础上，重点是要不怕吃苦，勤于动手，在实践中去观察、去操作，加强实践操作能力的训练。

1.7 扩展知识链接

国外设施园艺发展现状及趋势

1）国外设施园艺发展现状

20 世纪 50 年代以来，世界发达国家设施园艺发展迅猛，从设施设备、设施建造、环境调控、设施专用栽培品种、种苗培育、栽培管理技术等方面形成了完整的技术体系。20 世纪 90 年代以后，随着工业化进程的加快，设施园艺新技术日新月异，发展迅速。发达国家的设施园艺已具备了技术成套、设施设备完善、生产技术规范的特点，逐步向自动化、智能化和网络化方向发展，实现了高产量、高品质、产品无公害、周年生产、均衡上市。目前，荷兰、日本、美国、以色列等国家设施园艺综合技术先进，走在世界的前列。

荷兰是世界上人口密度最大的国家之一，土地资源十分紧张，人均耕地只有 1 000 m^2，但却是世界上设施园艺产品出口最大的国家之一，是世界园艺强国。荷兰设施园艺发展较早，设施园艺是荷兰经济的重要支柱和特色，全自动化温室成套设备在世界市场上享有很高的技术声誉。荷兰温室的最大特点是温室结构以轻型材料的文洛式（Venlo-type）连栋温室为最多；透明覆盖物以玻璃为主；实行单一作物栽培的专业化生产；集中规模化生产，温室主要集中于冬暖夏凉，四季气候温和、雨量充沛、光照好的西部沿海地区，温室环境调控耗能少；注重节能并充分利用自然资源。温室内设置两层保温幕，用于调光调温，温室四周设置保温反光层，白天增光夜间保温、增强补光保温效果；温室采用联合热电供应系统，为温室加温；温室外设有集雨池，利用温室屋面收集雨水进行无土栽培；采用无土栽培，不仅克服了连作障碍，而且便于计算机管理，提高产品商品率；实行无公害生产。截止到 2004 年底，荷兰温室总面积为 10 905 hm^2，其中 99% 为玻璃温室，10% 为膜温室和塑料板材温室。番茄每亩（1 亩 = 666.7 m^2，下同）约产 40 000 kg，黄瓜每亩 50 000 kg，高出我国产量 3 ~4 倍，且产品的商品率达 100%，优等品率达 90% 以上。在设施设计上，荷兰已采用三维设施绘图软件进行设计，无论用料、结构形式及强度、采光量、通风方式等均达到最优。在温室产前、产中、产后关键技术与设备方面，如苗木移栽设备、果菜自动采摘、分级设备、无土栽培设备的开发、温室屋顶清洗设备等，国外已十分成熟或正在尝试，而在我国尚属空白。

日本设施园艺产业相当发达,居世界前列。20 世纪 60 年代是日本设施园艺快速发展期,蔬菜、花卉、水果是其设施园艺的主要产品。日本的园艺设施主要是双屋面温室和连栋塑料大棚,有多项技术领先世界:其先进的温室配套设施和环境调控技术居世界前列;环境调控和封闭式育苗技术的研究位居世界前列;PVC 农用薄膜在透光、保温、长寿、耐老化方面处于世界领先水平;在温室内配套的小型农用机具产品在国际市场上有一定地位;温室节能技术(双层薄膜、地热、太阳能等)的研究与利用也非常先进;利用植物工厂进行园艺作物生产是日本设施园艺的一大特点,1992—2002 年,日本建成运行的植物工厂有 26 个,遍及日本各地。植物工厂生产速度要比通常设施园艺高 3 倍,但建造及运转费用很高。

美国在 20 世纪 70 年代石油危机之后,园艺生产主要集中在南方的加利福尼亚、佛罗里达、得克萨斯等气候温暖的几个州,然后运输到北方,被称为运输园艺。设施园艺只在中、北部发展了不加温的塑料大棚,发展相对落后。20 世纪 90 年代以后,设施园艺取得了长足发展,多数为玻璃温室,少数是双层充气塑料薄膜温室,近几年也建造了少量聚碳酸酯板温室。美国设施园艺面积不大,温室面积约 1.9 万 hm^2,但其在设施专用品种、温室降温设备、环境控制的传感器设备方面处于世界领先地位;美国在塑料薄膜研究方面取得了重要成就,研究生产的红外线薄膜(光谱选择薄膜)可以降低温室内的温度,使植株矮化,促进作物生长发育。

以色列国土面积小、自然条件恶劣,可耕地面积只有国土面积的 20%,而且有 50% 的耕地需要灌溉才能生产,这些不良条件使得以色列大力发展设施园艺产业,温室面积由 20 世纪 80 年代初的 900 hm^2 发展到现在的 3 000 hm^2,并将大量的高科技应用于设施园艺,尤其在微灌设施及其控制方面,处于世界领先地位;在温室作物专用品种的开发研究方面,也具有一定的优势;温室结构非常先进,可以根据光线强度的变化自动调节和移动温室幕帘、天窗及遮阳网;计算机控制空气温度和湿度的自动调节;实现了温室供水、施肥和环境自动化控制;迷雾气候控制技术使温室降温所需的能耗非常低。以色列的设施园艺主要生产花卉和蔬菜,产品大量出口到欧洲各国,其花卉生产仅次于荷兰,成为欧洲第二大供应国,瓜果蔬菜占据了 40% 的欧洲市场。

2)国外设施园艺发展趋势

2000 年以后,世界各国设施园艺从设施设计建造、装备制造、环境调控、生产面积到栽培管理技术等各方面发展速度很快。发达国家的设施园艺有 3 个明显的发展趋势,即大型化、现代化、工厂化。

(1)设施大型化

大型设施由于室内面积和空间较大,具有室内温度稳定,日温差小,节省建筑材料、降低建设成本，便于立体栽培和机械化操作等优点，单栋面积0.5 hm^2 以上的温室发展较快。因此，设施大型化将是发达国家设施园艺的发展方向之一，但大型温室也有空气流动不畅等缺点。

(2)设施现代化

设施现代化涵盖了以下几个内容：一是设施结构标准化，根据当地的自然条件、栽培制度、资源情况等因素，设计适合当地条件、能充分利用太阳辐射能的标准型温室，构件由工厂进行专业化配套生产；二是温室环境调节自动化，根据作物种类在一天中不同时间或不同条件下的温度、湿度及光照的要求，定时、定量地进行调节，保证作物有最适合的生长发育条件；三是栽培管理机械化，灌溉、施肥、中耕及运输作业等，都应用机械化操作；四是栽培技术科学化，首先充分了解和掌握作物在不同季节、不同发育阶段、不同气候条件下，对各种生态因子的要求，制定一整套具体指标，一切均按栽培生理指标进行栽培管理，温度、光照、水分、养分及二氧化碳的补充等措施都根据测定的数据进行科学管理。

(3)生产工厂化

1964年，在维也纳建成了世界上第一个以种植花卉为主的绿色工厂，这条“植物工业化连续生产线”采用三维式的光照系统，用营养液栽培，室内的温度、湿度、水分和二氧化碳的补充均自动监测和控制，使花卉生产的单位面积产量比露地提高10倍，而且大大缩短了生产周期。但是，这种绿色工厂全用人工光照，耗能很大，被称为第二代人工气候室。后来进行了改进，采用自然光照系统，被称为第三代人工气候室。

思考习题

1. 理解并掌握设施园艺的概念。
2. 了解我国设施园艺的发展现状。
3. 到自己熟悉的温室、大棚中去体验并了解设施园艺。
4. 如何学好《设施园艺》这门课程？

任务2　学会阳畦及电热温床的建造技术

任务目标

知识目标：了解简易设施栽培阳畦、电热温床的概念、区域应用状况及主要简易设施栽培类型，栽培作物种类；了解阳畦、电热温床在生产上的应用，掌握阳畦、电热温床的结构、性能和建造方法，为园艺作物的设施栽培生产打下基础。

能力目标：掌握阳畦、电热温床的结构和性能；学会阳畦、电热温床的制作方法，掌握电热线的铺设，自动控温仪、电热线和电源的连接与安装的基本技能。

2.1　基础知识要点

阳畦，又称冷床，由风障畦演变而成，即由风障畦的畦埂加高增厚成为畦框，并在畦面上加设采光和保温防寒覆盖物，是一种白天利用太阳光增温，夜间利用防寒覆盖物保温防寒的园艺设施。电热温床是指在床土下铺设电热线而做成的温床。电热加温具有升温快、地温高、温度均匀、调节灵敏、使用时间不受季节限制等优点，同时，又可以根据不同作物种类和不同天气条件调节控制温度和加温时间，通过仪表实现自动调控，地温适宜，出苗快而整齐，根系发达，幼苗健壮，移植后易发根。

2.1.1　阳畦

1）阳畦的结构

阳畦由风障、栽培畦和畦上的透光覆盖物、不透光覆盖物构成。

(1)风障

大多数为完全风障，起防风保温作用，分为直立风障和倾斜风障两种。

(2)栽培畦

畦框用土或砖砌成，依据畦框尺寸规格的不同，分为抢阳畦和槽子畦两种。

①抢阳畦。北框高于南框，东西两框成坡形，做成后向南倾斜。一般北框高40～60 cm，南框高20～40 cm，畦框呈梯形，底宽40 cm，顶宽30 cm，畦面下宽一般为1.60 m，上宽1.80 m，长度6～10 m(图2.1)。

②槽子畦。四周畦框近于等高，做成后近似槽形。一般框高30～50 cm，框宽35～40 cm，畦面宽1.7 m，畦长6～10 m(图2.1)。

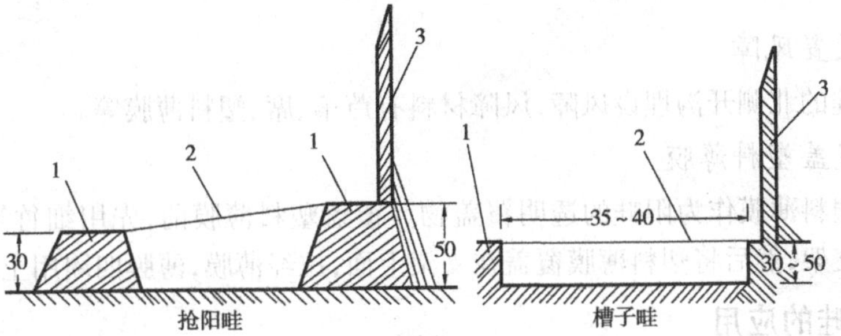

图2.1　阳畦的构造

1—畦框；2—透明覆盖物；3—风障

(3)透明覆盖材料

阳畦透明覆盖材料有塑料薄膜和玻璃,生产中以塑料薄膜为主,玻璃已很少使用。一般在畦面上用竹竿做拱架,拱架上面覆盖塑料薄膜。塑料薄膜的种类将在"任务7"中详细介绍。

(4)不透明覆盖材料

为阳畦的保温防寒覆盖材料,多用草帘和蒲席等覆盖。

2)阳畦的性能

阳畦具有畦框和覆盖物(透明和不透明),透明覆盖物白天吸收太阳辐射能,提高畦内温度,畦框和不透明保温覆盖物减少了夜间畦内热量的散失,使畦内保持了一定的温度,不致作物受冻;由于畦内空间有限,畦内温度受天气影响较大,晴天白天畦内温度较高,阴雨雪天畦内温度较低;畦内昼夜温差较大;畦内温度分布不均,畦内中间部位和北侧温度较高,南侧温度较低。

3)阳畦的建造

(1)场地选择

阳畦应建造在土壤肥沃、排水良好、四周没有高大遮阳物的地块中,阳畦的方位以东西延长为好,不宜单排设置,两排阳畦的前后距离以5~7 m为宜,前排阳畦的风障不能影响后排阳畦的采光。

(2)做畦框

阳畦一般用田间的自然土壤做成畦框。在畦面上均匀向下取土,按照阳畦的尺寸大小做成畦框,畦框土壤要拍紧踩实。如果要建造半永久性阳畦,可以用砖砌成床框。

(3)设置风障

在阳畦的北侧开沟埋设风障,风障材料有芦苇、席、塑料薄膜等。

(4)覆盖塑料薄膜

采用塑料薄膜作为阳畦的透明覆盖物。覆盖塑料薄膜前,先用细竹竿在阳畦框上做拱形支架,然后将塑料薄膜覆盖在支架上面,拉经薄膜,薄膜四周用土压实即可。

4)阳畦的应用

阳畦的主要作用是用于蔬菜、花卉作物的育苗,同时还可以用作植株体较矮的蔬菜、花卉作物春提前、秋延后前期栽培;幼苗假植栽培;在温度较高的地区还可以用于蔬菜作物越冬栽培。

2.1.2　改良阳畦

改良阳畦是在阳畦的基础上加以改良而成，具有较大的空间和良好的采光保温性能。目前生产中的改良阳畦按后屋面的有无分为有后屋面改良温室和无后屋面改良温室两种类型（图2.2）。

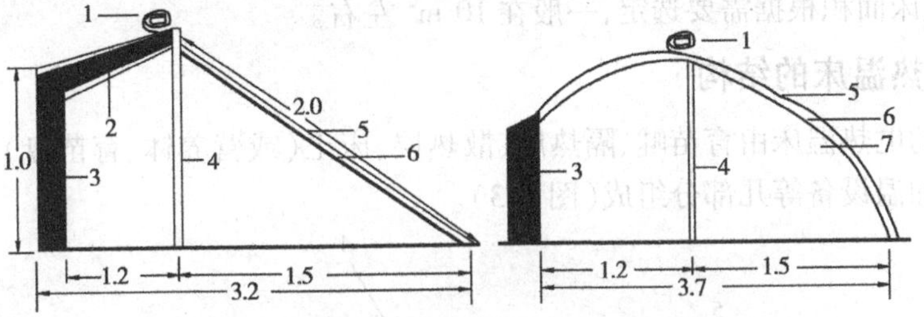

(a)有后屋面改良阳畦　(b)无后屋面改良阳畦

图2.2　改良阳畦（单位：cm）

1—草帘；2—后屋面；3—后墙；4—中立柱；5—塑料薄膜；6—骨架；7—拉杆

1）改良阳畦的结构

改良阳畦的基本结构由土墙（后墙和东西山墙）、透明屋面、后屋面和保温覆盖物4部分组成，后墙高0.9～1 m，墙厚0.4～0.5 m，中立柱高1.5～1.7 m，后屋顶宽1.0～1.5 m，前屋面宽2.0～2.5 m，畦面宽2.7～3.0 m。每3～4 m为一间，每间设一立柱，立柱上加柁，上铺两根檩，长度以地块的大小而定，一般为20～30 m。倾斜式的前屋面与地面夹角为40°～45°，拱圆式的前屋面与地面夹角为60°～70°。

2）改良阳畦的性能

改良式阳畦的保温性能较好，优于普通阳畦，仅次于日光温室。一般比普通阳畦的地温和气温高4～7 ℃，在最寒冷的季节，改良阳畦内的最低温度也在2～3 ℃；由于空间和热容量小，增温快，降温也快，温度变化剧烈，晴天畦内温度日较差大，生产中应注意及时通风降温；阴雨天畦内温度日较差较小，约为1 ℃；改良阳畦内的空气相对湿度较大，夜间在90%以上，栽培中应注意通风排湿，严寒季节要控制浇水，以控制病虫害的发生发展。

3）改良阳畦的应用

改良阳畦有了后墙，保温性能明显好于普通阳畦，同时，阳畦空间较大，农事操作方便，其应用范围较阳畦大了许多。除用于园艺作物育苗外，还可以用于茄果类、瓜类等喜温性蔬菜的春提前和秋延后栽培。

2.1.3 电热温床

电热温床是指在阳畦床土下铺设电热线,将电能转变为热能,使床土温度升高并保持在一定范围内的育苗设施,具有能长时间持续加温、使用方便、调节灵敏、自动控温、发热迅速,温度均匀等优点。电热温床一般建在温度条件较好的日光温室或加温温室内,温床面积根据需要选定,一般在 10 m^2 左右。

1)电热温床的结构

完整的电热温床由育苗畦、隔热层、散热层、床土(或营养钵、育苗盘)、保温覆盖物和电热加温设备等几部分组成(图 2.3)。

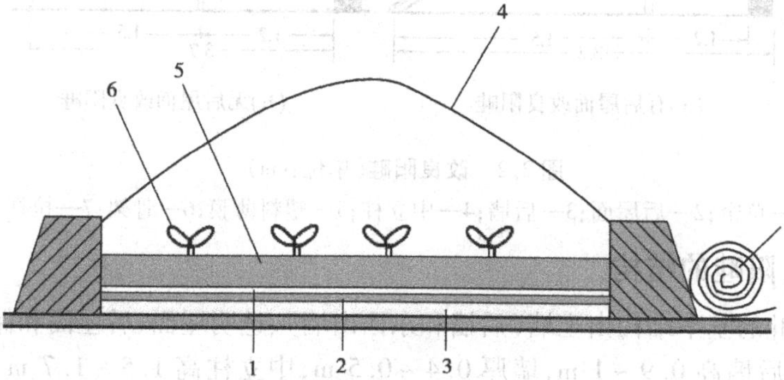

图 2.3 电热温床剖面图

1—散热层;2—电热线;3—隔热层;4—塑料薄膜;5—床土;6—秧苗;7—草帘

(1)育苗畦

结构和普通阳畦相同,面积根据电热线功率大小确定。

(2)隔热层

在电热线下铺一层稻糠或稻草、麦秸、木屑、马粪等隔热材料,把床底和大地隔开,减少床内热量向床底扩散损失,起到节省用电的目的。在寒冷的北方地区,一般在床下面都要铺隔热层。在比较温暖的地区,基础地温相对较高,一般达到10 ℃以上时,也可不设隔热层。

(3)散热层

为了使电热线产生的热量快速而均匀地传递给床土,在隔热层上面铺 2 ~3 cm 厚的细沙,作为散热层,将电热线埋在其中。

(4)床土

育苗用的营养土、营养钵或育苗盘,覆盖或放置在电热线上面,用来播种或栽植幼苗，播种床土厚 8～10 cm，放置营养钵或育苗盘的床土厚 1～2 cm。

(5)保温覆盖物

电热温床地上要有保温设施，一般的冷床都可通过装电热加温设施改为电热温床，在电热温床床框上面加盖塑料小拱棚用来保温。

(6)电热加温设备

电热加温设备主要包括电热线、控温仪、电源、交流接触器等。

①电热线。电热线由电热丝、引出线和接头 3 部分组成。电热丝为发热元件，外面包有耐热性强的乙烯树脂作为绝缘层防止漏电，引出线为普通的铜芯电线，基本不发热，接头套塑料管密封防水。电热线发热向外释放热量，水平传递的距离可达到 25 cm左右，15 cm 以内的热量最多，电热线最高使用温度为 40 ℃。生产中常用的电热线为 DV 系列，其主要参数见表 2.1。

表 2.1　DV 系列电热线的主要参数表

型　号	功率/W	长度/m	色　标
DV20408	400	60	棕
DV20410	400	100	黑
DV20608	600	80	蓝
DV20810	800	100	黄

②控温仪。即温度控制仪，生产中主要采用农用控温仪，控温范围在 10～40 ℃，灵敏度 ±0.2 ℃。控温仪以热敏电阻作测温头，以继电器的触点做输出，仪器本身工作电压 220 V，最大荷载 2 000 W。使用时，将感温触头插入苗床中，当苗床温度低于设定值时，继电器接通，进行加温；当苗床温度达到或超过设定值时，继电器断开，停止加温。

③交流接触器。交流接触器的作用是扩大控温仪的容量，当电热线总功率大于 2 000 W时，将电热线连接到交流接触器上，由交流接触器与控温仪相连接，否则控温仪易被烧毁。交流接触器的工作电压有 220 V 和 380 V 两种，根据供电情况灵活选用。目前，生产中主要采用 CJ10 系列交流接触器。

2)电热温床的性能

电热温床能有效地提高地温和近地表气温，当土表温度过低，不适于蔬菜幼苗根系生长时，通过电热线加温，幼苗生长速度快，根系发达，可缩短日历苗龄 7～10 d，提高出苗率，并能有效防止幼苗期病害发生，为培育适龄蔬菜壮苗创造良好的土壤环境。

3)电热温床的建造

(1)场地的选择

电热温床的场地选择对电能的消耗量影响很大,其中最主要的因素是地温和气温。要节约电能,电热温床应设在温室、塑料大棚或者小拱棚、日光温室等保护设施中。

(2)功率的选定

电热温床的功率是指单位面积苗床上需要铺设电热线的功率,用 W/m^2 表示。功率过大,虽然升温快,但增加设备成本,电路频繁通断,容易缩短仪器寿命;功率过小达不到设定温度。电热功率的选定要根据不同的地区和不同的作物而定,如辣椒、茄子育苗在长江流域 $80\sim100\ W/m^2$,黄河以北 $120\sim140\ W/m^2$ 为宜,番茄、黄瓜育苗在长江流域以 $60\sim80\ W/m^2$,黄河以北 $100\sim120\ W/m^2$ 为宜。

(3)温床面积

根据每根电热线的功率和选定的每平方米的功率来计算电热温床的面积,温床面积 = 每根电热线的功率 ÷ 单位面积苗床功率。如 1 根 1 000 W 的电加热线,功率选定为 $100\ W/m^2$,则可以铺设的电热温床面积 $=1\ 000\div100=10\ m^2$。

(4)布线间距

苗床单位面积功率选定后,根据不同型号的电加温线,可以用计算方法求得布线间距。

布线行数 =(线长 - 苗床宽度)/苗床长度(布线行数应取偶数,若计算出的布线行数为奇数,则要加 1)

布线间距 = 苗床宽度/布线行数

如用 100 m 长 800 W 的电热线铺设苗床,假设苗床单位面积功率为 $100\ W/m^2$,则苗床面积为 $800/100=8\ m^2$,确定苗床宽度为 1.6 m,则:

布线行数 $=(100-1.6)\div5\approx20$ 行

布线间距 $=1.6\div20=0.08\ m=8\ cm$

(5)制作苗床

根据计算出来的苗床面积和确定好的苗床宽度,在设施内光照、温度最佳部位做苗床。床框高于床面 10 cm,如果地温低于 10 ℃,苗床整平后,先铺一层 5 cm 厚的腐熟马粪或碎稻草等作为隔热层,然后踏实整平,再撒一层细沙,把隔热层压实,即可铺设电热线。

(6)布线方法

布线前,先在温床两头按计算好的布线行距钉上小木棍,布线由 3 人共同操作。

中间一人往返放线,其余两人各自在温床的一端将电热线挂在小木棍上。布线时要逐步拉紧,以免松动绞住,做到平、直、匀,紧贴地面,不让电热线松动和交叉,防止短路(图2.4)。经通电试用后,轻轻覆2~3 cm厚的沙子或细土,盖住电热线,注意接头埋入土中,引出线留在空气中,小木棍需要拔出。

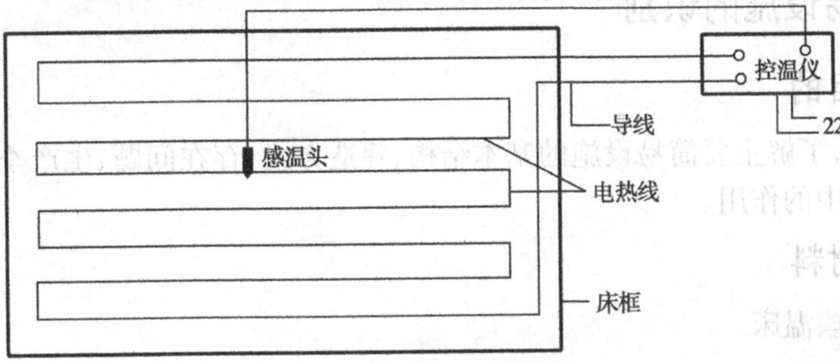

图2.4　电热温床布线示意图

(7)连接自动控温仪、交流接触器

当功率≤2 000 W时,可采用单相接法,直接接入电源或加控温仪(图2.4);当功率>2 000 W时,采用控温仪控制交流接触器的接法,并装置配电盘。功率较大时可以用380 V电源,并选用负载电压相同的接触器,采用三相四线连接方法。

(8)覆盖床土

通电试验成功后,在电热线上面覆盖8~10 cm厚的床土,盖土时应注意先用部分床土将电热线分段压住,以防填土时线走动,同时,床土应顺着电热线延伸的方向铺盖。床土铺盖好后,将表面用木板刮平,以便播种育苗;如果是用育苗盘或营养钵育苗,在电热线上铺设1~2 cm厚的床土,用模板刮平并用脚踩实,然后直接将育苗盘或营养钵摆放在埋好的电热线上。

4)使用电热线注意事项

①电热线不宜在空气中加温。

②两根以上电热线连接须并联,不可串联。

③电热线不得剪短,布线时不得交叉、重叠和扎结使用。

④电热线从土壤中取出时,不能硬拉或用锄头挖掘,以免造成内部断线或损伤绝缘,造成事故。

⑤电热线使用的电源电压必须与额定电压一致;电热线埋入土壤前,要用万能表作通断检查,对旧电热线还需作绝缘性能检查,其方法是:将电热线浸入水中,引出线端接兆欧表一端,表的另一端接入水中,摇动兆欧表,绝缘电阻应大于2 kΩ。

⑥电热线不用时,应放置阴暗处妥善保管,并防止鼠虫咬破绝缘层。

2.2 实训内容

2.2.1 简易设施的识别

1)实训目的

通过实训,了解主要简易设施的基本结构、建造方式、存在问题、生产季节及其在园艺作物生产中的作用。

2)实训材料

风障、阳畦、温床。

3)实训用具

皮尺、钢卷尺、游标卡尺、量角器等测量用具。

4)实训方法步骤

全班分为6~8组,每组6人,以小组为单位,3人合作,每组按实训内容要求到学校实训场或附近生产田进行参观、调查、访问、测量,将调查资料整理成报告。调查内容如下:

①识别主要简易设施类型,观察设施场地选择、方位和规划情况。

②阳畦结构和规格测量,测定风障、畦框、覆盖物、场地大小等。

③调查识别其他简易设施的种类、应用情况。

5)实训作业

写出实训报告,总结调查参观内容。绘制阳畦剖面图,并注明各部位构件名称和剖面规格;分析调查到的简易设施结构的异同点,总结各简易设施的主要应用情况及在建造上存在的问题,提出合理建议。

2.2.2 电热温床的建造

1)实训目的

通过本次实训,使学生掌握电热温床的设计和建造方法,了解电热温床的优缺点及使用注意事项。

2)实训材料与工具

材料:控温仪,800 W或1 000 W农用电热线,配套的电线、开关、插座、插头和保险丝等。

工具:钳子、螺丝刀、电笔、万用电表等电工工具。

3)实训内容与步骤

全班分为6~8组,每组6人,以小组为单位,每组按实训内容要求进行操作。

(1)制作苗床

按作物育苗对温度的要求,确定苗床单位面积所需功率,一般为80~100 W/m^2,以此计算苗床面积,确定苗床的长和宽,修建深10 cm左右的苗床;苗床修好后平整床面,用作物秸秆或其他材料铺设隔热层。

(2)布线

取800 W/根或1 000 W/根的电热线,计算出布线间距,按布线间距在苗床两端用细木棍打桩,然后布线。布线由3人共同操作,中间一人往返放线,其余两人各自在温床的一端将电热线挂在小木棍上。布线时要逐步拉紧,以免松动绞住,做到平、直、匀,紧贴地面,不让电热线松动和交叉,防止短路。

(3)覆盖床土

电热线在苗床上布置好后,将电热线、控温仪和220 V电源按要求连接,万用表检测电热线畅通无问题后,即可覆土,覆盖营养土8~10 cm。若用营养钵或育苗盘育苗,则先在电热线上覆盖2~3 cm的营养土,用脚踏实,把营养钵或育苗盘摆上即可。

4)作业实训

写出实训报告,总结电热温床修建过程,绘制所作电热温床的断面图,表明构成和规格。

2.3　实践应用

阳畦和电热温床在园艺生产上的应用

1)在花卉生产上的应用

采用阳畦和电热温床可以进行花卉的促成栽培,如在晚霜前30~40天播种,可提早花期;秋播花卉在阳畦中保护越冬,可使其冬春开花。在我国北方,一些冬季不能露地越冬的二年生花卉,可以在阳畦中秋播越过冬季,也可露地秋播,早霜到来前将幼苗移入阳畦中保护越冬。在温室或温床育成的幼苗,移植到露地栽培前,事先移入阳畦中给予锻炼,使其逐渐适应露地气候条件,而后栽于露地。长江流域一些半耐寒性的花卉如天竺葵、扶桑等,常在阳畦保护越冬。阳畦在北方地区主要用于一年生花卉的提前播种和二年生花卉的保护越冬。

2)在蔬菜生产上的应用

阳畦和电热温床在蔬菜生产上主要用于越冬育苗或早春露地栽培育苗,减少露地种植时间,使瓜、果、豆类喜温性蔬菜提早育苗,提早定植,提早上市。应用阳畦可进行矮生蔬菜的晚熟栽培,如芹菜的越冬栽培,阳畦韭菜、韭黄等;也可进行蔬菜的假植储存栽培;秋冬期间利用阳畦将在露地已长成或半长成的蔬菜连根掘起,密集假植在阳畦中,使其继续生长,如油菜、芹菜、甘蓝、小萝卜;阳畦还可用于春季提早栽培进行蔬菜制种等。

3)在果树生产上的应用

阳畦和电热温床在果树生产上主要用于葡萄扦插育苗时插条的催根处理。北方大部分地区海拔高,地温低,葡萄扦插后生根慢,成苗率低,因此,扦插前必须进行催根处理。阳畦一般用低畦,畦的大小以插条数量而定,深度超过插条长度4~5 cm。畦底先洒水,再铺一层3~4 cm的湿沙,将插条顶端朝下,垂直摆放于畦中,边摆放边填充湿沙,使插条间不留空隙。最后在插条之上铺一层1 cm的湿沙,与地面平齐,在沙面上覆盖地膜,白天接受阳光,早晚及阴雨天盖帘保温。插条上端温度保持在18~25 ℃,下端保持在10 ℃以下,一般20~30天可达催根效果,即大部分插条能形成愈伤组织。经过阳畦催根后扦插成苗率提高30%左右。

2.4 考证提示

本部分内容主要介绍园艺作物栽培常用简易设施,通过对技能鉴定试题的分析,设施结构和设施应用在试卷中出现较多。在技能鉴定考证中应重点掌握设施结构和设施应用。

任务后

考证练习题

1.选择题

(1)阳畦的规格一般为(　　)。

A.宽1 m左右,长3~5 m　　　　B.宽1.2 m左右,长3~8 m

C. 宽1.6 m左右，长5～20 m　　D. 宽2 m左右，长20～30 m

(2)电热温床适宜在寒冷地区或冬春季节(　　)。

A. 栽培绿叶菜类　　B. 栽培根菜类

C. 培育果菜类幼苗　　D. 定植白菜类

(3)为减少遮荫面、增加畦内光照，育苗阳畦的畦框应该(　　)。

A. 南高北低　　B. 北高南低

C. 西高东低　　D. 同样高

2. 问答题

(1)试述温床和冷床在花卉栽培中的应用。

(2)简述电热温床的铺设方法。

(3)试述阳畦场地的选择。

任务3　学会地膜覆盖技术

任务目标

知识目标：掌握地膜覆盖的概念与地膜覆盖的作用；掌握地膜覆盖与作物生长发育的关系；掌握地膜覆盖的方法与方式；了解各种地膜的性能及用途，为园艺作物的地膜覆盖生产栽培打下基础。

能力目标：认识各种地膜类型，掌握地膜覆盖方式及覆盖技术。

3.1　基础知识要点

地膜覆盖是利用很薄的塑料薄膜覆盖于地面或近地面的一种简易栽培方式，是我国20世纪80年代开始推广的一项农业增产新技术，该技术具有促进植株生长发育、提早开花结果、增加产量等作用，是现代农业生产中既简单又有效的增产措施之一。地膜的种类很多，应用最广泛的为0.005～0.015 mm厚的聚乙烯地膜。

3.1.1　地膜覆盖的作用

地膜覆盖能改善作物耕层水、肥、气、热和生物等因子的关系，为作物生长发育创造良好的生态环境。其主要作用是：

1)提高地温

在北方和南方高寒地区，春季覆盖地膜，可提高地温2～4 ℃，增加作物生长期的积温，促苗早发，延长作物生长时间。

2)保墒

地膜覆盖减少了土壤水分蒸发，并能促使耕层以下的水分向耕层转移，可增加耕层土壤水分1%～4%，在干旱地区地膜覆盖后全生长期可节约用水100～150 m^3/666.7 m^2。

3)改善土壤理化性状

地膜覆盖能防治土壤板结，保持土壤疏松，同时保墒增温，可促进土壤中的有机质分解转化，增加土壤养分，有利于根系发育。

4)提高光合作用

地膜覆盖可提高地面气温，增加地面的反射光和散射光，改善作物群体光热条件，提高光合作用强度，为作物早熟、高产、优质创造了条件。

5)抑制杂草生长

地膜覆盖可以显著抑制膜下杂草生长，一般覆膜的比不覆膜的杂草减少1/3以上，若结合施用除草剂，防除杂草的效果更明显。

6)降低空气湿度

地膜覆盖可以降低空气湿度，抑制或减轻作物病害的发生，设施栽培效果尤其明显。

7)提高土壤养分含量

地膜覆盖提高了土壤温度，保持了一定的土壤湿度，使土壤微生物活动旺盛，加速了土壤有机物的分解转化,提高了土壤中速效氮、磷、钾的含量。

3.1.2 常用地膜的种类

地膜是指直接覆盖于栽培畦或近地面的薄型塑料薄膜。一般厚度为 0.005 ~ 0.015 mm,基础树脂为聚乙烯。现代地膜已由普通地膜发展到各种有色地膜及除草、防虫等多功能专用地膜。

1)普通地膜

普通地膜又叫无色透明地膜,是当前生产中使用最普遍的地膜,厚度 0.014 ± 0.002 mm,幅宽 80 ~ 300 cm 不等,可根据畦宽选择不同的规格。透光率和热辐射率达 90% 以上,增温快、保墒性能强,适合番茄、茄子、辣椒、瓜类等喜温性蔬菜作物使用。缺点是容易长草,尤其在畦面不平或地膜与畦面结合不紧密时更严重。

(1)高压低密度聚乙烯(LDPE)地膜

是蔬菜生产常用的地膜。厚度为 0.014 ±0.003 mm,幅宽 40 ~200 cm 多种规格,每 666.7 m^2 用量 8 ~10 kg。该种地膜透光性好,地温高,容易与地面黏着,适用于北方地区使用。

(2)低压低密度聚乙烯(HDPE)地膜

厚度为 0.006 ~0.008 mm,每 666.7 m^2 用量 4 ~5 kg。该种地膜强度高、光滑、柔软,不易与地面黏着,不适用于沙土地,适用于蔬菜、棉花、瓜类、玉米等作物。

(3)线性低密度聚乙烯(LLDPE)地膜

厚度为 0.005 ~0.009 mm。适用于蔬菜、棉花等作物。其特点除了具有 LDPE 的特性外,机械性能好,拉伸强度比高压低密度聚乙烯提高了 50% ~75%。

2)有色地膜

在聚乙烯树脂中加入有色物质,可以制成各种不同颜色的地膜,它们对太阳辐射光谱的透射、反射和吸收性能不同,因而对病虫害的防治、杂草的防除及作物生长发育有不同的影响。有色地膜主要有以下几种:

(1)银灰色地膜

厚度为 0.015 ~0.02 mm,幅宽 70 ~200 cm。银灰色地膜具有反射紫外线、驱避蚜虫的作用,对由蚜虫迁飞传染病毒有积极的防治作用,还有保持水土和除草的作用,主要适用于春季或夏季防病抗热栽培。

(2)黑色地膜

厚度为 0.015 ~0.02 mm。地面覆盖可明显降低地温、抑制杂草、保持土壤湿度。

特别适宜于夏秋季节的防高温栽培,可以为作物根系创造一个良好的生长发育环境,提高产量。其缺点是:对土壤的增温效果不如透明地膜,一般可使土壤温度升高1~3 ℃,而且自身容易因高温而老化。主要应用于夏季覆盖,在蔬菜、棉花、甜菜、西瓜、花生等作物上均可应用。

(3)黑白双面膜

厚度为0.025~0.4 mm,薄膜一面是乳白色,另一面是黑色,盖膜时乳白色的一面向上,反射阳光降低膜温,黑色的一面向下,用来抑制杂草生长。适于秋冬茬大棚蔬菜地面覆盖栽培,尤其对茄果类蔬菜栽培效果最理想。

(4)绿色地膜

厚度为0.015~0.02 mm,能明显抑制杂草生长,具有除草和抑制地温升高的功能,适用于夏秋季节覆盖栽培。但绿色染料对薄膜有一定的破坏作用,缩短了薄膜的使用寿命。

(5)蓝色膜

蓝色膜的主要特点是保温性能好。在弱光照射条件下,透光率高于普通膜,在强光照射条件下,透光率低于普通膜。适用于蔬菜、花生和草莓等作物,具有明显的增产和提高品质的作用。

3.1.3 地膜覆盖方式

地膜覆盖的方式一般分为地面覆盖和近地面覆盖两种形式。

1)地面覆盖

地面覆盖是将地膜紧贴畦面或垄面,地膜与地面不留空间,有以下几种方式:

(1)平畦覆盖

将地膜覆盖在平畦畦面上(图3.1)。平畦的畦宽1.00~1.65 m,畦长依地块而定。播种或定植前将地膜平铺畦面,四周用土压紧。可以是短期内临时性覆盖,也可以是全生育期的覆盖。平畦覆盖省工,便于浇水灌溉,但浇水后易造成畦面淤泥污染。覆盖初期增温效果明显,随着污染的加重,后期又有降温作用。一般用于种植高干支架的蔬菜、小麦、棉花等农作物、果林苗木扦插繁育等。

(2)高垄覆盖

栽培地整地施肥后起垄,在垄面上覆盖地膜(图3.2)。垄底宽50~85 cm,垄面宽40~60 cm,垄高10~15 cm,垄距50~70 cm。每垄单行或双行种植。高垄覆盖受光较好,地温容易升高,其增温效果比平畦高1~2 ℃,也便于浇水。旱区垄高不宜超过10 cm。

图3.1 地膜平畦覆盖

图3.2 地膜高垄覆盖

(3)高畦覆盖

形式与高垄相似,但畦面为平面,有宽畦与窄畦两种,一般宽畦宽度为1.20~1.65 m,窄畦为0.6~1.0 m。地膜平铺在高畦面上。一般种植高干支架的蔬菜,如瓜类、豆类、茄果类。高畦增温效果较好,但畦中心易发生干旱。

(4)全膜双垄覆盖

全膜双垄沟播栽培技术是甘肃农业科技工作者于2003年研制成功的一项旱作农业技术。小垄宽40 cm,垄高15 cm,大垄宽70 cm,垄高10 cm,用120 cm宽的薄膜全地面覆盖,两副膜相接处在大垄中间并覆土,隔2~3 m横压土腰带。在起垄时应要求垄面土块细碎,垄面均匀一致。覆膜后一周左右,在垄沟内每隔50 cm处打一渗水孔,使雨水入渗。此项技术改常规半膜覆盖为全地面覆盖地膜,改常规垄上种植为沟内播种种植,双垄全膜覆盖后在田间形成了较大的集雨面,使垄上降水向垄沟内聚集叠加聚无效雨为有效水,适宜降水为250~500 mm的旱作农业区,特别是在干旱情况下,对春季一次保全苗的作用非常突出。

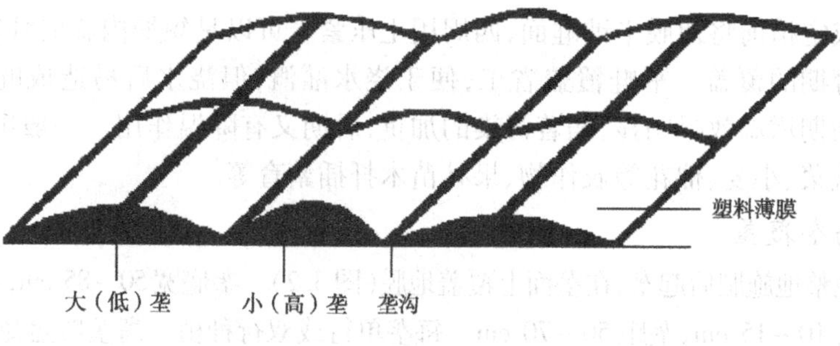

图3.3 双垄沟全膜覆盖示意图

2)近地面覆盖

近地面覆盖是指地膜不直接覆盖于地面,地膜与地面之间形成一定空间的覆盖方式,分为沟畦覆盖、拱架覆盖和穴坑覆盖3种方式。

(1)沟畦覆盖

栽培畦成沟状,沟宽50 cm左右,深15~20 cm,作物播种或将育成的苗定植在沟内,然后在沟上覆盖地膜(图3.4),待幼苗生长顶着地膜时,将地膜揭除或在苗的顶部将地膜开孔,幼苗自破口处伸出膜外生长,再把地膜划破,使其落地,覆盖于地面,俗称先盖天,后盖地。如此覆盖既保苗又护根,达到早熟、增产增收的效果。早春可提早定植甘蓝、花椰菜、甜椒、番茄、黄瓜等蔬菜,也可提早播种西瓜、甜瓜等瓜类作物。

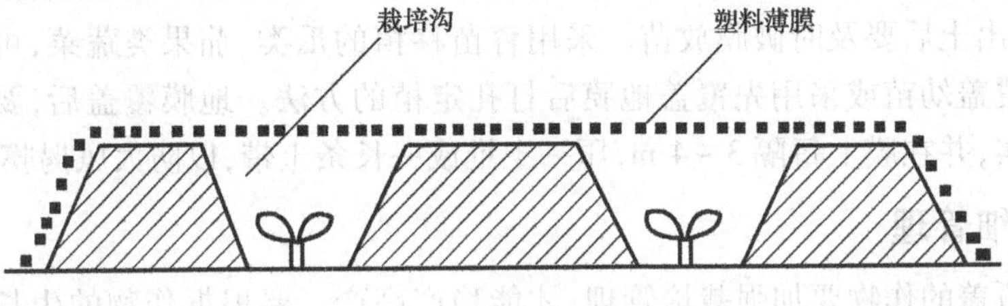

图3.4　沟畦覆盖剖面图

(2)拱架覆盖

作物播种或定植后,在畦面上用细竹竿、小竹片做成高30~40 cm的拱架,然后将地膜覆盖于拱架上,并用土封严。

(3)穴坑覆盖

在畦面上用打孔器打成穴坑,穴深10 cm左右,直径10~15 cm,穴内播种或定植作物,然后在穴顶上覆盖地膜,待苗顶膜后开孔。

3.1.4　地膜覆盖技术要点

1)整地做畦

整地做畦是地膜覆盖的基础。整地时先深翻土壤,施足基肥,基肥以有机肥及磷、钾肥为主,以防作物前期徒长。然后根据当地气候条件和栽培作物的种类选择地膜覆盖方式,依据确定的覆盖方式整地做畦,要求畦面要平整。

2)覆盖地膜

覆膜质量的优劣是地膜覆盖栽培的关键。不论是机械覆膜还是人工覆膜,要求薄膜要拉紧、铺平，使膜完全紧贴于表面，然后用土压严、压实膜边。播种或定植后的穴孔，也要用细土封严，并稍高于地面。如果地膜压不严，则会漏风，降低土温，使保温效果下降；如果种植孔封土不严，则膜内水汽集中从种植孔处排出，造成局部高湿环境，极易造成植株病害。多雨季节选择晴天覆膜，干旱季节应趁土壤湿润时覆盖，以保持土壤有一定的含水量，有利于作物生长。

3）栽植密度

地膜覆盖栽培植株生长旺盛，栽植密度应比露地小一些，一般应减少10%～30%。

4）栽培方式

采用地膜覆盖时，凡是覆盖地膜后播种的，用小刀在播种位置划"十"字形或横向划"一"字形，然后播种，再用细土将播种孔连同地膜一起压紧。如先播种后覆盖地膜的，在种子出土后要及时破膜放苗。采用育苗移植的瓜类、茄果类蔬菜，可先定植后地膜打孔覆盖幼苗或采用先覆盖地膜后打孔定植的方法。地膜覆盖后，要把膜的边缘用土压实，并在膜上每隔3～4 m，压一土堆或一长条土带，以防大风揭膜。

5）精细管理

地膜覆盖的作物要加强栽培管理，才能稳产高产。要根据作物的生长情况及时进行灌溉、追肥，防止由于植株生长茂盛、结果多、耗肥大而造成脱水、缺肥、早衰等现象。瓜果类蔬菜还要注意及时搭架、整枝，做好植株调整等工作。

3.2 实训内容

3.2.1 地膜识别

1）实训目的

通过本实训，要求学生掌握各种地膜的特征、性能，能识别各种地膜，正确应用地膜，为生产服务。

2）实训材料

不同颜色、不同厚度、不同性能的各种地膜。

3）实训方法

全班分为6～8组，每组6人，以小组为单位，2人合作。对已准备好的地膜仔细观察，区别不同地膜的特点，认识各种地膜。本实训也可在农资市场调查完成。

4)实训作业

写出实训报告,总结不同地膜的特点、作用及应用。

3.2.2 地膜高垄覆盖

1)实训目的

通过实训,使学生学会整地起垄的方法,能正确进行地膜覆盖操作,熟练掌握施基肥和定植技术,培养学生的实践操作能力,为生产服务。

2)实训材料

实训基地准备好秧苗、有机肥、地膜、除草剂等。

3)实训用具

锄头、铁锹、小铲、铁耙等。

4)实训方法步骤

全班分为6~8组,每组6人,以小组为单位,3人合作,每组整地起垄覆膜4行。

(1)整地做垄

①清除杂物。先清除土壤里面的杂物,如杂草、作物秸秆、石块等。

②施肥。根据栽培作物的要求及土壤肥力,确定施肥量,然后将腐熟的有机肥均匀撒开。

③整地。施完肥后,深翻土壤,使肥料与土壤充分混合,打碎土块,整平土壤表面。

④起垄。按垄底宽50~85 cm、垄面宽30~50 cm、垄高10~15 cm的规格起垄,垄距50~70 cm。

(2)定植

在做好的高垄内,先按株行距挖定植穴,然后摆苗、覆土封穴,浇透。

(3)地膜覆盖

将选择好的地膜覆盖在高垄上,注意在幼苗部位破膜放苗,将地膜拉紧、铺正,与垄面紧密接触,不漏风,地膜两侧边缘用土压紧封实,并用土分严定植口。

5)实训作业

写出实训报告,总结高垄地膜覆盖方法技术。

3.3 实践应用

地膜覆盖在蔬菜栽培中的应用

地膜覆盖在蔬菜生产中应用广泛，从露地栽培到温室、大棚等设施栽培均有应用。地膜覆盖可以使蔬菜产量提高20%～60%，尤其前期产量增加明显；成熟期提早，较露地蔬菜提前5～10天；产品品质提高；经济效益增加，一般蔬菜增加经济效益30%以上。

地膜覆盖的主要作用是增温保墒。蔬菜地膜覆盖栽培主要应用于早春、晚秋、秋冬及冬春茬蔬菜栽培。一般蔬菜都可应用地膜覆盖栽培，但主要应用于茄果类、瓜类、豆类、菜花、绿菜花、芥蓝、甘蓝、菜薹、芹菜、生菜、洋葱和马铃薯等经济效益较高的蔬菜种类。日光温室、塑料拱棚等设施栽培中尽可能采用大、中、小棚加地膜的多层覆盖栽培方式，以提高其应用效果。蔬菜地膜覆盖栽培中要想充分发挥地膜覆盖的温热、除草、提高土壤养分等效应，达到增产增收的目的，必须要有与之相配套的栽培技术。

1)正确选择栽培时期及栽培方式

蔬菜因种类或品种的差异而有各自的生长习性，地膜覆盖方式要同蔬菜的栽培时期相适宜，要根据不同品种的生长特点来确定地膜覆盖方式。如春季露地蔬菜地膜覆盖栽培要选用早熟品种，采用高畦地膜覆盖栽培方式或采用高畦地膜加小拱棚双膜覆盖栽培方式，提早上市。

2)整地施肥

蔬菜地膜覆盖栽培要选择较肥沃的土壤，同时要重施基肥。由于地膜覆盖后，蔬菜生长旺盛，追肥不方便，容易造成蔬菜脱肥早衰，因此，地膜覆盖重施基肥非常重要。一般按所栽培的蔬菜一季所需总肥量的60%～70%作为基肥一次性施入，基肥以有机肥为主，果菜类应适当增施磷钾肥。在施足基肥的前提下，对土壤深耕细耙，使土粒细碎，以利做垄(畦)。

3)起垄做畦

蔬菜地膜覆盖栽培有高垄、高畦和平畦等方式，根据栽培的蔬菜种类和当地的自然条件选择适宜的覆盖栽培方式。高垄和高畦应做成“龟背”型，垄(畦)面要平滑，忌凹凸不平，这样薄膜能紧贴地表，增温、保水效果好。垄(畦)的规格因土壤质地、蔬菜种类和气候条件的不同而有所不同。蔬菜生产上一般使用畦宽50～60 cm、垄宽

30～40 cm、沟宽25～30 cm、垄(畦)高25～30 cm的规格。

4)要浇足底水

蔬菜作物生长发育需水量较大,覆盖地膜前要浇透水,使垄(畦)内的土壤含有充足的水分。但是垄(畦)面浇水后不能马上盖地膜,否则会造成膜内土壤湿度过大。

5)覆膜、播种和定植

蔬菜地膜覆盖播种栽培一般先播种后覆膜,要注意安排适宜的播种期,做到终霜后出苗,一般要比露地播期迟2～3天,以免地膜覆盖后出苗早而受霜害。蔬菜地膜覆盖定植栽培有两种方式:一种是先覆膜后定植,另一种是先定植后覆膜。先覆膜后定植要于定植前7～10天随做垄(畦)覆盖地膜,以提高土壤温度,有利于定植后缓苗。覆膜是地膜覆盖栽培技术的关键,地膜的宽度应大于垄(畦)面的宽度。操作时要把膜拉紧,铺平、铺正,使地膜紧贴畦面,四周用土压实,防止透气。铺膜时,一定要保证作业质量,这是地膜覆盖栽培蔬菜成败的关键。要使膜面平整,紧贴在畦面。覆膜后,地膜四周用土压实,防止被风刮起。在盖膜前垄(畦)面要均匀喷施除草剂。

6)定植后的管理

地膜覆盖栽培蔬菜在幼苗定植后要加强田间管理,重点做好以下几项工作:

①防止烂苗。对先播种后覆膜的蔬菜作物,要做好检查出苗的工作,及时打孔扶苗,防止烂苗,以保证出苗齐、苗壮。

②防止烤苗。采用先定植后覆膜的蔬菜,栽苗时要及时放风,避免膜下高温烧伤幼苗。另外,采用先定植后覆膜的蔬菜定植孔一定要封严,否则膜下高温、高湿气从定植孔中冲出会伤害植株茎叶。

③防除杂草。在蔬菜作物生育前期,地膜覆盖形成的地表高温能够杀死部分杂草,但随着蔬菜幼苗的生长和植株株幅扩大,地面接收的太阳光照越来越少,且地膜多有破损,膜下杂草会迅速生长,妨碍蔬菜生长,要及时人工拔除。在杂草较多的区域覆盖薄膜时,宜采用除草膜或黑色膜等。

④病虫害防治。蔬菜地膜覆盖栽培物候期提前,病虫害也提早发生。因此,要注意田间观察,及时发现病虫害,采取措施防治。

⑤追肥。蔬菜地膜覆盖栽培虽施入了较多的基肥,但由于地膜覆盖后蔬菜生长迅速,前期产量显著增加,消耗肥料多,造成中后期养分不足,因此,在生长中后期要根据蔬菜植株生长情况进行根外追肥。可用0.1%～0.5%的尿素、磷酸二氢钾等肥料溶液,每隔7～10天喷洒1次。

⑥经常检查地膜的完整程度,发现裸露或裂口,要及时修补或培土。

⑦产品采收后应及时清除废旧残膜,以保持土壤清洁。

3.4 扩展知识链接

功能性地膜

农用地膜种类较多,除前面介绍的普通透明地膜、有色地膜以外,还有具备特殊功能的地膜。

1)除草膜

在薄膜制作过程中掺入除草剂,覆盖后单面析出除草剂,溶于地膜内表面的水滴当中,随着水滴变大最后落入土壤中杀死杂草,或在杂草触及地膜时被除草剂杀死。除草剂具有选择性,使用除草地膜时要注意它的适用范围,以免对作物造成药害。如除草醚、敌草隆、除草剂1号可用于茄子、黄瓜、西红柿等蔬菜栽培,扑草净对黄瓜、辣椒、豆类、西红柿等有药害,主要用于水稻、花生、玉米及果树生产。

2)降解地膜

由于地膜太薄,连年使用不易回收,会残留土壤造成白色污染。降解膜能自行老化降解破碎成小块,进一步降解成粉末掺混于土壤中,降解后的膜片不阻碍作物根系伸长生长,不影响土壤水分运动,不造成污染,对土壤结构无不良影响。目前研究出了3种可控降解地膜:一种是光降解地膜,在自然光照射下加速降解,最后老化;第二种是生物降解膜,借助于土壤中的微生物将地膜彻底分解;第三种是光、生物可控双降解膜,具有生物降解和光降解双重功能,降解效果更好。

3)有孔地膜

在普通地膜吹塑成型后,根据栽培作物的株行距要求,在地膜上打出一定大小的播种或定制孔,一般播种孔孔径3.5~4.5 cm,定制孔孔径8~10 cm和10~15 cm。有孔地膜在生产中使用局限性较强。

4)浮膜

这是一种直接在蔬菜作物群体上做天膜覆盖的专用地膜。膜上均匀分布着大量小孔,以利于膜内外水、气、热交换,实现膜内温度、湿度和气体自然调节。这样既能防御低温、霜冻,促进作物生长,又能防止高温烧苗,但不能避免因湿度过大造成病害蔓延。

3.5 考证提示

职业资格证书是劳动者职业技能水平的凭证,是劳动者就业、从业、任职和劳务输出法律公证的有效证件。通过对近几年技能鉴定试题分析,本任务内容以地膜的种类与特性、地膜覆盖的方式与方法、地膜覆盖的效应及应用在试卷中出现较多。在参加技能鉴定培训学习时要加强以上内容的学习。

任务后

考证练习题

1. 选择题

(1)蔬菜地膜覆盖栽培密度较露地栽培要(　　)。

A. 大　　B. 小　　C. 小得多　　D. 大得多

(2)绿色地膜具有明显的(　　)作用。

A. 抑制杂草　　B. 增温　　C. 避蚜　　D. 反光

(3)地膜覆盖的主要作用是(　　)。

A. 保持土壤湿度　　B. 提高土壤温度

C. 增加土壤温度、保持土壤湿度　　D. 降低空气湿度

(4)生产中使用最多的地膜是(　　)。

A. 聚氯乙烯地膜　　B. 普通聚乙烯地膜

C. 银灰色地膜　　D. 绿色地膜

(5)关于地膜的效应,不正确的说法是(　　)。

A. 提高地温、保持土壤水分

B. 提高地温、增加地面的光照

C. 防止雨水冲刷、保持土壤结构

D. 增加肥量、改良土壤

(6)地膜覆盖时要求(　　),以利于保水增温。

A. 先整地做畦,第二天再覆盖地膜

B. 先覆盖地膜,第二天再整地做畦

C. 整地、施肥、起垄、覆盖地膜连续作业

D. 整地、施肥、起垄、覆盖地膜分段作业

2. 回答题

(1)什么是地膜覆盖?

(2)地膜覆盖有哪些方式?

(3)简述高垄地膜覆盖的方法。

(4)简述地膜覆盖的效应及在生产上的应用。

案例分析

大旱年份地膜玉米获高产

通渭县位于甘肃省中部,地处黄土高原南部的连绵地带,属半干旱气候,年平均气温7.7 ℃,降水量300 ~600 mm,是甘肃省18个干旱县之一,玉米是当地主要农作物之一。2007年通渭县首次大面积示范推广双垄全膜覆盖沟播玉米栽培技术,当年推广面积1 153 hm^2。2007年该县遭受了60年一遇的特大干旱、冰雹等严重自然灾害,对农业生产产生了极大的影响,造成许多农作物大幅减产甚至绝收。然而,全县示范推广的1 153 hm^2双垄全膜覆盖沟播玉米却获得平均645 kg/666.7 m^2(即每亩645 kg)的高产,比正常年份常规地膜玉米增产了150 kg,比山旱地玉米增产了280 kg。

为什么在60年一遇的大旱年份,通渭县双垄全膜覆盖沟播玉米能获得如此骄人的产量?这就是"双垄全膜覆盖沟播技术"的伟大成就。双垄全膜覆盖沟播技术是甘肃农业科技工作者经过多年的实践探索,创造发明的一项旱区农业生产新技术,是地膜覆盖技术的又一次革新,是旱作农业生产上的一次革命性措施。

双垄全膜覆盖的结构是:在田间起垄做成宽度不一的两个大小垄,大垄宽70 cm、高10 ~15 cm,小垄宽40 cm、高15 ~20 cm,垄面呈弧形。大小垄做好后两个垄面和垄沟全部用0.006 ~0.008 mm的地膜覆盖,使土壤地膜覆盖率达到了100%,即全覆盖。

两个垄面和垄沟全部用地膜覆盖后,自然降雨沿垄面和垄沟上面的地膜流入沟内,渗入膜下土壤,增加了土壤湿度。同时,大小垄全部用地膜覆盖后,形成了土壤与大气之间的隔离层,阻断了土壤水分的蒸发,最大限度地抑制了常规地膜覆盖因地表裸露多而造成的土壤水分大量蒸发,积蓄的雨水只能通过玉米的生长而变为有效蒸腾,真正做到了"蓄住天上水,保住地理墒",从而使双垄全膜覆盖沟播玉米在干旱条件下有了正常生长发育所需要的水分,自然能够获得高产。

这就是通渭县在大旱年份双垄全膜覆盖沟播玉米能获得高产的原因。截止到2010年,该项旱作生产技术已在甘肃全省旱区粮食生产上得到了应用,并已推广到了宁夏、青海等旱区,取得了显著的经济效益和社会效益。

任务4　掌握塑料拱棚的结构性能及应用

任务目标

知识目标：掌握各类塑料拱棚的性能和用途。

能力目标：识别并掌握塑料小棚、中棚、大棚的结构及主要栽培技术要点。

4.1 基础知识要点

塑料拱棚简称塑料棚,通常把四面无墙体,用竹竿、竹片、钢筋、薄壁钢管及钢筋水泥等材料形成拱形支架,在支架上面覆盖塑料薄膜而形成一定大小空间的设施叫作塑料拱棚。塑料拱棚在我国南北方主要用来进行蔬菜和花卉栽培。以面积和空间大小的不同将塑料拱棚分为塑料小棚、塑料中棚和塑料大棚。塑料小棚、中棚、大棚的概念和规格是20世纪80年代形成的,目前在我国设施园艺生产实践中,对塑料棚大小的划分尚无统一标准,各地对塑料棚大小的认识一般是根据本地生产特点而定。

4.1.1 塑料小棚

1)塑料小棚的结构

小棚是塑料拱棚中结构最简单的一种,其规格大小全国各地不尽相同。一般中高为1~1.5 m,宽2 m以下,长度以地形而定。拱架主要用细竹竿、竹片、直径6~8 mm的钢筋等能够弯成拱形且有一定强度的材料做成,透明覆盖材料为厚0.05~0.10 mm的聚氯乙烯或聚乙烯塑料薄膜,保温覆盖材料一般为草帘。小棚的特点是结构简单、取材方便、成本低、建造容易、覆盖草帘方便,但由于空间较小使棚内作业不方便。

2)塑料小棚的类型

由于塑料小棚建造容易,经济实用,因此类型较多,一般有拱圆、半拱圆和双斜面等类型。

(1)拱圆形小棚

又叫小拱棚,是目前南北方生产上使用的主要类型。拱圆棚为塑料小棚的原始棚型,棚向多为东西延长,也有因受地形限制而南北延长的类型。小棚制作很简单,将拱杆两头插入土壤中固定形成拱架,然后每隔60~100 cm插一个拱杆,若拱架比较坚固,把塑料薄膜直接覆盖在拱架上面,四周拉紧后将薄膜边缘埋入土中固定,并用棚膜线或细竹竿将薄膜压紧,一个拱圆形小棚就建好了;若拱架稳定性差,就要用8号铁丝或细竹竿将各个拱架沿棚的纵向连接起来,在棚的两腰位置制作两个纵向拉杆或拉线,这样整个小棚就会形成一体,坚固稳定。冬春寒冷季节,在棚体外面还可以覆盖草帘或纸被来保温,以提高棚内温度,满足棚内作物生长需要。

(2)半拱圆形小棚

与拱圆形小棚不同,在北面有高1 m左右的土墙,南面为半拱圆或斜面棚架,如果跨度较大，在棚内有1～2排立柱。半拱圆小棚一般坐北朝南，东西走向，以利采光，适应于寒冷的北方地区。

(3)双斜面小棚

双斜面小棚与前面的两种棚形截然不同，棚面呈屋脊形状，棚的中央有一排立柱，立柱顶部拉一根8号铁丝或竹竿形成纵向拉杆(线)，沿纵向拉杆(线)两侧制作两个斜面，然后在两个斜面上覆盖塑料薄膜，就形成了一个双斜面塑料小棚。此棚双斜面比弧面更容易排水，因此适宜于少风多雨的南方。

3)塑料小棚的性能

(1)温度

棚内温度有气温和地温之分。棚内热源来自太阳，由于塑料小棚空间小，棚内气温受外界温度影响较大，同时也受薄膜特性的影响。棚内气温一般情况下比外界高3～6℃，晴天光照充足时增温效果明显，最大可增温15～20℃，容易造成高温危害，如番茄日烧病；阴雨(雪)天或外界温度较低时增温效果差，棚内温度比外界仅高1～3℃，若遇到寒流容易产生霜冻，冬春季节用于育苗或栽培的小棚要加盖草帘等用于保温。当外界温度低于－10℃时，小棚不宜生产。

棚内土壤温度受季节、天气和棚内气温的变化而改变，但变化幅度较棚内气温的变化要小得多，相对比较平稳。由于边缘效应，棚内四周土壤温度的变化要比中间小得多，也就是棚体中间土壤增温效果要明显高于四周。晴天土壤温度变化大于阴雨(雪)天。

(2)湿度

塑料薄膜的气密性强，在密闭条件下，由于土壤蒸发和栽培作物的蒸腾，易造成棚内高湿，一般相对湿度可达70%～100%；白天通风时湿度降低，保持在40%～60%，夜间密闭时达到90%左右。棚内湿度随外界天气状况和棚内温度的变化而变化，一般晴天低、阴雨天高，棚内温度高、湿度低，温度低、湿度高。棚内高湿高温是栽培作物发病的主要条件，因此，要采取通风等措施降低棚内湿度。

(3)光照

有棚内接受光照的多少和棚内光照分布两种指标。棚内接受光照的多少与薄膜的透光性有关，而薄膜的透光性与其质量、外表面的灰尘、内表面水滴多少等因素有关，如无滴耐老化膜和普通薄膜透光性有很大区别，新薄膜的透光率最高(可达80%)，旧薄膜透光率低，薄膜外表面灰尘多透光率差，薄膜内表面形成的水滴多透光率差等。棚内光照的分布受棚体位置影响，如东西延长的小棚水平方向的光南面光强大于北面(相差70%)，小棚顶部位置光照强度大于下部。

4）小棚的用途和栽培技术要点

（1）小棚的用途

塑料小棚在我国南北方园艺作物生产中应用广泛：一是冬春季蔬菜育苗。冬春蔬菜育苗一般用于番茄、辣椒、茄子等茄果类，黄瓜、西葫芦等瓜类蔬菜播种床和分苗床的覆盖保温。二是春季蔬菜提早栽培。可在塑料大棚、日光温室等设施内或露地对提早栽培的茄果类、瓜类及蕹菜、苋菜等蔬菜作物进行前期覆盖保温，促进植株提早生长，一旦温度适宜，即可拆除小拱棚使作物转入露地生长，达到栽培蔬菜提前上市的目的。三是蔬菜秋延后栽培。蔬菜秋延后是在低温霜冻来临之前，采用小拱棚覆盖保温，使蔬菜免受冻害，以达到延长蔬菜生育期和产品上市期、提高产量和产值、实行蔬菜产品均衡供应的目的。秋季设施栽培的主要蔬菜是茄果类和瓜类等喜温作物。四是冬季蔬菜保温防冻栽培。冬季对一些不甚耐寒的叶菜类如冬寒菜、芹菜、茼蒿、生菜、芫荽等进行小拱棚覆盖栽培，可起到防止冻害、保持产品鲜嫩、提高品质的目的。五是露地园艺植物短期覆盖。如北方城市冬季气温较低，为了防止新种植的绿篱和花灌木受冻，常用塑料小拱棚覆盖保温越冬，来年气温回升后撤去小棚。

（2）栽培技术要点

不论小棚属于哪一种栽培用途，一是于栽培前15 d左右提前扣棚，以利于土壤温度的升高；二是掌握好通风换气技术，早晨揭棚不能太早，以防“闪苗”，要等太阳出来外界气温回升后及时通风换气，以补充棚内二氧化碳，降温排湿，下午要在外界气温还没有大幅下降时闭棚，使棚内存储较多热量，阴雨天也要适度通风，这点很重要；三是要根据棚内作物的生长情况浇水，做到小水勤浇，以免大幅降低棚内土壤温度。

4.1.2 塑料中棚

1）塑料中棚的结构

把比小棚高、比大棚矮的塑料拱棚叫作中棚。中棚一般宽2～4 m、中高1.5～1.8 m、长度根据需要和地块大小而定，没有固定长度，但不能小于10 m。拱架材料为竹竿、竹片、木杆或钢材，材料强度略大于小棚，形成拱圆形的棚面，四面没有墙体，棚外可加盖草帘。棚内设不设立柱要看拱架材料的强度，强度大的拱架材料（如钢管拱架）就不需要设立柱，而竹木拱架就需要设立柱。中棚的特点是：结构简单、建造容易、拆装方便、成本不高，人可以进入棚内进行操作管理。塑料中棚可作为永久性设施，亦可作临时性保护设施，在国内栽培面积较大，是目前主要的园艺设施之一。

2）塑料中棚的类型

拱圆形塑料中棚根据所用拱架材料和支柱的不同分为以下几类：

(1)竹木结构中棚

拱架材料为竹竿、竹片或木杆。根据中间立柱的多少又分为单排柱竹木结构中棚和多排柱竹木结构中棚两种。

①单排柱中棚。竹木结构中棚的跨度为3～6 m,中高1.5～1.8 m;拱杆间距0.6～1 m,在棚中间每隔3～4个拱杆设一立柱,根据拱架材料强度大小而定。立柱距顶端20 cm处用较粗的竹竿或木杆纵向连接成横杆,把各立柱固定成一个整体,棚面呈拱圆形,弧度均匀一致,拱杆两端插入土中(图4.1)。

图4.1　单排柱中棚

图4.2　三排柱中棚

②多排柱中棚。多排柱中棚结构与单排柱中棚基本相同,不同处在于当所用的拱杆为竹片、立柱材料较细时,单排支柱不足以支撑棚体,为加强棚体的稳固性,在拱架左右腰位置设两根或三根立柱(图4.2)。

(2)钢架结构中棚

支架材料全部或部分由钢材构成,根据支柱的有无,分为无立柱中棚和有立柱中棚两种。

①无立柱中棚。无立柱中棚的拱杆钢材强度较大,一般用4～6分的钢管或20 mm的圆钢弯成拱圆形,顶端用相同的钢材横向焊上拉筋,拱杆两底端也焊上拉筋,使整个拱杆成为一体,棚中间不设立柱(图4.3)。

图4.3　钢管架无立柱大棚

②有立柱中棚。当拱架钢材的规格较小(如直径16 mm以下的钢筋作拱杆)时,由于钢材的强度不够,在拱架下建造立柱。立柱需用16 mm以上的圆钢,下端插入土中。为防止支

柱和拱杆钢筋在土中下沉,在土中可埋入石块或砖块奠基,亦可在地面横向焊上拉筋。支柱顶端可直接焊在拱杆上,也可在支柱顶端焊上较宽的套管或钢板,顶住拱杆。

3)塑料中棚的性能

拱圆形塑料中棚的性能与塑料小棚基本相似。但中棚空间较大、热容量较大,故棚内温度较小棚高,气温比小棚稳定,日较差稍小,温度条件优于小棚,但比塑料大棚稍差;光照条件受季节、天气状况和塑料薄膜透光率等因素的影响;棚内空气湿度和小棚基本相同,但湿度变化较小棚小。

4)塑料中棚的用途和栽培技术要点

塑料中棚在生产中的应用与小棚差不多,一般用来进行园艺作物春提前和秋延后栽培,尤其是蔬菜栽培,使产品提前或延后供应市场,增加经济效益;中棚还可以用来育苗;在南方用来避夏(防雨、降温)栽培。中棚栽培技术要点和小棚基本相同。

4.1.3 塑料大棚

1)塑料大棚的结构

把以竹木、钢材等材料作拱形骨架,以塑料薄膜为透光覆盖材料,内部无环境调控设备的单跨结构设施,中高2.0~2.5 m,宽6~12 m,长30~60 m,单棚面积300~600 m^2 的塑料棚叫作塑料大棚。我国南方地区大棚的生产厂家所生产的大棚规格基本上是跨度6 m,中高2.5 m,长30 m;农民就地取材搭建的竹木大棚,跨度多为6~15 m,中高2.0 m以上,长度30 m以上。塑料大棚主要由"三杆一柱一膜"5部分组成,即拱杆、拉杆、压杆、立柱和塑料棚膜。拱杆的作用是:支撑棚膜,拱杆材料有竹竿、竹片、钢材、硬质塑料、复合材料等;拉杆的作用是:与拱架一起将整个大棚的立柱纵横连在一起,使整个大棚形成一个稳固的整体;压杆的作用是:固定棚膜,使棚膜绷紧,压杆材料有竹竿、大棚专用压膜线、粗铁丝以及尼龙绳等;立柱的主要作用是:稳固拱杆,防止拱杆上下移动和变形,立柱材料有水泥预制柱、竹竿、木杆和钢架等;塑料棚膜的作用是:低温期使大棚内增温和保持大棚内的温度,两季防止雨水进入大棚内,进行防雨栽培。

2)塑料大棚的类型

塑料大棚以分类方法不同有很多种类型,如按栋数分有单栋大棚和连栋大棚;按所用材料来分有竹木结构、全竹结构、钢竹混合结构、钢管(焊接)结构、钢管装配结构以及水泥结构等。目前,生产上推广应用最多的是竹木结构大棚、镀锌钢管装配大棚和新型复合材料骨架大棚3种。

(1)竹木结构大棚

竹木结构塑料大棚骨架全部采用竹子和木料建成,是目前生产上使用较多的大棚类型(图4.4)。竹木结构大棚在我国南北方各地区不尽相同,但其主要参数和棚形基本一致,大同小异。一般大棚跨度为6~12 m,肩高1~1.5 m,脊高1.8~2.5 m,长度30~60 m(根据地块的大小决定)。拱杆直径3~8 cm,拱杆间距0.8~1.1 m。

图4.4 竹木结构塑料大棚

竹木结构塑料大棚各地建造方法大同小异,一种简单的方法是:在确定了大棚的方位之后,按设计的大棚长宽尺寸放好线,然后按棚宽方向在一条线上每2 m设一个立柱,立柱为直径6~8 cm的圆木或竹子,各立柱顶端形成拱形,地下埋深50 cm(垫砖或绑横木)并夯实,立柱纵向间距为3 m左右;然后将拱架材料竹子或竹片固定在立柱顶端成拱形,拱架两端直接埋入土中20~30 cm并夯实;再用拉杆将各个拱架纵向连接,使拱架、立柱和拉杆形成一个整体;最后在拱架上覆盖塑料薄膜,薄膜四周拉紧后将边缘埋入土中固定,用压膜线或竹竿在拱架间压紧塑料薄膜,一个竹木结构的塑料大棚就建成了。这种大棚的优点是:就地取材,适用范围广,选材容易,造价低,容易建造;缺点是:棚内柱子多,遮光率高,作业不方便,寿命短,使用年限一般仅2~3年,抗风雪性能差。但在农村蔬菜生产中竹木结构大棚应用最普遍。

(2)镀锌钢管装配式大棚

全部骨架为镀锌钢管,由工厂按设计要求定型生产,运到生产现场安装而成的大棚叫镀锌钢管装配式大棚,20世纪80年代开始在全国推广。我国目前共有20多种不同规格的系列产品,使用较多的是中国农业工程研究院设计的GP系列大棚,中国农业科学院石家庄农业现代化所设计的PGP系列大棚,上海农业机械化研究所设计的P系列大棚。镀锌钢管装配式大棚属于国家定型产品,规格统一,组装拆卸方便,生产上普遍采用(图4.5)。GP系列,PGP系列和P系列大棚规格如表4.1。

图 4.5　镀锌钢管装配式塑料大棚

表 4.1　GP 系列、PGP 系列和 P 系列大棚技术参数表

产品型号	长度/m	跨度/m	中高/m	肩高/m	拱间距/m	钢管尺寸外径×壁厚/mm
P222C	4.5	2.5	2	1	0.65	Φ22×1.2
P422C	20	4	2.1	1.4	0.65	Φ22×1.2
P622C	30	6	2.5	1.4	0.5	Φ22×1.2
GP-C2.525	10.6	2.5	2	1	0.65	Φ25×1.2
GP-C425	20	4	2.1	1.2	0.65	Φ25×1.2
GP-C525	32.5	5	2.2	1	0.65	Φ25×1.2
GP-C625	30	6	2.5	1.2	0.65	Φ25×1.2
GP-C825	42	8	2.8	1.3	0.55	Φ25×1.2
GP-C622C	30	6	2.5	1.4	0.5	Φ22×1.2
GP-C622CA	30	6	2.8	1.7	0.5	Φ22×1.2
PGP-5-1	30	5.0	2.1	1.2	0.5	Φ20×1.2
PGP-5.5-1	30	5.5	2.6	1.5	0.5	Φ20×1.2
PGP-7-1	50	7.0	2.7	1.4	0.5	Φ25×1.2
PGP-8-1	42	8.0	2.8	1.3	0.5	Φ25×1.2

镀锌钢管装配式塑料大棚主要由拱杆、拱杆接头、纵杆、卡槽、拉杆等部件组成，大棚的骨架、拱杆、纵向拉杆、端头立柱均为薄壁钢管，并用专用卡具连接形成整体，所有杆件和卡具均采用热镀锌防锈处理。大棚拱杆单拱是由两根弧形镀锌钢管或聚氯钢管在顶部通过内插管对接而成；大棚拱杆双拱是由4根弧形镀锌钢管或聚氯钢管通过连接卡连接，在顶部通过内插管对接而成，每米用1根拱杆。纵杆由镀锌管或聚氯钢管用拉杆插销连接，用十字夹板或压紧簧将拱形杆固定其上。

镀锌钢管装配式大棚组装要点：首先确定大棚的位置，确定大棚的4个角，用石灰画线，而后用石灰确定拱杆的入地点，同一拱杆两侧的入地点要对称；然后安装拱杆，在拱杆下部同一位置用颜色作标记，标出拱杆入土深度，后用与拱杆相同粗度的钢钎，在定位时所标出的拱杆插入位置处，向地下打入深度与拱杆入土位置相同，而后将拱杆两端分别插入安装孔，调整拱杆周围夯实；再用卡具连接安装拉杆，安装棚头、棚门；最后扣上塑料薄膜，将膜按计划裁好，用压膜槽卡在拱架上，用卡膜弹簧固定薄膜。

镀锌钢管装配式大棚建造方便，并可拆卸迁移，棚内空间大、遮光少、作业方便，有利作物生长，构件抗腐蚀、整体强度高、承受风雪能力强，使用寿命可达10～15年，甚至超过15年，是目前较先进的大棚结构形式。其缺点是：一次性投资较大，在大棚高潮的环境中易生锈，导热快易烤膜。

(3)新型复合材料骨架大棚

此种类型的大棚骨架采用新型无机复合材料由大棚骨架机一次成型生产而成，该骨架具有价格低廉、强度高、抗水性好、耐腐蚀抗老化、不导热、不烤膜、急冷急热支架不变形的特点。支架表面光滑，不会与棚膜摩擦而损坏棚膜，大棚中间无支柱，采光性好，可机械耕作，提高了工作效率。由于采用最新镀塑复合工艺，使用寿命可达15年以上。

3)塑料大棚的性能

塑料大棚具有采光好、光照分布均匀、短波辐射易于进入且长波辐射较难透过、密闭性好等特点。

(1)光照

大棚内的垂直光照强度由高到低逐渐递减，以近地面处为最低；大棚内的水平光照强度，南北延长的大棚比较均匀，东西延长的大棚南侧高于中部及北侧；单栋镀锌钢管大棚受光较好，单栋竹木结构大棚及连栋棚受光条件较差；棚内光照与塑料薄膜透光性能有关系，新薄膜透光率高，旧薄膜透光率低，薄膜外表面灰尘多，透光率差，薄膜内表面形成的水滴多，透光率差等。

(2)温度

塑料大棚具有明显的增温保温作用。大棚内温度日变化比露地强烈,昼夜温差因天气状况而异,晴天温差大,阴天温差小。棚内最低气温出现在日出之前,比土壤最低温度早出现2 h左右。晴天白天太阳出来1~2 h温度快速升高,早晨8:00~10:00进入直线升温期,每小时升温5~8 ℃(大棚密闭条件下),11:00~13:00升温速度渐缓,并达到最高温度,比棚外温度高20 ℃以上,随后温度开始下降,15:00~17:00进入快速降温阶段,平均降温幅度为每小时5~6 ℃。随着内外温差的缩小,夜间降温幅度会迅速变小,大约为1 ℃/h,到凌晨时,室温仅比露地高3~5 ℃,有时室内温度还会低于外界温度,称之为"逆温现象",逆温现象多发生在早春、晚秋或晴天微风的清晨。大气的"温室效应"导致地面空气层温度升高,而大棚由于塑料薄膜的阻隔作用,棚外热量无法进入棚内,而棚内热量却大量向棚外散失,出现了短期棚内温度低于棚外的逆温现象。棚内地温比气温相对稳定,地温变化比气温变化迟,晴天太阳出来后地温迅速上升,14:00最高,15:00开始下降。大棚四周地温低于中间地温,随着土层的加厚,温度变化减小。四季当中,4月中下旬大棚增温最大,比露地温度高3~10 ℃,秋冬季地温比露地高2~3 ℃,可达10~20 ℃,1月上旬至2月中旬棚内土壤冻结,要采取保温措施。

(3)湿度

由于薄膜的密闭性较好,在密闭情况下棚内湿度比露地高,一般变化规律是:棚温升高,湿度降低;反之棚温降低,湿度增大。晴(风)天湿度小,阴雨雪天湿度大。

4)塑料大棚的用途及栽培技术要点

(1)大棚的用途和意义

塑料大棚能充分利用太阳能,有一定的增温和保温作用。在我国北方地区,大棚主要用做辣椒、茄子、黄瓜等夏菜的春季早熟和秋延后保温栽培。在我国南方地区,除了冬春季节用于保温栽培外,还可用于夏秋季节的防雨、防风、防雹栽培,夏季将塑料薄膜更换为遮阳网,可进行遮阳降温栽培,同时,大棚还是鲜切花等花卉生产的良好设施。

塑料大棚在我国城郊农村主要用来进行蔬菜栽培,不但提高了菜农的经济效益,同时社会效益也非常明显。大棚的春提前和秋延后栽培增加了春秋和初冬季节蔬菜的花色品种,保障了淡季蔬菜供应。在南方通过遮阳网、防虫网的使用,大棚能够在高温季节生产蔬菜,有效解决了南方蔬菜"秋淡"问题。通过大棚不时或反季节栽培,实现了蔬菜栽培多样化,既丰富了市场,又增加了菜农的经济收入。随着防虫网覆盖技术的全面应用和推广,有利于绿色蔬菜的生产,保障了人民身体健康。

(2)塑料大棚栽培要点

①提前扣棚增温。作物幼苗定植前15～20 d扣棚烤地,并根据栽培作物的种类制作高10～15 cm的高畦或高垄,以提高棚内土壤温度,结合深耕整地施足有机肥,同时覆盖地膜。

②增温保温。在单层棚的基础上于棚内吊挂1层薄膜,与棚膜间相隔30～50 cm,形成两层幕,以减少棚内夜间热辐射,达到增温保温的效果。白天将内层幕拉开受光,夜晚将其盖严保温,还可以同时在大棚内加盖小拱棚,保温效果更好。由于大棚四周接近棚边缘位置温度低于中央部位,因此,寒冷的早春或初冬,应在大棚四周围草苫或蒲席防寒保温。

③通风降温排湿。冬春季节定植初期,以防寒保温为主,密闭不通风。缓苗后室内气温超过25 ℃时,应及时通风,降温降湿。当外界最低气温超过15 ℃时,应昼夜通风。

④改善光照条件。选用无滴防老化长寿膜,防止尘染,增强棚内受光。合理密植,及时整枝打杈,减少株间相互遮阴,改善光照条件。

⑤合理施肥浇水。塑料大棚栽培基肥用量大,追肥次数多,作物重茬率高,加之不受雨水淋溶,易造成盐分积累和土壤溶液浓度过高,导致作物发生生育障碍,应通过合理施肥,改善土壤性能,增强土壤缓冲能力。为降低空气湿度,减少病害侵染机会,应勤中耕松土,控制灌水量,采用地膜覆盖膜下滴灌方式,有效解决浇水与提高空气湿度的矛盾。

4.2　实训内容

塑料拱棚结构类型调查

1)实训目的

通过对塑料拱棚的实际调查、测量和分析,识别塑料大棚、塑料中棚、塑料小棚的结构和类型,了解塑料拱棚在当地生产实践中的应用。

2)实训材料

生产使用中的塑料大、中、小棚。

3)实训用具

皮尺、钢卷尺。

4)方法步骤

(1)学生分组

为了方便调查和测量,将全班学生分成若干个实习小组,每组3~5人,并指定1个负责人,由负责人领取实习用具。

(2)实践调查

每个小组按照实习要求到学校实习农场或学校附近的科技示范园区、有蔬菜花卉设施生产的农村,对各种类型的塑料拱棚进行实地调查访问、观察和测量,并详细记录所取得的各种数据。

①调查内容。向调查区技术人员仔细询问所使用塑料拱棚的使用季节、主要用途,拱架材料、塑料薄膜的种类,建造时间、造价、性能、优缺点,种植作物的品种、产量、上市时间、经济效益等。

②观察测量。观察塑料拱棚的场地选择、方位和规划情况;观察塑料棚的拱架、纵向拉杆和立柱是什么材料做的,塑料薄膜是哪一个种类;观察拱架和立柱之间的连接件,是如何连接的;测量塑料拱棚的跨度、中高、肩高和长度,并观察它们的建造特点;观察有无保温措施,若有,是什么保温材料,材料规格及特性等。

5)作业

①根据所调查塑料拱棚的结构、类型、性能及应用,写出塑料拱棚实践调查报告。

②根据调查测量结果填写表4.2,然后分析所调查测量的塑料拱棚结构及性能,对本地区塑料拱棚的类型以及在设施园艺生产中的地位、发展前景作出评价。

表4.2 塑料拱棚调查测量表

序号	拱棚类型	拱架材料	跨度	中高	肩高	长度	面积	种植作物	产量 kg/666.7 m^2	经济效益 元/666.7 m^2

③绘出你所调查看到的塑料拱棚断面图,标明各部分名称和尺寸,并对结构特性做出评价。

4.3 实践应用

塑料拱棚在园艺生产中的应用

塑料拱棚可以充分利用太阳能,有一定的增温保温作用,并通过薄膜的卷盖能在一定范围调节棚内的温度和湿度。因此,塑料拱棚在我国北方地区主要用来进行蔬菜作物春提前和秋延后的保温栽培,如大棚一般春季可提前30~35 d,秋季能延后20~25 d;在我国南方地区,塑料拱棚不仅用做冬春季节蔬菜、花卉的保温和越冬栽培,还有越夏(降温、避雨)和秋延后栽培;大棚的覆盖材料也不再是单一的塑料薄膜,还有遮阳网、防虫网等,用于遮阳、防虫栽培。我国地域辽阔,气候复杂,利用塑料拱棚进行蔬菜、花卉等园艺作物的反季和保护栽培,对缓解蔬菜淡季的供求矛盾起到了重要作用,具有明显的社会效益和经济效益。

4.4 扩展知识链接

我国塑料拱棚发展历史简介

随着高分子聚合物——聚氯乙烯、聚乙烯的产生,塑料薄膜广泛应用于农业生产,园艺作物塑料拱棚生产是塑料薄膜应用于农业的典型范例。

日本及欧美国家于20世纪50年代初期应用塑料薄膜覆盖温床获得成功,随后又覆盖小棚及温室也取得良好效果。我国于1955年秋从日本引进聚氯乙烯农用塑料薄膜,进行蔬菜小棚薄膜覆盖栽培试验,获得了早熟增产的效果。1957年在天津、东北、山西太原等寒冷地区开始推广使用,但由于受薄膜、技术等因素的限制,推广面积不大。之后,随着塑料薄膜国产化生产和蔬菜覆盖栽培技术的发展,到了20世纪60年代中期出现了成型的塑料小棚,棚高1 m左右,宽1.5~2 m,称为塑料小拱棚。在塑料小拱棚的推广应用过程中,发现由于棚型矮小在东北寒冷地区冬春季不能进行蔬菜生产,1966年长春市郊区首先把小拱棚改建成2 m高的方形棚,但因膨体结构的抗荷载能力差,冬季下雪后因雪压而倒塌,后经过多次试验,创造了高2 m左右,宽15 m,占地666.7 m^2 的拱形大棚。1970年开始向北方各地推广,1975—1978年农业部连续召开了3次"全国塑料大棚蔬菜生产科研协作会",会议对大棚生产的发展起了推动作用。1976年,太原市郊区建造了29种不同规格的大棚,为大棚的棚型结构、建造规模提供了丰富的经验。1978 年,大棚生产已推广到南方各地,全国大棚面积已达 6 667 hm^2。20 世纪 80 年代初,我国开发研制出了装配式镀锌薄壁钢管塑料大棚,开始了真正意义上的园艺作物塑料拱棚覆盖栽培,但在当时由于菜农对塑料大棚的栽培优势不太了解,没有充分认识和掌握大棚的性能,而大棚蔬菜生产技术不完善,加上大棚价格较高和计划经济,塑料大棚没有得到全面推广,尤其在南方地区。20 世纪 80 年代末 90 年代初,随着我国市场经济体制的确立及农村种植业结构的调整,园艺作物塑料大棚生产得到了快速发展。目前,我国南方地区的大棚面积已经发展到了前所未有的程度,如上海市有 2 000 hm^2,江苏省有 60 000 hm^2,整个南方地区的大棚面积已达到 150 000 hm^2 以上。

4.5 考证提示

要求掌握塑料大棚、中棚、小棚的结构及棚内气候特点。

任务后

考证练习题

1. 填空题

(1)________小棚是目前南北方园艺生产上使用的主要类型。

(2)塑料小棚类型较多,一般有________、________和________等类型。

(3)塑料中棚根据所用拱架材和支柱的不同,分为________和________。

(4)塑料中棚空间较大、热容量较大,故棚内温度较小棚________,气温比小棚________。

(5)塑料大棚主要由“三杆一柱一膜”5 部分组成,即________、________、________、________和________。

(6)大棚内的垂直光照强度由高到低逐渐递减,以近________为最低。

2. 选择题

(1)塑料薄膜的气密性强,在密闭条件下,由于土壤蒸发和栽培作物的蒸腾,易造成塑料棚内(　　)。

A. 高湿　　B. 低湿　　C. 高温　　D. 低温

(2)塑料棚内接受光照的多少与(　　)有关。

A. 外界光强　　B. 塑料棚的结构

C. 天气情况　　D. 塑料薄膜的透光性

(3) 镀锌钢管装配式大棚具有建造方便，构件抗腐蚀、整体强度高等优点，是目前较先进的大棚结构形式，其缺点是(　　)。

A. 装配复杂　　B. 一次性投资大

C. 棚内温度高　　D. 大棚寿命较短

(4) 塑料拱棚在(　　)季节容易出现“逆温现象”。

A. 早春或晚秋　　B. 初冬

C. 盛夏　　D. 秋初

(5) 竹木结构塑料大棚骨架全部采用(　　)建成。

A. 竹子　　B. 竹子和木料

C. 木料　　D. 竹子、木料和钢材

(6) 竹木结构的塑料大棚具有选材容易、造价低、易建造等优点，其缺点是(　　)。

A. 抗风雪性能差　　B. 棚体较小

C. 气密性较差　　D. 适应范围较小

3. 问答题

(1) 塑料小棚如何扣棚膜？

(2) 塑料大棚的性能如何？

(3) 竹木结构大棚和镀锌钢管装配式大棚各有何优缺点？两者有何区别？

(4) 简述塑料大棚在我国南方地区的应用。

案例分析

塑料大棚在农村产业结构调整中的作用

麻子村地处西北某半干旱地区，村子距离省会城市40 km，全村有2 100多人，全部为农业人口，人均拥有土地1 733.4 m^2(2.6亩)，祖祖辈辈依靠种地为生。2000年以前主要种植玉米、小麦和马铃薯，作物生长依赖自然降水，典型的靠天吃饭。在雨水好的年份，小麦产量280 kg/666.7 m^2，玉米产量200 kg/666.7 m^2，马铃薯产量1 000 kg/666.7 m^2。若遇到大旱年份，几乎颗粒无收。年人均纯收入不足1 000元，全村青壮劳力全部外出打工以维持全家的生计。

2000年，当地政府开始在麻子村推广塑料大棚种植技术。在政府的资助下，全村共建设了500栋蔬菜大棚，每栋大棚面积大约666.7 m^2，并打了数眼深机井作为大棚水源。在技术人员的指导下进行了塑料大棚春提前和秋延后栽培，主要栽培了黄瓜、番茄、西葫芦、西芹、甘蓝、菜花等蔬菜作物，产品除了供应当地市场外还远销上海、安徽、浙江等地，每个塑料大棚产值年均达到14 000元，2009年，有些农户仅种植菜花一项亩产值就达到了8 000元，而传统种植的粮食作物亩产值只有1 000元左右，产值提高了10倍以上，该村由原来的贫困村变成了远近闻名的富裕村。

产值差距为何如此悬殊？主要有以下两个原因：一是该村传统种植的粮食作物的生长与自然气候的变化紧密相连，一般种植玉米等传统作物，一年只适宜种植一次。二是农作物的生长期较长，从耕种到作物成熟收割需要整个夏季和一半秋季的时间，其余时间土地都不适宜耕种任何农作物，是典型的单季生产模式，加之产量低使农民靠种植粮食作物收入有限，处于贫困状态。

大棚蔬菜种植则可以在小范围内改变作物的种植种类、生长期和种植茬数，即大棚内一般用来种植黄瓜、番茄、西葫芦、西芹、甘蓝、菜花等产值较高的蔬菜作物。由于蔬菜作物生长期短，农民又掌握了大棚栽培技术，棚内的生长期可以更短，一年内可以种植2~3茬蔬菜，且大棚种植蔬菜基本不受自然环境条件的影响，旱涝保收，因此，大棚蔬菜种植提高了复种指数，产量高，质量好，产值自然远远高于粮食种植。

塑料大棚在麻子村产业结构调整中起到了很大的作用，改变了该村作物种类和种植模式，大幅度提高了农民的经济收入。由此看来，只要农民掌握了一定的农业科学技术，大力发展蔬菜设施栽培不失为贫困地区农民脱贫致富奔小康的一条好路子。

任务5　掌握夏季栽培设施的结构性能及应用

任务目标

知识目标：掌握防雨棚、荫棚和遮阳栽培的结构及性能，了解其在生产实践中的应用。

能力目标：掌握防雨棚和荫棚的构造。

5.1 基础知识要点

防雨棚和荫棚是夏季栽培用的园艺设施。防雨棚是我国南方夏季栽培园艺作物时,为了防止暴雨对作物的直接冲击,取掉拱棚四周肩部以下的塑料薄膜,仅保留拱棚顶部及肩部塑料薄膜的一种设施;荫棚是采用合理遮光的方法,来避免或减轻夏秋季强光、高温对园艺作物危害的一种简易设施。以上两种设施可以有效地减少或避免暴雨对作物的冲刷及强光高温对作物产生的侵害,目前被广泛应用在夏季园艺作物的生产上。

5.1.1 防雨棚

1)防雨棚的结构

在南方多雨的夏、秋季节,将塑料薄膜覆盖在塑料拱棚棚顶至两肩部,距四周地面有 1 m 左右的距离(图 5.1),这 1 m 左右不扣薄膜或扣防虫网,雨水不能直接淋袭到植物体和土壤上的设施就是防雨棚。考虑到抗风雨和降温的要求,防雨棚一般跨度为 6 ~7 m,中高 1.8 ~2.0 m,防雨棚所使用的塑料薄膜最好是早春大棚用过一段时间的旧膜,因为旧膜的透光率较低,可起到降温的作用。防雨棚四周要挖排水沟,沟宽 1 m,深度 0.4 m,并与田间排水干沟相通,以确保大雨过后,水不流入棚内。防雨棚"盖天不盖地",两侧下部可以自然通风降温并防虫,使作物免受雨水直接淋袭。

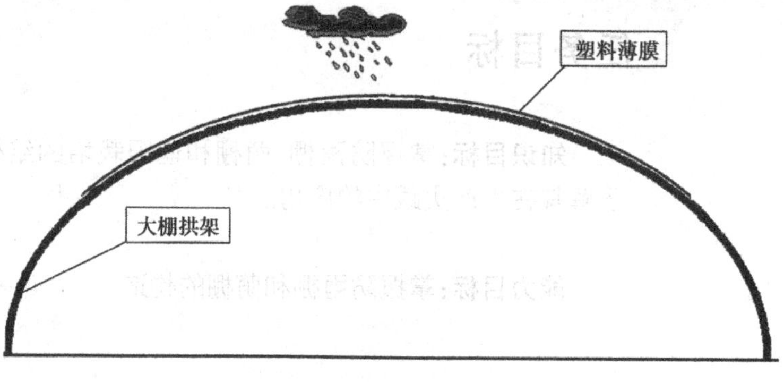

图 5.1 防雨棚示意图

2)防雨棚的类型

防雨棚是在塑料拱棚的基础上改变塑料薄膜的覆盖方式而形成的,因此它的类型基本就是塑料拱棚的类型,生产实践中分为小拱棚式防雨棚和大棚式防雨棚两种。夏季为了降温,气温过高时还可以在防雨棚上面加盖一层遮阳网以降低温度。

3)防雨棚的性能

防雨棚的主要性能是:改善了棚内光、温、湿等小气候环境。降温效果明显,在防雨棚内上部温度比外界略高,但下部靠近植株范围内温度则比外界低 2 ~3 ℃,10 cm 地温比棚外低 4 ~5 ℃。棚内空气相对湿度较为稳定,受降雨影响较小,棚外湿度在连续阴雨天后长达十几天仍高达 90% 以上,连续晴天时仅为 51%,而棚内空气相对湿度相差不大,阴雨天为 89%,晴天为 76%。

4)防雨棚的用途和栽培技术要点

(1)防雨棚的用途

防雨棚主要在我国南方用于夏秋季节蔬菜越夏防雨栽培,解决夏秋淡季蔬菜供应。在南方高温多雨的夏秋季,露地蔬菜栽培经常受到高温多雨的侵害而不能正常生长发育,使蔬菜供应出现了“秋淡”,而使用防雨棚栽培避免了棚内作物被暴雨直接淋袭,防止了棚内土壤被雨水直接冲击,避免了土壤板结和肥力流失,促进了植株根系的生长,防止了作物倒伏,同时降低了棚内气温和土壤温度,避免了暴雨过后棚内空气和土壤湿度过大而导致的病虫害大量发生,使作物生长发育旺盛,植株生长健壮,坐果率提高,提高了作物产量和品质,在一定程度上为解决市场蔬菜“秋淡”作出了贡献。

(2)防雨棚栽培技术要点

一是按结构要求建好防雨棚;二是选择耐热、抗病、优质、高产的中晚熟品种;三是确定好适宜的定植期,使产品集中在 7—9 月上市;四是棚内土壤要深翻并施入有机肥,做好高垄,以利排水;五是加强田间温湿度、肥水和病虫害防治等方面的管理。

5.1.2　荫棚

荫棚是我国长江以南地区使用的一种简易、高效的遮荫降温的设施,主要适用于温和气候条件下苗木炼苗培育或蔬菜、花卉的栽培。夏季使用荫棚设施,可防止阳光直射,减少作物光照强度,降低温度,节约灌溉用水。在早春和晚秋时节,可起到抑制空气对流换热,减少热损失的作用。当有霜冻时,可防止霜冻直接伤害植物。因此,荫棚作为一种实用的简易农业设施,值得推广。

1)荫棚的类型和结构

在有一定高度和面积的支架上面覆盖可以遮挡阳光的材料从而降低支架下面的光照和温度的设施叫遮荫棚,简称荫棚。荫棚是很多园艺作物夏秋季栽培必不可少的设施,尤其是阴性和半阴性花卉植物。荫棚形式多样,结构差异很大,主要根据用途而定，一般分为临时性荫棚和永久性荫棚两类。

(1)临时性荫棚

临时性荫棚春季搭建，秋季拆除，用竹木材料搭建骨架，一般东西延长，高2.5 m，宽6～7 m，上覆塑料薄膜，薄膜上盖苇帘、草帘等遮阴物，东西两侧应下垂至距地面60 cm处，以减少阳光直射棚内植物。临时性荫棚的结构没有统一的规格，一般根据现有的场地大小和周围环境就地取材临时搭建而成，原则只要通风透光就可以。临时性荫棚的特点是：建造容易，成本低，但抗风能力差，使用寿命短，容易腐烂。

(2)永久性荫棚

永久性荫棚一般设置于温室旁边用于温室花卉的夏季遮荫，多为东西向延伸，设在通风良好又不积水处。荫棚宽度一般为6～7 m，高2.5～3 m，用铁管或水泥柱构成主架，棚架覆盖遮阳网(图5.2)，遮光率根据栽培花卉的种类而定。为避免上午和下午的阳光从东面和西面照射到荫棚内，在荫棚的东西两端，常设倾斜的荫帘，荫帘下缘距地面60 cm以上，以利通风。可按长方形、方形、圆形或多角形等几何平面形式建成单棚，也可由几个不同形状和高度的单棚组合成回廊式的荫棚组。

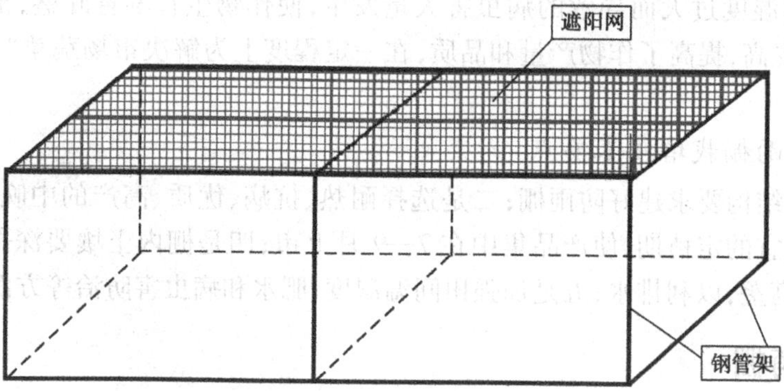

图5.2　钢结构永久性荫棚示意图

生产中用于大面积花卉遮阴栽培用的荫棚多为工厂定型设计生产，由主体框架、拉幕系统和遮阳网等部件组成，主体框架一般采用网格钢架结构，由基础、立柱、纵梁、拉紧钢丝绳和斜拉筋等构成。为保证荫棚结构的安全性和稳定性，降低投资成本，荫棚的常用跨度为6～7 m，荫棚高度的确定应满足栽培苗木的需要，并能便于人员和机械操作，通常荫棚的高度为2.5～3.5 m。永久性荫棚的特点是：使用年限长，强度大，抗风能力强，但一次性投资成本较大。如YPG-4428拱形荫棚，LYWZ8型荫棚等。

2)荫棚的性能

荫棚是夏季栽培花卉必不可少的设施。荫棚具有避免阳光直射、降低棚内温度、增加湿度、减少蒸发、防止暴雨冲击等功能。

3)荫棚的用途和栽培技术要点

荫棚的作用体现在3个方面:一是主要用于对光照要求不强的观叶植物、食虫植物、兰科植物,以及某些不耐高温或强光的盆栽花卉如倒挂金钟、新几内亚风仙、比利时杜鹃等栽培养护;二是夏季的嫩枝叶扦插及播种、上盆或分株的花卉缓苗需在荫棚进行;三是一部分露地栽培花卉需设荫棚保护。具体来讲,临时性荫棚多用于北方,供露地繁殖床和盆栽花卉植物越夏之用;永久性荫棚多用于南方,一般与温室结合,用于温室花卉的夏季养护,在江南地区,栽培兰花、杜鹃等耐阴植物时,也常用永久性荫棚。

荫棚栽培的管理主要在于荫蔽度和湿度的控制。荫蔽度一般以全光照的40% ~60%为宜。调节顶部遮阴材料如木板条、毛竹片或竹竿、芦苇之间的空隙大小,或使用网眼疏密不同的黑色遮阳网,可形成不同的荫蔽度。此外,还可用许多铝合金薄片组成荫棚,根据植物的需要及阳光的强弱由光电管控制铝合金片的倾斜度来调节荫蔽度,称为"可变遮荫顶棚"。同一荫棚内栽培对荫蔽度要求不同的多种植物时,需采取调节植物在荫棚内的位置等措施。荫棚内的相对湿度宜保持在75% ~85%甚至更高,冬季则可稍低。为此,应多设水池,有条件时还可安装电动自控喷雾设施,进行间歇喷雾。棚内地面、道路和盆架每天也应洒水数次,以增加湿度和夏季降温,棚顶攀附藤本植物,对遮荫和保湿降温也有好处。

5.1.3　防虫网栽培

防虫网是一种简便、有效、科学的防虫措施。它采用物理防治技术,即以人工构建的隔离屏障,将害虫拒之网外,同时,其反射、折射的光可以驱避害虫,达到防虫增产的效果。应用这项技术,可以大幅度减少化学农药的使用量和对农药的依赖性,真正体现了对蔬菜病虫害的"综合防治",对生产无公害绿色蔬菜意义重大,目前在我国南北方蔬菜生产中被广泛应用,具有广阔的发展前景。

1)防虫网的覆盖方式

目前,生产中防虫网有全面覆盖和局部覆盖两种覆盖方式。

(1)全面覆盖

全面覆盖分浮面覆盖和拱棚覆盖两种。浮面覆盖是把夏季直播的叶菜或定植成活的幼苗用防虫网直接、全面覆盖，有效防止害虫对蔬菜幼苗的蚕食，同时在一定程度上也防止了台风和暴雨对蔬菜的危害。拱棚覆盖就是在拱棚骨架上全面覆盖防虫网(图5.3)，形成一个防虫透风的生产空间，在棚内进行蔬菜生产的栽培方式，若遇到高温，可在拱棚顶部再覆盖遮阳网，以达到降温的目的。

图5.3 防虫网全面覆盖

图5.4 防虫网局部覆盖

(2)局部覆盖

局部覆盖是指在大棚两侧的通风口和门、温室的天窗、地窗和门等位置安装防虫网(图5.4)，防止昆虫进入设施里面以达到防虫效果，这种安装方式一般不能影响大棚、温室的性能。

2)防虫网覆盖的作用

(1)防虫防病

防虫网一般是在作物全生长期覆盖，加上其网眼比较小，能防止害虫的成虫飞入设施里面，从而有效防止了害虫在设施内的繁殖和对作物的直接危害，如蚜虫、菜青虫、甘蓝夜蛾、黄曲跳甲等害虫。设施里的害虫减少了以后，农药使用次数大大减少，对生产无公害蔬菜产品起了很大的作用。银灰色防虫网还有避蚜、驱蚜作用，使设施内的蚜虫数量大大减少，不仅减轻了蚜虫对作物的直接危害，而且减少了蚜虫对病毒病的传播，降低了设施内作物病毒病的发病率。同时，防虫网还能防止鸟类进入设施内对作物的危害。

(2)改善设施内的小气候

大棚、温室覆盖了防虫网以后，对设施内的温度、湿度和光照均有一定的调节。一般网下气温可降低3~5 ℃，土壤温度可降低2~4 ℃，网内空气相对湿度高于露地，防虫网的遮光率一般为25%~30%，黑色网比银灰色网和白色网遮光率高。

(3)防暴雨冲刷

防虫网机械强度较大，网眼较小，可以缓冲暴雨、大风和冰雹对设施内作物的直接冲击，减轻它们对作物产生的危害，尤其是对设施内叶菜类蔬菜的保护作用更为明显。

3）防虫网的应用和栽培技术要点

（1）防虫网的应用

防虫网在我国夏季蔬菜生产上应用最多：一是夏季叶菜覆盖栽培。夏季菠菜、小白菜等速生叶菜是南方城乡居民的喜食蔬菜之一，也是供应"伏缺"的主要蔬菜品种，露地栽培虫害多，农药污染严重，影响蔬菜品质。应用防虫网覆盖栽培，可以防止害虫进入棚内危害，不用或减少杀虫剂的使用次数和使用量，实现无公害绿色生产，是目前防虫网栽培主要的一种覆盖方式。二是茄果类和瓜类覆盖栽培。茄果类、瓜类等蔬菜夏秋季易发病毒病，防虫网可以阻断蚜虫等害虫的传播途径，有利于减轻病毒病的发生。三是秋冬菜育苗。6—8 月是秋冬蔬菜的育苗季节，又是高温干旱、台风暴雨、虫害的频发期，育苗难度大，应用防虫网覆盖育苗，可以提高出苗率，降低害虫危害，提高秧苗素质。四是广泛应用于科研单位蔬菜育种和制种工作，因为防虫网阻隔了昆虫进入网内，也就阻断了昆虫在不同品种间的传粉，从而提高了育种和制种的纯度。

（2）防虫网栽培技术要点

防虫网需要配套一定的栽培技术才能发挥其良好的生产性能。利用防虫网栽培首先要进行土壤消毒和化学除草，其目的是杀死残留在土壤中的病菌和害虫，杀死土壤中的杂草，消灭病虫传播源。其次是对栽培作物全程覆盖，其目的是让害虫在作物生长发育过程中始终不能进入网内，防虫网遮光率低的性能给作物全程覆盖创造了条件，因为遮光率低不会对夏秋季蔬菜作物生长造成影响。实际操作时要先覆盖防虫网再播种或定植，覆盖时要将防虫网拉展拉紧，四周用土或砖块固定严实，防止害虫侵入。三是选择适宜的防虫网。适宜的防虫网是栽培的关键，要根据当地害虫种类、栽培季节和覆盖方式来选择防虫网，幅宽、颜色、网孔大小是选择防虫网的具体指标。一般来说，目数多、网眼小的防虫效果好，但遮光多、透气性差，对作物生长不利。生产实践中多选用 20～25 目、丝经 0.18 mm、幅宽 100～120 cm 的防虫网，在蚜虫较多的地区和季节，宜选用银灰色防虫网。四是选用抗热、耐湿、抗病的蔬菜品种，因为防虫网覆盖栽培时间主要在夏秋高温季节。五是加强田间管理。要施足基肥，减少追肥次数。浇水采用沟灌，最好采用滴灌和微型喷灌，尽量减少入网操作次数。进出网时要及时拉网盖棚，不给害虫入侵机会。要经常巡视田间，及时摘除挂在网上或田间的害虫卵块，检查网、膜是否有破损，加以及时修补。遇晴热高温天气，不管采用何种覆盖方式，都要采用遮阳、灌水等降温措施。

5.2 实训内容

临时性荫棚的搭建

1)实训目的

通过荫棚的搭建操作,熟悉荫棚的构造。

2)实训材料

木立柱、粗竹竿、椽子、遮阳网、铁丝。

3)实训用具

铁锨、镐头、手钳子、锯子。

4)方法步骤

(1)学生分组

将全班学生平均分成2~3个实习小组,每组制作一个荫棚。

(2)荫棚的制作

①栽立柱。根据事先设计的荫棚大小放线,放好线后定点挖坑,坑深50 cm,夯实坑底,再用砖块或石头做地垫,使立柱坚实不下沉。然后将立柱放到挖好的坑内地垫上,一人扶住立柱,其他人用土填并夯实,注意立柱高低要一致,横竖要在一条线上。

②搭建骨架。用铁丝把椽子绑扎在立柱上,形成一个矩形骨架,然后把竹竿按一定的间距(根据竹竿粗细决定间距大小,一般50~60 cm)用铁丝绑扎在两侧的椽子上,骨架就形成了。

③搭遮阳网。把选好的遮阳网从骨架的一端开始拉伸至另一端,并固定在四周椽子上。注意遮阳网要拉紧绷平。

5)考核要点

①立柱坑的尺寸是否合格,是否有地垫。

②骨架是否稳定,遮阳网是否拉紧绷平,是否绑扎。

5.3　实践应用

防雨棚、荫棚在园艺作物生产中的应用

防雨棚在我国南北方蔬菜、花卉和果树生产中均有应用，南方应用多于北方。南方夏季高温多雨，防雨棚主要用于蔬菜越夏防雨栽培，解决夏秋淡季蔬菜供应，同时，防雨棚还在葡萄防雨栽培上大面积应用，以避免葡萄果实裂果而降低果实的商品价值。北方防雨棚主要应用于樱桃防雨栽培，其主要作用是防止樱桃果实出现“裂果”和“崩果”，降低果实的商品性，减少果农收入。

荫棚在南北方花卉栽培上应用广泛。一是用于耐阴和半耐阴花卉的夏秋遮光栽培；二是夏季花卉植物的繁殖和分苗定植遮阴栽培；三是部分露地花卉的遮阴保护栽培。南方主要应用永久性荫棚，北方主要使用临时性荫棚。

5.4　扩展知识链接

蔬菜遮阳网覆盖栽培

蔬菜遮阳网覆盖栽培技术是继农膜、地膜之后又一新型农用覆盖材料在蔬菜生产上应用的新技术。近年来，蔬菜遮阳网覆盖栽培已成为我国南方地区夏季蔬菜设施栽培的主要方式之一，在解决南方蔬菜“伏缺”方面发挥了积极的作用。

1）遮阳网的性能

在高温、多雨、强光照的夏季，使用遮阳网可以产生以下效应：一是可以显著降低设施内的光照强度和温度，改善蔬菜生长的小气候环境。一般使用遮阳网可使设施内的气温较外界降低4～5 ℃，同时有效避免了强光照对蔬菜生产的危害。温度和光照的降低，降低了土壤水分的蒸发量和作物的蒸腾量，有利于保持设施内的湿度，减少了浇水次数，降低了浇水量，有利于蔬菜生长。二是防止暴雨的冲刷。南方地区夏季降雨量大，且经常出现暴雨和冰雹，对作物和土壤冲刷很大，造成蔬菜生长不良、土壤板结等不良现象。使用遮阳网覆盖以后，雨水不直接落在蔬菜植株和土壤上，有效缓解了暴雨对蔬菜及土壤的直接冲击，防止了土壤板结和雨后倒苗、压苗等现象。据测试，覆盖遮阳网能使暴雨对地面的冲击力减弱到1/45。三是减少病虫害的发生。使用遮阳网后，阻止了害虫对蔬菜作物的危害，银灰色网还有驱避蚜虫的作用，减轻了因蚜虫传播而引起的病毒病的发生。同时，银灰色网可有效防止鸟类吃食种子，提高蔬菜出苗率。由于遮阳网的遮光作用，还降低了果菜类蔬菜日烧病的发生。四是

防寒。在南方冬季使用遮阳网栽培,可以提高设施内土壤表面温度和气温,遇到霜冻时有遮阳网的阻隔,植株不会直接受冻,因此,南方冬季蔬菜遮阳网栽培可以有效减轻冻害。

2)遮阳网的选择和使用

遮阳网种类和规格较多,生产中要根据作物的需光特性、栽培季节、地区天气状况以及覆盖栽培管理方法科学选择遮阳网,以满足蔬菜作物正常生长发育对光照的需求。遮阳网的选择主要是颜色和透光率的选择,遮阳网的遮光率是影响遮阳性能的主要指标,国内生产遮阳网的遮光率一般为20%~90%。通常情况下,蔬菜生产中多选用黑色和银灰色的遮阳网。黑色网的遮光降温效果较银灰色网好,适宜伏天和低光照蔬菜覆盖。银灰色网的透光性好,有避蚜虫和预防病毒病的作用,适用于初夏、早秋季节和对强光照蔬菜覆盖。全天候覆盖栽培的蔬菜,选用透光率小于60%的遮阳网;晴天中午覆盖的,宜选用透光率为55%~65%的遮阳网;蚜虫、病毒病危害严重的地区宜选用银灰色遮阳网。夏秋覆盖栽培,对光照的要求不太高,不耐高温的小白菜和其他绿叶蔬菜,可选用遮光率较高的遮阳网;对光照要求较高,较耐高温的果菜类蔬菜,可选用遮光率较低的遮阳网;冬春防冻防箱覆盖,以遮光率较高的遮阳网的效果好。为了使用方便、节省成本,一般在生产应用中,普遍选用遮光率为65%~75%的遮阳网。

遮阳网虽然具有遮光降温等功能,但如果使用方法不当,其效果会不尽如人意。为了充分利用遮阳网的遮强光、降高温、防暴雨的功能,生产上要严格控制揭盖网时间:夏秋季遮光降温宜在6月下旬至9月上旬覆盖,冬春季防霜保暖宜在11月下旬至次年3月上旬覆盖,晴天日盖夜揭,阴天揭;大雨盖,小雨揭;光强大于蔬菜光饱和点时盖,小于或等于蔬菜光饱和点时揭;出苗期全天候覆盖,出苗后及时揭盖;白菜、甘蓝类蔬菜生育前期覆盖,15~20天后揭网;秋菜育苗覆盖在定植后7~10天揭网炼苗;芫荽、生菜、葱蒜类蔬菜夏季栽培,宜全生育期覆盖。由于覆盖后作物生长速度加快,对肥水的需求量也大,要及时供应肥水。

3)遮阳网的覆盖方式

遮阳网蔬菜覆盖栽培使用面积大,效果好,生产上覆盖方式多种多样,大体分为以下几种方式:一是畦面覆盖。即将遮阳网直接覆盖在畦面上,等幼苗出齐或定植苗成活后撤网的覆盖方式,主要用于夏秋蔬菜播种出苗和定植成活前的遮光降温及冬春防寒覆盖。二是小拱棚覆盖。利用小拱棚架或临时用的竹片(竹竿)做拱架,上用遮阳网全封闭或半封闭覆盖。一般用于育苗、移栽、秋提前栽培,如芹菜、甘蓝、花菜等出苗后防暴雨遮强光栽培,小青菜类以及茄果、瓜类蔬菜栽培秋提前栽培等。三是平棚覆盖。用竹木或钢材搭平棚架,上面固定遮阳网的栽培方式,架高根据栽培的蔬菜作物高度而定,架宽因栽培的畦宽不一。遮阳网覆盖时间的长短依作物种类和天气状况而定,多用于南方叶菜类蔬菜夏季生产。四是大(中)棚覆盖(图5.5)。是指利用现有大(中)棚骨架进行遮阳网覆盖的栽培方式,主要用于蔬菜全生育期覆盖栽培、秋延后和春季栽培,又分棚顶覆盖、裸棚覆盖和棚内悬挂式覆盖3种方式。棚顶覆盖是指遮阳网直接盖在大棚的塑料薄膜上,网两侧离地1.6~1.8 m,中午遮强光,早、晚见光,此法可节省经常性揭盖管理用工,这种覆盖方式南北方都可以使用,主要用于蔬菜全生育期覆盖栽培。裸棚覆盖是指取掉大棚上的塑料薄膜,把遮阳网直接覆盖在大(中)棚的骨架上面,固定棚顶部分的遮阳网,棚体两侧距离地面1.5 m高处不固定,可上下揭盖,以利通风,适用于夏季全生育期覆盖蔬菜栽培。棚内悬挂式覆盖是指把遮阳网覆盖在棚内预先固定的平架铁丝上,铁丝固定在大棚腰间处,遮阳网的一边固定,另一边可活动,随光照强度的变化而开网盖网。

图5.5　遮阳网大棚覆盖

5.5　考证提示

了解防雨棚和荫棚在园艺生产中的作用,掌握防雨棚、荫棚的结构和使用方法。

任务后

考证练习题

1. 填空题

(1)防雨棚和荫棚是________季栽培用的园艺设施。

(2)"盖天不盖地"是指防雨棚________部和________覆盖塑料薄膜,而________不覆盖塑料薄膜。

(3)在有一定高度和面积的支架上面覆盖可以遮挡________的材料从而降低支架下面的________和________的设施叫遮荫棚。

(4)荫棚根据其用途,一般分为________荫棚和________荫棚两类。

(5)目前生产中防虫网有________和________两种覆盖方式。

(6)防虫网具有________、________和________的作用。

2.选择题

(1)防雨棚具有防雨、降温等作用,生产中主要用于我国(　　)地区。

A.北方　　B.南方　　C.干旱　　D.少雨

(2)防雨棚栽培技术的要点是(　　)。

A.选择耐热抗病品种　　B.选择塑料薄膜

C.灌水次数　　D.骨架材料

(3)荫棚栽培的管理主要在于(　　)的控制。

A.荫蔽度和湿度　　B.温度　　C.湿度　　D.土壤肥力

(4)永久性荫棚的骨架材料一般为(　　)。

A.木材　　B.竹竿　　C.钢管　　D.竹木混合

(5)防虫网在我国(　　)季蔬菜生产上应用较多。

A.春　　B.冬春　　C.秋　　D.夏

(6)防虫网栽培首先要(　　)。

A.施足基肥　　B.土壤消毒和化学除草

C.罐足底水　　D.搭好防虫网

3.问答题

(1)防雨棚在南方避夏栽培中有什么作用?

(2)荫棚在园艺作物栽培中有什么作用?

(3)在什么情况下使用防雨棚和荫棚?

(4)蔬菜防虫网覆盖栽培的作用是什么?

(5)防虫网覆盖栽培技术的要点有哪些?

案例分析

樱桃园搭建防雨棚

据报道,东北某地区为了加快设施农业的发展,政府制订了《关于加快推进现代都市设施农业建设的实施意见》,对本地农民按规划集中连片发展高标准联栋钢管结构樱桃防雨棚,每666.7 m^2 一次性补贴1万元,普通结构樱桃防雨棚每666.7 m^2 一次性补贴5 000元，扶持果农加快发展樱桃防雨棚建设，为果农提供增收致富新渠道，此项计划每666.7 m^2 可为果农增收1万多元。

为什么樱桃防雨棚能够增加果农收入?

往年在樱桃成熟季节，经常会遇到大雨，造成成熟期的樱桃果实出现大量裂果现象，使樱桃果实失去了商品价值，导致果农收入减少，一年的辛勤劳作毁于一旦。如果在樱桃园搭建防雨棚效果就会大不一样，因为防雨棚避免了雨水对樱桃园的直接冲刷，不会出现樱桃果实因吸水过多而造成的裂果现象，解决了雨季"崩果""裂果"的问题，大大提高了果实的商品性，达到了增产增收的目的，同时还能起到防鸟的最佳效果。如果再加一层遮阳网还能延长樱桃生长期，延后采收上市，卖个好价钱。虽然搭建防雨棚一次性投资大了些，但3年后不但能收回投资，而且可以连续使用多年。

果农王某2009年露地种植了666.7 m^2"美早""沙尼豆"等大樱桃3 300多棵，投资13万多元为樱桃搭起了防雨棚，收到了良好的经济效益。他搭建防雨棚的方法是:每个防雨棚跨2行树，棚顶部分覆盖塑料薄膜，棚两侧用防虫网覆盖，等樱桃果实采摘后将塑料薄膜和防虫网收起来下一年再用。防雨棚骨架材料全部使用铁管、钢筋，整个棚架连接处全部焊成一体。

任务6　认识温室的结构类型及性能

任务目标

知识目标：了解温室的结构类型和特点。

能力目标：了解温室的结构和性能，掌握温室类型结构的调查方法。

6.1　基础知识要点

采用透明或半透明材料覆盖的框架或充气结构，空间大小能满足人工操作的需要，环境条件可以人工控制和调节以满足作物生长发育需要的园艺设施就是温室。温室是一种结构复杂、设施比较完善的园艺设施，具有良好的采光、增温和保温性能。利用温室可以进行蔬菜、花卉等园艺作物的常年生产，在解决长期困扰我国北方地区冬季的蔬菜供应、增加农民收入、节约能源、促进农业产业结构调整、带动相关产业发展、安置就业、避免温室效应造成的环境污染、提高城乡居民的生活水平等方面作出了突出贡献。

我国温室起源于2 000年前的秦汉时代，当时就已经能利用保护设施（温室的雏形）栽培大葱、韭菜等多种蔬菜，历史悠久。到20世纪60年代，我国的温室生产始终徘徊在小规模、低水平、发展速度缓慢的状态。温室的研究和生产发展起步于20世纪80年代的“六五”期间，在“六五”至“十一五”30多年间，经过我国广大科技人员的自主技术创新和引进消化吸收，在温室结构、覆盖材料、能源利用、生产技术、无土栽培、营养控制、环境监测控制、温室环境管理系统、栽培模式、温室降温、补光、除湿和增施二氧化碳、机械化作业、节水灌溉等方面取得了一大批科研成果，有效地推动了我国设施园艺的发展。目前，我国已成为世界上温室面积最大的国家，根据中国农业年鉴统计，2006年全国温室总面积达到70.76万hm^2，温室生产在设施农业中占据举足轻重的地位，已由初期单一的园艺作物生产发展为现在的种植、养殖、旅游观光、休闲餐饮全面发展的新兴产业。

6.1.1　温室的类型

以不同的分类方法，温室被分为多种类型，但我国目前生产中广泛应用的温室主要有：日光温室和连栋温室（玻璃连栋温室、塑料连栋温室、硬质塑料板材连栋温室）。温室类型详见表6.1。

表6.1　温室类型

分类方法	温室类型	用　途
以透明屋面形式分	单屋面温室	园艺作物栽培、育苗
	双屋面温室	
	连接屋面温室	作物栽培、育苗、科研、旅游观光、休闲餐饮
	不规则屋面温室	旅游观光、休闲餐饮

续表

<table>
<tr><th>分类方法</th><th colspan="2">温室类型</th><th>用　途</th></tr>
<tr><td rowspan="2">以建筑形式分</td><td colspan="2">单栋温室</td><td rowspan="2">园艺作物栽培、育苗</td></tr>
<tr><td colspan="2">连栋温室</td></tr>
<tr><td rowspan="4">以骨架建筑材料的不同分</td><td colspan="2">土木结构温室</td><td rowspan="4">园艺作物栽培、育苗</td></tr>
<tr><td colspan="2">钢筋混凝土结构温室</td></tr>
<tr><td colspan="2">热镀锌钢管装配温室</td></tr>
<tr><td colspan="2">全钢结构温室</td></tr>
<tr><td rowspan="3">以透明覆盖材料的不同分</td><td colspan="2">玻璃温室</td><td rowspan="3">园艺作物栽培、育苗、科研、教学、旅游观光、休闲餐饮</td></tr>
<tr><td colspan="2">塑料薄膜温室</td></tr>
<tr><td colspan="2">硬质塑料板材温室</td></tr>
<tr><td rowspan="2">以是否加温分</td><td colspan="2">日光温室</td><td rowspan="2">园艺作物栽培、育苗、科研、教学</td></tr>
<tr><td colspan="2">加温温室</td></tr>
<tr><td rowspan="8">以使用功能分</td><td rowspan="3">生产性温室</td><td>栽培温室</td><td>蔬菜、花卉、果树栽培</td></tr>
<tr><td>育苗温室</td><td>园艺作物育苗</td></tr>
<tr><td>专用温室</td><td>菌类栽培、动物养殖等</td></tr>
<tr><td rowspan="3">试验温室</td><td>人工气候室</td><td rowspan="3">科研、教学</td></tr>
<tr><td>实验温室</td></tr>
<tr><td>育种温室</td></tr>
<tr><td rowspan="2">商业性温室</td><td>旅游观光温室</td><td rowspan="2">经　营</td></tr>
<tr><td>休闲餐饮温室</td></tr>
</table>

6.1.2　日光温室

由北、东、西三侧保温蓄热墙体、北向保温屋面、南向透明采光屋面、保温被(昼开夜盖)组成其结构,以太阳光的热能和夜间的保温设备来增高和维持室内温度的设施叫日光温室。日光温室具有卓越的保温节能特性,在我国北方地区冬季可以不加温或少加温生产喜温性蔬菜,与加温温室相比节约能源,降低了生产成本,经济效益显著,具有强大的生命力。因此,在除上海、广东、广西、海南、重庆以外的全国各省、市、自治区均有日光温室,尤其以北方地区发展迅速。根据中国农业年鉴统计,2006 年全国日光温室面积近16万 hm^2，占温室总面积的22%；另据不完全统计，2009年全国日光温室总面积达到33万 hm^2。

1)温室方位

日光温室坐北朝南，东西延长。在光照早、上午光照条件好的地区一般采取坐北朝南偏东（不超过10°）方位；在冬季温度低、早上揭帘迟、光照晚的地区一般采取坐北朝南偏西（不超过10°）方位。

2)温室结构

(1)结构形状

以日光温室前屋面（采光面）的形状来看，目前生产实践中使用的日光温室采光面的形状基本固定为形式不同的弧形，其结构形状为单栋拱圆型（图6.1）。

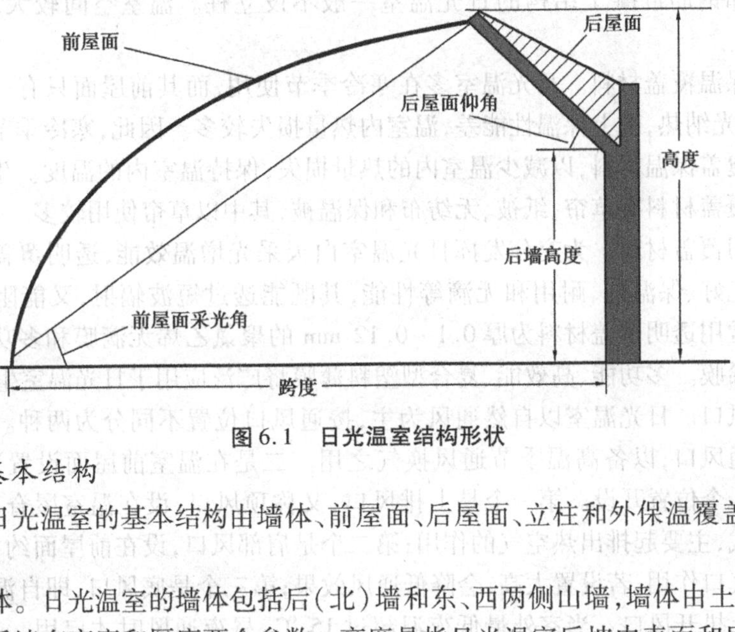

图6.1　日光温室结构形状

(2)基本结构

一栋日光温室的基本结构由墙体、前屋面、后屋面、立柱和外保温覆盖材料构成（图6.1）。

①墙体。日光温室的墙体包括后（北）墙和东、西两侧山墙，墙体由土、砖石等材料构成。后墙有高度和厚度两个参数。高度是指日光温室后坡内表面和后墙内表面的交线与温室内地平之间的距离，一般以1.5～2.2 m为宜；厚度是指墙体的厚度，厚度越大保温性越好，最小厚度不能小于当地冬季最大土层厚度。传统的墙体材料主要是夯实土和实心砖，用夯实土制成上窄下宽的"梯形土墙"，俗称"干打垒"，是日光温室的传统墙体，其厚度已由早期的1 m左右发展为目前的底部8 m、顶部3 m的超厚墙体。用实心砖多建成"空心墙"，墙后内侧砖墙厚24 cm，外侧砖墙厚12 cm，中间保温夹层厚12 cm，在中间夹层内填充蛭石、珍珠岩等保温材料。东、西山墙后高与后

墙相同,前高与前屋面弧形拱架形同。目前生产中除继续使用传统墙体材料外,新出现了加气混凝土砌块、泡沫板等材料。实践证明,无论采用哪一种墙体材料,墙体内侧材料以吸热和蓄热为主,外侧以隔热为主。

②前屋面。前屋面是日光温室的采光面,由拱架和透明覆盖材料组成。拱架由钢管、钢筋、竹竿等材料加工成弧形;透明覆盖材料主要是塑料薄膜,详见“任务7”。

③后屋面。后屋面是日光温室的保温蓄热面,普通温室的后屋面由粗木、草泥、秸秆和防潮塑料薄膜等构成,全钢结构、装配式结构、钢筋混凝土结构等后屋面由水泥预制板、泡沫板和其他保温材料构成。

④立柱。日光温室的立柱分中立柱和前排立柱两种,竹木结构日光温室、钢木混合结构的日光温室一般设有立柱,有水泥预制柱、钢管柱、木柱等类型。全钢结构、装配式结构和钢筋混凝土结构的日光温室一般不设立柱。温室空间较大,农事操作方便。

⑤外保温覆盖材料。日光温室多在寒冷季节使用,而其前屋面只有一层塑料薄膜,白天采光纳热,晚上保温性能差,温室内热量损失较多。因此,寒冷季节的晚上要在前屋面覆盖保温材料,以减少温室内的热量损失,保持温室内的温度。生产中使用的外保温覆盖材料有草帘、纸被、无纺布和保温被,其中以草帘使用较多。

⑥透明覆盖材料。为充分发挥日光温室白天采光增温效能,透明覆盖材料应同时具备透光好、保温好、耐用和无滴等性能,其既能透过短波辐射,又能阻止长波辐射。目前常用透明覆盖材料为厚0.1~0.12 mm的聚氯乙烯无滴膜和多功能3层复合的聚乙烯膜。多功能、高效能、复合型塑料薄膜将广泛应用于日光温室生产。

⑦通风口。日光温室以自然通风为主,按通风口位置不同分为两种。一是后墙设置活动通风口,以备高温季节通风换气之用。二是在温室前屋面设置通风口,按上、中、下3个位置开设。第一个是上排风口,又称顶风口,设在温室屋脊部,用扒缝放风的方式,主要起排出热空气的作用;第二个是肩部风口,设在前屋面约1 m高处,主要起进气口作用,若设置太高,会降低通风效果;第三个是底风口,即自温室前屋面底角处向上扒开风口。当室外最低夜温超过15 ℃,昼夜通风时才启用,一般情况下不使用。

⑧进出口。日光温室常在一端建造一个作业间,以便农事操作,同时也是一个缓冲间,在寒冷季节作业间可以防寒保温,以防止冷空气直接侵入温室。同时,通向温室的门里侧应设1个40~100 cm高围裙,以防降低室温。

(3)骨架结构

日光温室的骨架由拱架、纵梁和连接件等组成,是温室前、后屋面及装在它上面设备的承载体。生产中，单栋拱圆形日光温室的骨架结构种类较多，有土木结构、钢木结构、钢筋混凝土结构、全钢结构、全钢筋混凝土结构、热镀锌钢管装配结构等，生产中主要以全钢拱架结构、混合结构、竹木结构使用较多。

①全钢结构。前屋面和后屋面承重骨架用钢材做成整体式拱架，后墙用砖石或泥土建造，骨架后檐架在后墙上面（图6.2）。

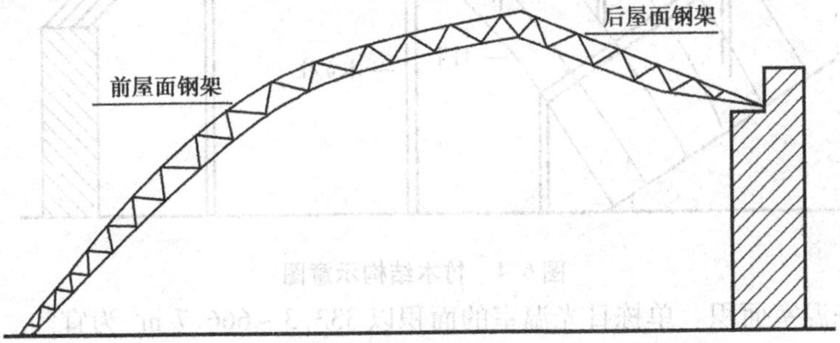

图6.2　全钢结构示意图

②混合结构。骨架为竹木、钢材、水泥构件等材料混合组装而成，墙体由砖石或泥土建造（图6.3）。

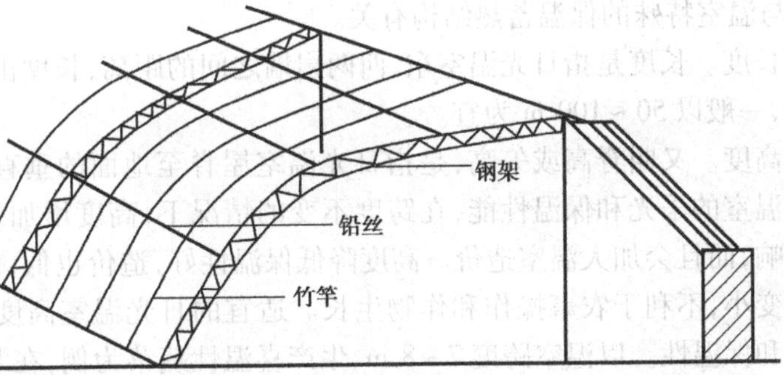

图6.3　钢混结构

③竹木结构。骨架为竹竿、竹片、杂木等，墙体由砖石或泥土建造（图6.4），用铅丝做纵向拉杆，为竹木混合结构，是农村蔬菜生产主要使用的温室结构。

(4)总体结构尺寸

单栋日光温室的总体结构尺寸大小没有统一标准，一般以生产实际需要、栽培作物种类、骨架材料、所处区域的纬度、海拔高度和气候条件、投资大小等因素决定，但是为了保证日光温室的最优保温蓄热、采光等性能，日光温室有一个适宜的总体结构尺寸。

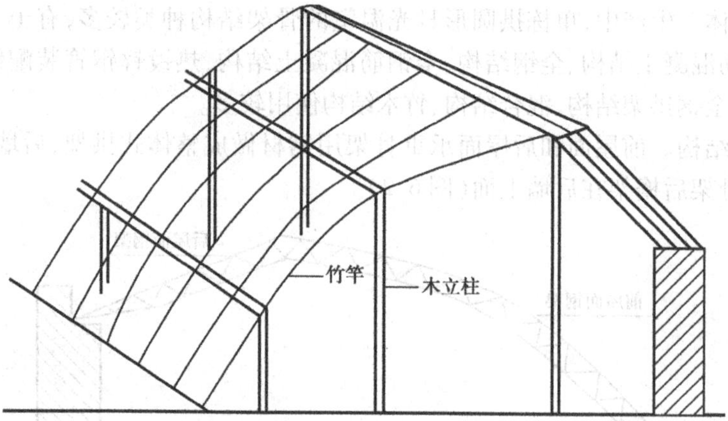

图 6.4　竹木结构示意图

①单栋温室面积。单栋日光温室的面积以 333.3 ~ 666.7 m^2 为宜。

②温室跨度。日光温室的跨度是指从温室后墙内侧到前屋面骨架基础内侧的水平距离。温室跨度大小直接影响温室的采光、保温性能、作物生长发育及农事操作的空间,适宜的跨度为 6 ~ 8 m,一般在北纬 35°以南的地区 8 ~ 9 m,北纬 35° ~ 40°的地区为 7 ~ 8 m,北纬 40°以北的地区为 6 ~ 7 m。目前所见到的生产型温室最大跨度达到 12 m,这与温室特殊的保温蓄热结构有关。

③温室长度。长度是指日光温室东、西两扇墙之间的距离,长度由日光温室面积与跨度确定,一般以 50 ~ 100 m 为宜。

④温室高度。又叫脊高或矢高,是指日光温室屋脊至地面的垂直高度。温室高度直接影响温室的采光和保温性能,在跨度不变的情况下,高度增加采光好,但保温性会受到影响,而且会加大温室造价。高度降低保温性好,造价也低,但采光性差,而且温室空间变小,不利于农事操作和作物生长。适宜的日光温室高度是同时具备良好的采光性和保温性。以温室跨度 7 ~ 8 m、生产喜温性蔬菜为例,在北纬 40°以南的地区,温室高度一般为 3.0 ~ 3.6 m;在北纬 40°以北地区,温室高度一般为 2.8 ~ 3.0 m。

⑤拱架间距。一般拱架间距为 0.8 ~ 1.5 m 不等,以拱架强度、覆盖材料性能及当地风雪荷载确定。

⑥前屋面角。是指日光温室横截面上采光屋面和地面的交点与屋脊的连线和地平面的夹角,简单讲就是前屋面切线与地平面之间的夹角,用字母 α 表示,合理的前屋面角要根据当地纬度和冬至正午太阳高度角计算。日光温室的跨度、高度和前屋面角的有一定的对应关系(表 6.2)。

表6.2 日光温室的跨度、高度与前屋面角的对应关系

h / α / B	2.6 m	2.8 m	3.0 m	3.2 m	3.4 m	3.6 m
6.0 m	**29°29′**	**31°20′**	**33°07′**	34°49′	36°28′	38°03′
6.5 m	**27°28′**	**29°15′**	**30°58′**	32°37′	34°13′	35°45′
7.0 m	25°43′	**27°24′**	**29°03′**	**30°39′**	32°12′	33°41′
7.5 m	24°09′	**25°46′**	**27°21′**	**28°53′**	**30°23′**	31°50′
8.0 m	22°45′	24°18′	**25°49′**	**27°18′**	**28°44′**	**30°08′**
8.5 m	21°30′	22°59′	24°27′	**25°52′**	**27°15′**	**28°37′**
9.0 m	20°23′	21°48′	23°12′	24°34′	**25°54′**	**27°13′**

注:加粗黑字为标准型规格。

资料来源:日光温室结构行业标准(JB/T 10286—2001)。

⑦后屋面仰角。是指日光温室后坡内表面与水平面之间的夹角。后屋面角一般应大于当地冬至正午太阳高度角5°~8°即可。

3)性能

日光温室的性能包括温室内的温度、光照、空气湿度、气体和土壤条件等。

(1)温度

日光温室主要是利用太阳能提高温室内的温度,通过后墙和后屋面蓄热保温,利用外保温覆盖材料保温,使温室内的温度在寒冷季节可以满足喜温性作物的正常生长。

①温室内的气温分布。冬季白天温室内南部温度高于北部2~3 ℃,晚上北部比南部温度高3~4 ℃,晚上东、西山墙底部、进出口处和前屋面底部温度最低;在白天密闭不通风的条件下,温度随室内高度增加而升高。

②温室内的气温日变化。温室内的气温白天高、晚上低,温差大。寒冷季节,在白天有太阳光照射的条件下,一般气温在25~28 ℃,11:00~14:00在不放风的条件下可达到32~35 ℃,甚至更高,夜间气温只有8 ℃左右,如遇低温天气,夜间温度会更低。晴天温室内气温在揭掉外保温物0.5 h后开始回升,每小时气温平均上升5~6 ℃,15:00后温室内气温开始下降,平均每小时降温4~5 ℃。因此,在生产上,下午要注意及时覆盖外保温材料,以及时保温。

③温室内的地温变化。在寒冷季节,温室内地温明显高于露地。5 cm深处地温

以温室内中部最高，由此向南北递减；晴天白天浅层土壤温度最高，晚上以 10 cm 深处温度最高，阴天时深层土壤温度高于浅层土壤温度。

（2）光照

早春和冬季太阳高度角小，进入日光温室的光量少，温室的光照条件差，加之此时室内温度较低，温室内生长的作物处在一个低温弱光照的环境下，作物生长发育受到严重影响，喜温性作物容易出现生理疾病。

①光照强度。寒冷季节温室内的光照强度主要受太阳高度角、天气状况和前屋面的透光性等因素的影响。太阳高度较低，光照弱，太阳高度角升高，光照加强；晴天光照强，阴天光照弱；新塑料薄膜透光率明显高于旧塑料薄膜，洁净的塑料薄膜透光率高于吸附灰尘塑料薄膜的透光率。温室内光强度照日变化与室外自然光日变化相一致。因此，解决好日光温室的光照问题，是提高日光温室生产能力的基础。

②光照时间。延长光照时间和保温措施是日光温室光温管理的一对矛盾，寒冷季节，由于要保温，温室外保温覆盖物需要晚揭早盖，缩短了温室的光照时数，若外保温覆盖物早揭晚盖，延长了光照时间，但温室保温效果下降，作物易遭受冻害，所以，要在保证温室温度不降低的前提下尽量延长光照时间；阴雨天、雪天、大风天气外保覆盖温物不能随意揭掉，也影响了光照时间。因此，阴雨天、雪天只要外界温度不太低，要适当揭掉部分外保温覆盖物，增加温室内的散射光照时数，保证室内作物的正常生长。

（3）空气湿度

由于塑料薄膜的气密性较好，日光温室内的空气湿度较大，一般晴天白天空气相对湿度达到 50% ~60%，甚至 60% 以上，晚上可达到 90% 以上。阴天白天可达到 70% ~80%，夜间可达到饱和状态。影响温室内空气湿度的主要因素是室内气温的变化，室内气温越高，空气的相对湿度越低，气温越低，空气的相对湿度越高。同时，室内空气湿度还随天气变化及通风浇水等措施发生变化，阴天湿度高，晴天湿度低，浇水后室内空气湿度大，通风后室内湿度降低。

在高温条件下，高湿度给作物病害的发生提供了良好的条件，因此，日光温室内作物病害发生频率较高，生产上要采取各种办法来降低温室内的空气湿度，降低作物病害的发生。

（4）气体条件

温室内的气体条件主要是指二氧化碳的浓度和有害气体。温室内白天二氧化碳的浓度一般在 330 ppm 左右，早晨揭掉外保温覆盖物时温室内的二氧化碳浓度最高，可达到 700 ~1 000 ppm，揭掉外覆盖物后，随着温度的升高，光照的增强，光合作用加剧,二氧化碳不断地被作物消耗,浓度很快下降,到中午通风之前,降低到200 ppm 以下,对作物生长极为不利,通风之后室内二氧化碳浓度升到330 ppm 左右。

寒冷季节日光温室为了保温蓄热,一般尽可能减少通风次数和通风量。而在气温达到28 ℃以上时,才通风排湿。当气温低于28 ℃时,通风口是关闭的,因此造成室内外气体交换量较小,气体交换差,导致室内二氧化碳浓度低,氨气等有害气体积累量较多,影响了作物光合作用的正常进行,有害气体还会对作物产生危害。

(5)土壤条件

日光温室是在一个相对密闭的空间内进行生产的,大量地施用肥料,只靠人工灌溉,没有雨水淋洗,很容易积累盐分,造成土壤浓度过高,导致土壤元素之间相互干扰,使作物根系对某些元素的吸收受阻。因此,在夏季温室闲置季节,要除去前屋面的薄膜,让雨水淋洗土壤,或用清水冲洗,深翻土壤,多施有机肥,减少化肥的施用量。

6.1.3 现代温室

20世纪80年代初,荷兰、美国等推出适应机械化作业的大型连栋全玻璃温室,从育苗、整地做畦、浇水追肥、温光调控、通风换气、采收、运输等方面均实现了自动化,从而引导设施园艺向高投入、高产出、高效益的方向发展。现代温室又叫连栋温室,主要是指大型的、室内环境基本不受自然气候的影响、可自动化调控、能全天候进行园艺作物生产的连接屋面温室,温室由框架结构、覆盖材料、自然通风系统、加热系统、帘幕系统、计算机环境测量和控制系统、灌溉施肥系统和二氧化碳气肥系统等组成。现代温室以透明覆盖材料的不同来分,有玻璃连栋温室、硬质塑料板材连栋温室和塑料连栋温室3种类型。

1)温室的结构尺寸

现代温室采用连体结构,面积较大,按其结构特点分为单体尺寸和总体尺寸。

(1)单体尺寸

温室的单体尺寸又叫几何尺寸,主要包括跨度、开间、檐高、脊高等(图6.5)。

①跨度。跨度是指温室的最终承力构架在支撑点之间的距离,通常温室跨度规格尺寸有6 m、6.4 m、7 m、8 m、9 m、9.6 m、10.8 m、12.8 m 等规格。

②开间。开间是指温室最终承力构架之间的距离,也就是温室的柱间距,通常开间规格尺寸为3 m、4 m、5 m。

③檐高。檐高也叫肩高,是指立柱底部到温室屋架与立柱轴线交点之间的垂直距离。温室檐高规格尺寸为3 m、3.5 m、4 m、4.5 m。

④脊高。脊高也叫中高,是指立柱底部到温室屋架最高点之间的垂直距离。通

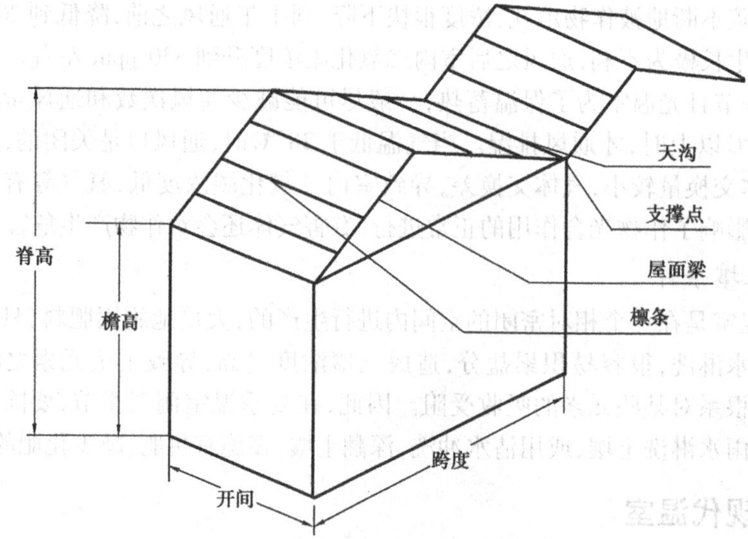

图 6.5　现代温室单体结构

常为檐高和屋盖高度的总和。

(2)总体尺寸

温室总体尺寸主要包括温室的长度、宽度、总高等。

①长度。温室的长度是指温室在整体尺寸较大方向的总长。

②宽度。温室的宽度是指温室在整体尺寸较小方向的总长。

③总高。温室的总高是指温室立柱底部到温室最高处之间的垂直距离,最高处可以是温室屋面的最高处或温室屋面外其他构件(如外遮阳系统等)。

温室总体尺寸大小要根据所建设的温室通风手段而定,一般以自然通风为主的温室垂直通风距离不宜大于40 m,单体建筑面积宜以1 000 ~3 000 m^2 为宜。以机械强制通风为主的温室进排气口的距离以小于60 m 为宜,单体建筑面积以3 000 ~5 000 m^2 为宜。

2)典型的现代温室结构形式

(1)文洛(Venlo)型温室

文洛型温室是一种源于荷兰流行全世界的一种多屋脊连栋小屋面玻璃温室,是我国引进的玻璃温室的主要形式。温室具有小屋顶、多雨槽、大跨度、格构架结构、通风面积大等特点,内部还可以方便地设置隔间,俗称小尖顶温室。这种温室可在多种气候条件下使用,温室屋顶相对低矮,冬季可节省加热能耗,温室的排水能力很强,可大面积连栋建设。

文洛型温室单间跨度有6.4 m、8 m、9.6 m、12.8 m，开间距3 m、4 m或4.5 m，檐高3.5~5.0 m，每跨由2个或3个双屋面的小屋面直接支撑在桁架上，小屋面跨度3.3 m，矢高0.8 m，近年来，有改良为4 m跨度的。根据桁架的支撑能力，还可将两个以上的3.2 m的小屋面组合成6.4 m、9.6 m、12.8 m的多脊连栋型大跨度温室(如图6.6和图6.7)。文洛型温室具有透光率高、密封性好、屋面排水效率高、使用灵活且构件通用性强等特点，生产中应用较多。其缺点是：此温室实际通风面积与地面积之比(通风比)仅为8.5%~10.5%，在我国南方地区往往通风量不足，夏季蓄积热量较多，降温困难，不利于生产。近年来，在实际应用中，正针对亚热带地区气候特点，对温室结构进行了改良，加大温室高度，檐高从传统的2.5 m增高到3.5~5 m，小屋面跨度从3.2 m增加到4 m，柱间距离从4 m增加到4.5~5 m，并在顶侧通风、外遮阳，采取湿帘—风机降温，加大排水沟，增加夏季通风降温效果，提高了温室在亚热带地区的应用效果。

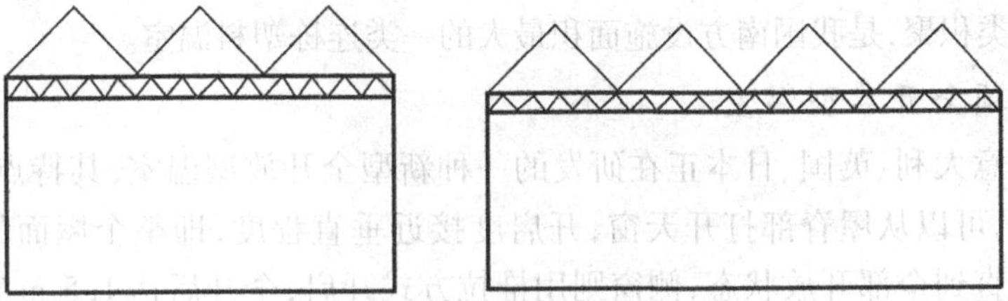

图6.6 文洛式双层面结构形成

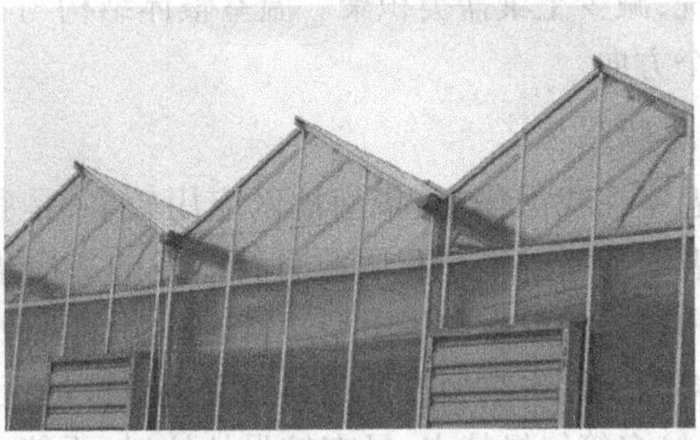

图6.7 文洛型温室屋顶图

(2)里歇尔(Richel)温室

皮埃尔·里歇尔先生于1964年创立了法国瑞奇温室股份有限公司，该公司是专门设计和制造以塑料为覆盖材料的温室实业公司。里歇尔温室是该公司研究开发的一种塑料薄膜温室，在我国西北部引进温室中所占比重较大。一般单栋跨度为6.4 m、8 m，檐高3~4 m，开间3~4 m。其特点是：固定于屋脊部的天窗能实现半边屋面开启通风换气，也可以设侧窗，辅助屋脊窗通风（1/4），通风面积分别为 20% 和 35%。里歇尔温室的自然通风效果较好，可采用双层充气膜覆盖，冬季可节省能耗 30% ~40%，构件比玻璃温室少，空间大，遮阴面小，根据不同地区风力强度大小、积雪厚度，可选择相应类型结构。但双层充气膜在南方冬季多阴天和雨雪的情况下，影响透光性。

（3）卷膜式全开放型塑料温室

是一种拱圆式连栋塑料温室，是我国引进研发的主要国产化塑料温室。其结构特点是：除温室两端外，顶部 1/2 屋面和侧面的塑料薄膜都可以由下而上手动或自动卷起通风换气，有利于高温季节栽培作物。通风口用 25 目防虫网覆盖。其单栋跨度一般为 6.4 m、9.5 m、8.0 m，天沟高度 2.8 ~4.2 m，顶高 4.2 ~5.2 m，开间有 3 m、4 m。如上海农机所研制的 GLZW 7.5 型智能温室、GSW7430 连栋温室等。此类温室的特点是：结构简单，节约能源，成本较低，夏季通风降温效果良好，顶部卷膜开窗可以接受雨水淋洗，减少土壤盐类积聚，是我国南方设施面积最大的一类连栋塑料温室。

（4）屋顶全开启型温室

是近年意大利、英国、日本正在研发的一种新型全开放型温室，其特点是：以天沟檐部为支点，可以从屋脊部打开天窗，开启度接近垂直程度，即整个屋面的开启度可从完全封闭直到全部开放状态，侧窗则用推拉方式开启，全开后达 1.5 m 宽。全开时可使室内外温度基本一致。由于垂直屋面光线折射，中午室内光强有可能越过室外，便于夏季接受雨水淋洗，减少土壤盐类积聚。温室整体结构与文洛型相似，是亚热带型温室研究发展的一个方向。

（5）连栋型塑料薄膜温室

连栋型塑料薄膜温室在我国华东、华南地区应用较多，是我国“九五”和“十五”期间在引进国外塑料温室的基础上消化吸收自行研发的适应华东、华南气候条件的温室类型。有华东型塑料连栋温室和华南型塑料连栋温室两种类型。

①华东型连栋塑料温室。华东型连栋塑料温室适应该地区温暖湿润、夏季闷热、冬季湿冷、夏秋季台风较多等气候特点，具有较强的抗风、雪能力。温室基本结构为：跨度 7 m，柱间距 3 m，檐高 3 m，顶高 4.4 m。钢材全部采用热浸镀锌工艺，采用无滴长寿塑料薄膜覆盖，电动开启通风窗，使用寿命在 15 年以上。温室性能优越，冬春季保温性能良好，夏季能降温、防暴雨、强光性能优越、抗风、雪载能力强。生产中应用较多的类型有 GSW7430 型连栋塑料温室、GLP732 型连栋塑料温室、GLZW7.5 上海型智能温室、ZWS-1 型 PC 板温室等。

②华南型连栋塑料温室。华南型连栋塑料温室适应该地区温暖多雨、夏季炎热、

冬季低温多雨的亚热带湿润季风气候特点，具有较强的通风降温、抗腐蚀、抗台风能力。其结构特点是：温室骨架为双弧面拱形连栋结构，骨架材料均采取热镀锌处理，抗锈蚀能力强，温室顶部设有连片式外翻天窗，四周设有卷膜系统，开窗面积大，降温效果明显。同时，连栋塑料温室还可以根据需要配置湿帘风机降温系统、加热系统、补光系统、施肥系统及滴喷灌系统等自动控制系统。

6.2　实训内容

温室结构观察

1）实训目的

通过对当地温室的实际观察了解，学会判断、观察温室的类型和结构，了解温室在当地生产中的应用。

2）实训材料

①当地现代温室 1 ~2 栋。

②当地日光温室 1 ~2 栋。

3）实训用具

皮尺、钢卷尺、笔记本。

4）方法步骤

（1）学生分组

为了方便观察和测量，将全班学生分成若干个实习小组，每组 3 ~5 人，并指定 1 名组长。

（2）实践观察

每个小组按照实习要求到当地现代温室和日光温室现场，在老师的指导下进行观察了解。

①观察内容：温室的类型、结构、建筑材料、温室所处的环境等。

②观测：观测现代栋温室的单体尺寸和整体尺寸；观测日光温室的方位、长度、跨度、前屋面及后屋面、后墙、覆盖材料等。

5）作业

①根据观察了解到的内容，完成表 6.3 和表 6.4。

②所观察的温室有什么特点？在生产中的应用价值如何？

表 6.3　现代温室类型结构观察记载表

温室类型	1.	结构类型	1.
	2.		2.
观测内容		1	2
单体尺寸	跨度/m 开间/m 檐高/m 脊高/m 面积/m^2		
总体尺寸	长度/m 宽度/m 总高/m 面积/m^2		
栽培作物			

表 6.4　日光温室类型结构观察记载表

结构类型	1.	骨架结构	1.
	2.		2.
观测内容		1	2
总体内容	方位/m 长度/m 跨度/m 脊高/m		
前屋面	形状 骨架材料 透明覆盖材料 保温覆盖材料 前屋面角		
后屋面	后屋面仰角 建筑材料 厚度/m		
后墙	高度/m 厚度/m 建筑材料		
立柱	中柱/m		
栽培作物			

6.3　实践应用

温室在园艺作物生产中的应用

日光节能温室是我国北方园艺设施的主要结构形式,对我国设施农业的发展意义重大,其优越的节能减排功能非常突出。在园艺作物生产中,日光温室主要应用于以下几个方面:一是园艺作物育苗,日光温室可以进行蔬菜、花卉、果树育苗,为园艺作物大田和设施生产培育优质壮苗;二是进行蔬菜保温生产,日光温室主要在我国北方地区冬春季节进行蔬菜保护生产(图6.8),节能减排,成本低,效益高,是解决北方蔬菜供应的重要途径;三是进行花卉生产,日光温室在我国北方地区还可以进行花卉生产,如冬春季进行玫瑰、康乃馨、非洲菊等鲜切花生产(图6.9),同时还可进行盆花生产(图6.10);四是进行果树栽培,日光温室果树反季栽培近年来在北方地区发展很快,经济效益十分明显,主要栽培种类有草莓、葡萄、樱桃、油桃等(图6.11)。

图6.8　日光温室番茄栽培

图6.9　日光温室切花百合栽培

图6.10　日光温室盆花栽培

图6.11　日光温室油桃栽培

现代温室具有面积大、结构复杂、科技含量高、一次性投资大、运行成本高、生产管理成本高、生产技术难度较大的特点，因此，生产上主要用于园艺作物的反季栽培、种苗培育和高档花卉、水果、蔬菜的生产（图 6.12）。

图 6.12　现代温室花卉栽培

6.4　扩展知识链接

日光温室结构创新

日光温室是我国特有的一种温室形式，自 20 世纪 90 年代在全国推广以来，日光温室面积越来越大，经济效益十分明显。以种植蔬菜为例，单位面积经济效益是露地蔬菜的 10 倍以上，是大田作物的 100 倍以上。目前，日光温室技术日臻完善，但对日光温室的结构、保温、采光等技术的研究还在深入进行。近年来，在生产实践中，为了进一步提高日光温室的保温蓄热性能，各地对其结构进行各种形式不同的研究和创新，出现了连栋日光温室、保温被内置型日光温室、厚墙大跨下沉型日光温室等新型结构形状的日光温室，并在生产中推广使用，效果明显优于传统的日光温室。

连栋型日光温室：目前，生产中使用的日光温室基本都是单栋结构，在大面积建设中，为了保证前一栋温室的采光不受影响，两栋日光温室前后要保持一定的距离，使土地的利用率明显下降。为此，在上海、陕西、甘肃出现了不同形式的连栋日光温室。上海的连栋日光温室是三连栋，每栋跨度 8 m 左右，总跨度 25 m，东西山墙的下半部和后墙为砖结构，各栋采光面晚间加盖保温被；陕西连栋日光温室为两连栋，位于陕西杨凌，每栋跨度为 8 m，总跨度 16 m，前栋脊高 3 m，后栋脊高 4.5 m；甘肃连栋温室为四连栋，位于兰州市，是一种改良连栋日光温室，每栋跨度为 8 m，总跨度32 m，东西山墙和背墙均为阳光板制作，南向采光面为弧形，晚间加盖保温被保温，介于现代温室和日光温室之间。

外保温材料内置型日光温室：传统的日光温室外保温材料（保温被、草帘等）都是覆盖在前屋面塑料薄膜上面，遇到雨雪天气后变得又湿又重，不但保温性能下降，而且卷放困难，寿命缩短。天津市蓟州区蔬菜研究所研究开发出了外保温材料内置型日光温室，解决了这一难题。其结构是：前屋面具有上下两层骨架结构，外层骨架上覆盖塑料棚膜，内层骨架上覆盖电动卷放的保温防水棚膜和保温被或草帘，双层骨架的设计不但克服了传统的保温被或草帘的覆盖缺陷，同时提高了日光温室内的温度，延长了保温覆盖材料的寿命，降低了保温材料的成本，而且温室的抗风雪能力得到了提高。

厚墙大跨下沉型日光温室：是指日光温室的后墙体呈不对称梯形，墙体底部厚度达到8 m，顶部厚度为3 m，温室跨度达到12 m，温室内地面下沉0.8 m。此种类型的日光温室是由山东寿光市经过多年实践研发而成，保温蓄热性能非常明显，已在当地大面积推广应用。

6.5　考证提示

了解温室的类型及其结构，掌握日光温室的性能和实践应用。

任务后

考证练习题

1. 填空题

(1) 根据温室骨架建筑材料的不同，温室可分为________、________、________和________。

(2) 北纬35°～40°的地区日光温室长度比一般为________m，跨度一般为________m，高度一般为________m，每栋长度________m以上。

(3) 以拱架类型来分，生产中日光温室拱架的主要类型有________、________和________。

(4) 以覆盖材料来分，连栋温室主要有________、________和________3种类型。

2. 单项选择题

(1) 以下哪种设施类型更适合南方地区生态气候特点？（　　）。

A. 日光温室　　B. 改良日光温室　　C. 塑料大棚

(2) 以下哪种设施类型更适合北方地区生态气候特点？（　　）。

A. 日光温室　　　　B. 改良日光温室　　　　C. 塑料大棚

(3) 一般连栋玻璃温室的屋面属于哪种类型？(　　)。

A. 屋脊连接型　　B. 拱园屋面型

(4) 一般连栋塑料温室的屋面属于哪种类型？(　　)。

A. 屋脊连接型　　B. 拱园屋面型

3. 问答题

(1) 简述现代温室的单体和总体尺寸。

(2) 简述日光温室的性能特点。

(3) 简述日光温室的基本结构。

任务7 识别设施覆盖材料

任务目标

知识目标:掌握不同覆盖材料的性能和在设施园艺上的应用。

能力目标:能够从形态和外观上认识和区别三大覆盖材料,重点是对各种透明覆盖材料的认识和区分。

7.1 基础知识要点

园艺设施覆盖材料分透明、半透明和非透明3种。目前,用于温室、塑料拱棚采光的透明覆盖材料有塑料薄膜、玻璃和塑料板材;用于遮阳等用途的半透明透气性覆盖材料有遮阳网、防虫网和无纺布等;用于保温和其他特殊用途的非透明覆盖材料有草帘、保温被、有色塑料薄膜等。作为初学者,要重点了解覆盖材料的种类和特性,掌握它们在设施园艺中的用途。

7.1.1 透明覆盖材料

透明覆盖材料分为玻璃、塑料薄膜和塑料板材3大类,透明覆盖材料具有良好的采光性、较高的密闭性和保温性、必要时可以进行换气,具有较强的韧度、耐候性以及较低的成本等特点。

1)玻璃

玻璃是一种比较透明的硅酸盐类非金属固体物质,其主要成分是二氧化硅,在塑料薄膜出现之前,玻璃几乎是园艺设施唯一的透明覆盖材料(图7.1)。

图7.1 玻璃温室

(1)玻璃的种类

用于园艺设施采光用的玻璃主要分平板玻璃、钢化玻璃和红外线吸热玻璃3种。平板玻璃是指未经其他加工的平板状玻璃,也叫白玻璃,按生产方法的不同,分为普通平板玻璃和浮法玻璃,按国家标准《普通平板玻璃》(GB 4871—1995)和《浮法玻璃》(GB 11614—89)的规定,普通平板玻璃有2 mm、3 mm、4 mm和5 mm 4类,浮法玻璃有3 mm、4 mm、5 mm、6 mm、8 mm和10 mm 7类，园艺设施上主要使用的有5 mm厚平板玻璃和4 mm厚浮法玻璃两种。

(2)玻璃的性能

玻璃材料性能稳定，透光率衰减缓慢，透光性能好(可见光透过率90%左右)，增温保温性能强，防尘、耐腐蚀性好，热膨胀系数小，不易因热胀冷缩而损坏，玻璃在温室使用中寿命长，可达20年以上。因此，玻璃作为温室透明覆盖材料常在光照不足的国家和地区使用，如荷兰。但由于玻璃具有密度大、对支架的坚固性要求高、骨架粗大用量多、不耐冲击、易破损等缺点，因此，近年在温室建造中玻璃作为透明覆盖材料的使用正在减少。

2)塑料薄膜

用聚氯乙烯、聚乙烯、聚丙烯、聚苯乙烯以及其他树脂制成的薄膜叫塑料薄膜，用于设施园艺生产的塑料薄膜叫农用塑料薄膜。塑料薄膜是目前我国设施园艺使用面积最大的透明覆盖材料，其特点是：质地轻、价格低、性能优良、使用和运输方便。

(1)农用塑料薄膜的种类及性能

农用塑料薄膜主要分塑料棚膜和塑料地膜两类。

①塑料棚膜。塑料棚膜是指用作大、中、小拱棚覆盖的塑料薄膜，简称棚膜。依据母料不同分为3大类：聚氯乙烯(PVC)薄膜、聚乙烯(PE)薄膜和乙烯-醋酸乙烯(E-VA)多功能薄膜。聚氯乙烯薄膜和聚乙烯薄膜是目前设施园艺生产中用量最大的两种塑料薄膜，若按薄膜的功能分类，塑料薄膜分为普通棚膜和功能性棚膜，功能性棚膜包括耐防老化薄膜、耐老化无滴棚膜、长寿无滴棚膜、耐候无滴防尘棚膜。

A.聚氯乙烯薄膜。聚氯乙烯英文简称PVC，是由氯乙烯单体聚合而成，它是一种热性塑料。用加入了增塑剂、稳定剂等材料的聚氯乙烯塑料经高温压延制成的薄膜叫聚氯乙烯薄膜，简称PVC薄膜。PVC薄膜分为软质薄膜和硬质薄膜，设施园艺生产上使用的是软质薄膜。PVC薄膜具有透光性和保温性好、气密性强、耐高温、抗拉伸力强、撕裂后易粘补、柔软易造型等优点；其缺点是：薄膜密度大、成本较高、耐候性差、低温下变硬脆化、高温下易软化松弛，助剂析出后，膜面吸尘，影响透光，残膜不可降解和燃烧处理。聚氯乙烯薄膜由于具有较好的综合性能，是我国设施园艺生产上推广应用时间最长、数量最大的一种塑料薄膜。常见种类有：

a.普通聚氯乙烯薄膜。是由聚氯乙烯树脂添加增塑剂经高温压延制成，厚度0.08～0.12 mm，幅宽1.0 m、2.0 m、3.0 m。PVC普通膜不加耐老化剂，有效使用期短，一般为4～6个月，可生产一季作物，目前生产上已基本淘汰。

b.聚氯乙烯防老化膜。在聚氯乙烯母料中加入防老化助剂经压延成膜，有效使用期比普通 PVC 薄膜长一些，为 8～10 个月，有良好的透光性、保温性和耐候性，是塑料拱棚的主要覆盖材料，但薄膜内壁容易形成水滴，影响透光和作物生长。

c. 聚氯乙烯防老化无滴膜。又叫 PVC 无滴长寿膜，是在防老化薄膜的母料中添加复合防雾滴助剂压延而成的薄膜，薄膜厚度 0.12 mm，它克服了 PVC 防老化膜容易形成水滴的缺点，同时具备防老化和流滴特性，薄膜表面发生水分凝结时不形成水滴而变成一层水膜，水膜顺薄膜流入土中。由于没有水滴形成，提高了薄膜的透光性，并减少了设施内作物病虫害的发生，无滴性可保持 4～6 个月，使用寿命达 12～18 个月，应用较为广泛，是目前最高效的节能日光温室的覆盖材料。

d. 聚氯乙烯长寿无滴防尘膜。在 PVC 无滴防老化膜的基础上，薄膜表面附着了一层均匀的有机涂料，阻止了薄膜内的增塑剂和防雾剂向外表面的析出，使薄膜外表面的静电减弱，从而有效降低了薄膜的吸尘能力，提高了薄膜的透光率，克服了前面几种 PVC 薄膜的不足，具有耐老化、不形成水滴、有效防尘的特性，全面提升了农用塑料薄膜的性能，提高了日光温室、塑料拱棚的生产能力。

B. 聚乙烯薄膜。由乙烯单体聚合而成的化合物叫聚乙烯，英文简称 PE，由低密度聚乙烯（LDPE）树脂或线性低密度聚乙烯（LLDPE）树脂经吹塑制成的薄膜叫聚乙烯薄膜，简称 PE 塑料薄膜。聚乙烯薄膜质地柔软、易造型、透光性好、无毒、不易吸尘、耐低温性好、密度小，幅宽大且覆盖比较容易，是目前主要的农用棚膜品种。其缺点是：红外线透过率高，夜间保温性不及 PVC 薄膜，常出现夜间棚温逆转现象，且雾滴性大，耐高温性差，抗张力、伸长力不及 PVC 薄膜，对紫外线的吸收率比 PVC 薄膜高，寿命比 PVC 薄膜短。聚乙烯薄膜分为普通聚乙烯薄膜、聚乙烯长寿膜、聚乙烯长寿无滴膜、聚乙烯多功能复合膜、薄型多功能聚乙烯膜 5 种。

a. 普通聚乙烯塑料薄膜。普通聚乙烯薄膜是一种半透明、有光泽、质地较柔软的塑料薄膜，厚度 0.03～0.12 mm，幅宽有 1.5 m、2.0 m、3.0 m、3.5 m、4.0 m 和 5.0 m 等，具有优良的透光性，无毒，耐低温性强（脆化度 −70 ℃），红外线透过率高，无增塑剂析出（吸尘弱）等优点，是我国目前设施园艺主要的棚膜品种。其缺点是：不耐高温日晒（软化度 50 ℃），不耐老化，薄膜撕裂后不易黏合，只能热合，雾滴性重，使用期较短（4～6 个月）等。

b. 聚乙烯长寿薄膜。是指在聚乙烯母料中加入一定比例的紫外线吸收剂及抗氧化剂等防老化剂吹塑制成的薄膜，克服了普通膜不耐高温日晒的缺点，有效使用寿命可延长至 12～18 个月。厚度 0.1～0.12 mm，幅宽 2～7 m 不等。其优点是：耐高温、耐老化性能提高，使用寿命延长。其缺点是：厚度、用膜量较普通 PE 膜增加，雾滴性较重，生产中一次性投资增大，但在园艺设施中可周年覆盖，降低了生产成本。

c. 聚乙烯长寿无滴膜。是指在聚乙烯母料中加入一定量的防老化和防雾滴助剂后吹塑制成的薄膜。厚度0.10～0.12 mm，幅宽2～7 m不等。其特点是：使用寿命延长，薄膜内表面不形成水滴，提高了透光率，同时，耐候性能提高，生产中可使用1.5～2年。该薄膜在塑料拱棚、日光温室中应用广泛。

d.聚乙烯多功能复合膜。是指在聚乙烯母料中加入多种功能助剂，使产品具有长寿、保温、无滴、增加散射光、阻止近紫外线透过，从而具有减轻某些病害等多种功能融为一体的棚膜。

C.乙烯—醋酸乙烯(EVA)薄膜。乙烯—醋酸乙烯共聚物(也称乙烯—乙酸乙烯共聚物)是由乙烯和乙酸乙烯共聚制得，英文名简称为EVA。以EVA树脂为主要原料，加入紫外线吸收剂、保温剂、防雾滴助剂等功能性助剂制作而成的多层复合薄膜叫EVA薄膜。现有产品的厚度为0.08～0.10 m，幅宽2 m、4 m、8 m、10 m。

EVA无滴防老化高保温塑料薄膜是近年来推出的新型功能性大棚薄膜。EVA薄膜具有使用寿命长(3～5年)、质量轻、透明度高、防雾剂渗出率低等特点，其保温性、透光性、使用寿命和无滴性均优于常规的PVC或PE农膜，克服了PE膜无滴持效期短和保温性差、PVC薄膜密度大、幅窄、易吸尘和耐候性差的缺点，但价格高于PE膜。用EVA农膜覆盖可较其他农膜覆盖增产10%左右，目前世界发达国家多使用EVA树脂生产农膜。EVA薄膜被誉为我国的第三代农膜，是今后重点发展的农用功能膜，目前正在全国示范推广中，具有很好的发展前景。PVC棚膜、PE棚膜、EVA棚膜性能比较见表7.1。

表7.1　PVC棚膜、PE棚膜、EVA棚膜主要性能比较表

性　能	PVC薄膜	PE薄膜	EVA棚膜
机械强度	大	是PVC的70%	较大
韧性	较强	较差	强
透气性	大	小	大
导热量	较大	较小	大
保(增)温性	优	良好	良好
透光性	较强	弱	强
密度	1.16～1.46 g/cm^3	0.86～0.965 g/cm^3	0.925～0.98 g/cm^3
雾滴形成	多	较少	少
光合有效辐射透过率	高	低	高
使用寿命	较长	短	长
防尘性	差	良	良

②农用地膜。农用地膜就是用于地面覆盖的塑料薄膜,有提高土壤温度、保持土壤水分、维持土壤结构、抑制杂草生长、防止害虫侵袭作物和某些微生物引起的病害等功能,有利于作物生长发育,可提高作物产量和农业效益。地膜没有明显的分类,常用地膜为无色透明薄膜,功能性地膜常为有色薄膜,有除草地膜(黑色、磁白色、黑白双色)、防虫地膜(银色、银黑双色)、流滴地膜(淡蓝色)、生物降解地膜(乳白色)、光选择地膜(紫、蓝、红、绿色)。

3)塑料板材

塑料板材就是以塑料为原料做成的板材,分半硬质塑料膜和硬质塑料板。

(1)半硬质塑料膜

主要有半硬质聚酯膜(PET)和氟素膜(ETFE)两种。

①半硬质聚酯膜。聚酯薄膜是以聚对苯二甲酸乙二醇酯为母料制成的薄膜,英文简称 PET 薄膜。它是一种无色透明、有光泽、机械性能优良,刚性、硬度及韧性高,耐穿刺,耐摩擦,耐高温和低温,气密性良好的薄膜。其厚度为 0.150 ~ 0.165 mm,其表面经耐候性处理,具有 4 ~ 10 年的使用寿命,防雾滴效果与 PVC 薄膜相似,但价格较高,在国外使用较多。

②氟素膜。氟素膜是以乙烯—四氟乙烯树脂为母料制作而成的薄膜,英文简称 ETFE 薄膜。ETFE 薄膜对可见光和紫外线的透过率较高,使用多年后对可见光仍有较高的透过率。薄膜强度高,使用寿命可达 10 ~ 15 年,其间每隔数年需进行防雾滴剂喷涂处理,以保持防雾滴效果,由于该类型薄膜燃烧时会产生有害气体,回收后需由厂家进行专业处理。

(2)硬质塑料板

近年来,硬质塑料板在设施园艺中的使用量在逐渐增加,目前设施园艺中使用的硬质塑料板主要有 3 种:玻璃纤维增强聚丙烯树脂板(FRA 板)、丙烯树脂板(MMA 板)和聚碳酸酯树脂板(PC 板)。硬质塑料板的最大特点是:机械强度高、保温性好、使用寿命长、可见光透过性好,一般可达 90% 以上。其缺点是:对紫外线的通透性较差,其中,PC 板几乎可完全阻止紫外线的透过(不适用由昆虫授粉受精和含花青素较多的作物),价格较高,目前仅在科研单位、各地示范园区、城市生态餐饮园等大型温室中使用较多,生产中大面积使用受到限制。

①FRA 板。是指在聚丙烯树脂中加入玻璃纤维制成的硬质透明覆盖材料,英文简称 FRA 板。厚度 0.7 ~ 0.8 mm,波幅 32 mm。可见光透过率 90% 以上,温室内散射光比例高,机械强度大,耐老化,使用寿命长(7 ~ 10 年)。其缺点是:耐火性差,价格高。

②MMA板。是指以丙烯酸为母料制成的硬质透明覆盖材料，英文简称MMA板。厚度1.3～1.7 mm，波幅63 mm或130 mm，可见光透过率90%以上，导热性较低，保温性能极好，较其他塑料板材节能20%以上，使用寿命长（10～15年）。其缺点是：热膨胀系数大，耐热性差，价格高。

③PC板。是指由聚碳酸树脂制成的硬质透明覆盖材料，英文简称PC板，它具有冲击性强、透明性高、耐高低温、电绝缘和尺寸稳定等特性。设施园艺上经常使用的PC板有双层中空平板和波纹板两种类型，双层中空板的厚度有4 mm、6 mm、8 mm、10 mm、12 mm、14 mm、16 mm，规格为2.1 m（宽）×6 m（长），厚波纹板的波纹厚8～11 mm，波幅76 mm，波宽18 mm。PC板的优点是：透明度高，透过率90%以上，且衰减缓慢，不透过紫外线，使用寿命长（15年以上），强度高（是玻璃的40倍），保温性好（是玻璃的2倍），质地轻（是玻璃的1/5），不易结露，容易安装。其缺点是：防尘性差，热膨胀系数高，价格高，一次性投入大。PC板是目前在温室上应用最多的硬质透明塑料板材。

7.1.2　非透明覆盖材料

非透明覆盖材料也叫保温覆盖材料，北方塑料拱棚、日光温室夜间只有在其外面加盖一层保温材料，才能使室内热量损失减缓，从而保持室内温度，这就出现了外保温覆盖材料。在设施园艺多年的发展历程中，外保温覆盖材料历经了由草帘、纸被到保温被的发展过程。

1）草帘

就是用稻草编织而成的帘子，是我国北方各类塑料棚、日光温室的夜间外保温覆盖材料（图7.2）。草帘一般宽1.7～2.3 m不等，常用宽度2.2～2.5 m，厚4～6 cm，长度比覆盖面长1.5～2.0 m。草帘具有取材方便、导热系数小、保温效果良好、价格低廉等优点，是我国北方塑料拱棚、日光温室生产上主要的外保温覆盖材料。其缺点是：笨重、不防水、质量不均、使用寿命短、机械化作业困难、对薄膜的磨损破坏严重等。

图7.2　日光温室草帘覆盖

2）纸被

纸被就是用4～5层新牛皮纸或4层旧水泥袋缝制而成的覆盖材料，用于塑料拱棚、日光温室的夜间保温。纸被长度依据温室的跨度而定,宽 80 ~ 100 cm。纸被的优点是:保温效果好于草帘、质量轻、操作方便、不对塑料薄膜产生损伤。其缺点是:投资较草帘大、不防水、寿命短,生产上用量在逐渐减少。以无纺布、编织布、牛皮纸、瓦楞纸、PE 发泡片材为基布,与 0.01 ~ 0.04 mm 塑料薄膜复合而成的复合纸被克服了普通纸被的缺点,具有保温性好、轻便、防雨雪、保温性能好等优点,在我国东北地区广泛使用。

3)保温被

草帘、纸被作为塑料拱棚和日光温室的外保温材料,具有自身的缺点和不足,远不能适应设施园艺集约化、规模化发展的需要,我国于 20 世纪 90 年代研究开发出了新型外保温覆盖材料——保温被(图 7.3)。保温被由 3 层材料组成,从里到外依次是:保温层、隔离层和防水层。保温层一般用毛、纤维、棉花、麻按一定比例加工制成;隔离层是中间一层,一般用黑色不透气的材料制成,其作用是隔离水汽和防潮;防水层由牛津布、塑料薄膜、喷胶无纺布制成,主要作用是防雨雪。保温被防水、质量轻、保温效果好、寿命长、适应电动操作,是我国目前园艺设施外保温覆盖材料的发展方向,但因其价格较草帘和纸被高,一次性投资大,生产中应综合考虑选用。

图 7.3　保温被覆盖(左)及结构(右)

7.1.3　半透明覆盖材料

半透明覆盖材料也叫透气性覆盖材料,主要包括遮阳网、无纺布和防虫网 3 种,生产上主要是为了调节温度、减轻冷害和冻害、遮阳防热、防治虫害和减少台风危害。

1)遮阳网

遮阳网又叫寒冷纱、遮光网,是近 10 年来推广的一种遮阳覆盖材料。遮阳网是以聚乙烯、聚丙烯等为原料,经加工制成扁丝后纵横编织而成,具有抗拉力强、耐老化、耐腐蚀、耐辐射、轻便等特点。遮阳网有黑色和银灰色两种颜色(图7.4),其网眼间隙一般为12 mm,具有良好的通透性。遮阳网的宽度有90 cm、150 cm、160 cm、200 cm、220 cm、250 cm等规格,产品规格见表7.2。生产上使用以12和14两种规格为主,宽度以160~250 cm为宜,每平方米质量45 g和49 g,使用寿命为3~5年。

图7.4　遮阳网覆盖(左图为银灰色网、右图为黑色网)

表7.2　遮阳网规格遮光率表

遮阳网规格	遮光率(%)	
	黑色网	银灰色网
SIW8	20~30	20~25
SIW10	25~45	25~40
SIW12	35~55	35~45
SIW14	45~65	40~55
SIW16	55~75	50~70

优质遮阳网网面平整、光滑,扁丝与缝隙平行、整齐、均匀、经纬清晰明快,光洁度好、有质亮感,柔韧适中、有弹性、无生硬感,不粗糙、有平整的空间厚质感。正规产品定尺包装,遮阳率、规格、尺寸标明清楚,无异味、臭味。

遮阳网夏季覆盖后起到一种遮光、挡雨、保湿、降温的作用,冬春季覆盖后还有一定的保温增湿作用,主要用于南方蔬菜、花卉的降温栽培。近年来,遮阳网在北方蔬菜、花卉设施生产上的使用量明显增加。当气温高于35 ℃时,选用遮光率60%~70%的黑色网,当气温在30~35 ℃时选用遮光率45%~55%的黑色网或灰网,当气温低于30 ℃时仅在中午使用遮阳网。

2)无纺布

无纺布又叫不织布、丰收布,是将化学纤维和植物纤维在湿法或干法抄纸机上制成,虽为布而不经纺织故称其为无纺布。无纺布具有防潮、透气、柔韧、质轻、不助燃、容易分解、无毒、无刺激性、色彩丰富、价格低廉、可循环再用等特点。其缺点是:与纺织布相比,强度和耐久性较差,不能像纺织布料一样可以清洗,纤维按一定方向排列,所以容易从直角方向裂开等。

根据纤维长短,将无纺布分为长纤维无纺布和短纤维无纺布两种,长纤维无纺布的特点是:透光率高(80% ~90%)、质量轻、种类多、价格便宜、使用方便,主要用于保温,防虫等,但其强度差、使用寿命相对较短;短纤维无纺布具有较好的耐候性和吸湿性、强度大、使用寿命较长(3 ~5 年),透光率 50% ~95%,易着色,可染成银色和黑色,作为遮阳和隔热的材料利用。其缺点是成本较高。

根据每平方米质量多少,将无纺布分为薄型无纺布和厚型无纺布。薄型无纺布质量为 10 ~50 g/m^2,透光率 80% ~85%,保温性、透气性较好,多作为棚室内浮面覆盖物,既可用做双层保温幕(一是提高温度,二是可以降低湿度),也可用做露地浮面覆盖物,即在露地可直接覆盖在作物畦面上,起到增温防霜冻的效果。

3)防虫网

防虫网是一种多孔眼的覆盖材料,以制作材料不同而种类较多,有铜、尼龙、聚乙烯、玻璃纤维、合成材料等,目前生产上主要使用的是用聚乙烯为材料制成的防虫网,具有抗拉强度大、防老化、质量轻、抗紫外线、抗热耐水、无毒无味、使用寿命长(3 ~5 年)等特点(图 7.5)。防虫网的规格一般用"目数"和"幅宽"表示,"目数"就是 1 平

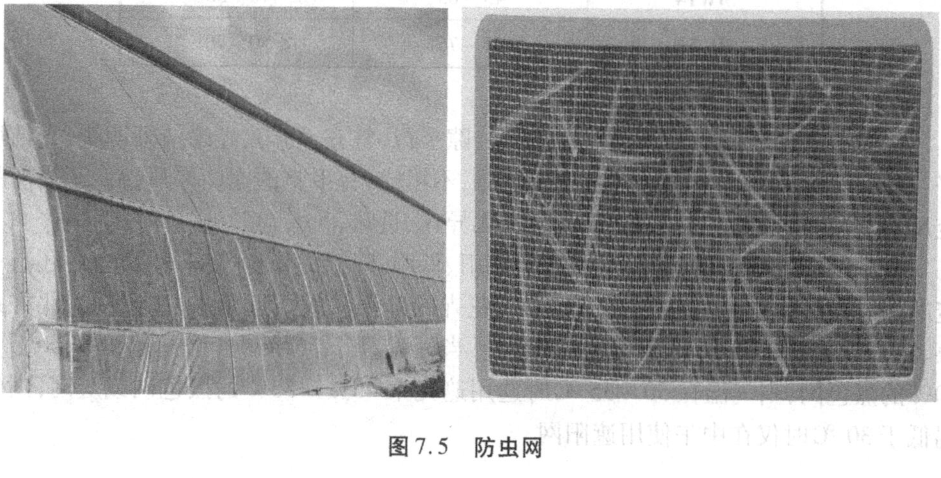

图 7.5 防虫网

方英寸内(2.54 cm^2)经纱或纬纱的根数,聚乙烯防虫网的规格有20目、24目、30目、40目等品种,幅宽分别为1 m、1.2 m、1.5 m、2 m等,有白、黑、银灰3种颜色,以20目、24目最为常用。防虫网在设施园艺生产中具有防虫、遮阳降温、缓解大风、减少作物生长期内农药的使用量等作用,由于防虫网覆盖,简易、有效地防止了南方地区蔬菜越夏栽培中害虫的危害,在无公害蔬菜生产中发挥着越来越重要的作用而得到推广应用。

7.2　实训内容

覆盖材料的识别

1)实训目的

对各种覆盖材料进行观察识别。

2)实训材料

各种透明覆盖材料、透气覆盖材料、外保温覆盖材料。

3)方法步骤

(1)透明覆盖材料的识别

包括塑料薄膜和硬质塑料板材。

①普通PCV膜和PE膜的识别。分为感官识别、燃烧识别和密度识别。

感官识别。PVC薄膜和PE薄膜,观察薄膜的幅宽和透光程度;用手触摸感觉其质地,PE薄膜具有蜡状滑腻感,质轻、柔软有韧性,没有味道,手摸PVC薄膜表面光滑,没有PE薄膜柔软,有异味(增塑剂产生的味道);拉伸薄膜观察其强度;阅读产品说明书,了解生产原料、工艺、产品规格、主要特点、使用方法等,并认真记录。

燃烧识别。取少量塑料薄膜进行燃烧,PVC薄膜燃烧时火焰发黑,冒黑烟,有刺鼻的气味,不会滴油,离开火源后会自动熄灭;PE薄膜易燃烧,离开火焰后继续燃烧,火焰呈黄色(中心蓝色),燃烧时会滴油,没有刺鼻的气味。

密度识别。将少量的PVC和PE薄膜放入盛满水的桶中,看有什么现象发生。聚氯乙烯的相对密度为1.3 g/cm^3,沉于水中;聚乙烯的相对密度为0.9 g/cm^3,浮于水上面。

②普通膜和长寿膜的识别。取同一种材料的普通膜和长寿膜,从颜色、薄厚、手摸质感等方面观察两者有什么不同。

③有滴膜和无滴膜的识别。到覆盖有滴膜和无滴膜的温室或大棚内仔细观察薄

膜内表面水滴的形成情况，测一下两个温室或大棚内的环境湿度，看有无区别。观察两种膜的颜色，用手触摸其质感，看两者有何区别。

④硬质塑料板材识别。聚丙烯树脂版（FRA 板）、丙烯酸树脂版（MMA 板）和聚碳酸树脂版（PC 板）的识别。

感官识别：认真观察 3 种塑料板材的产品规格、颜色，用手触摸感觉其质地，掂量其轻重；用鼻子仔细闻一下看有无异味；对着太阳光观察其透光性；阅读产品说明书，了解生产原料、工艺、产品规格、主要特点、使用方法等，并认真记录。

（2）透气性覆盖材料的识别

包括遮阳网、无纺布和防虫网。

感官识别：认真观察遮阳网、无纺布和防虫网的产品规格、颜色；用手触摸感觉其质地，掂量其轻重；对着太阳光观察其遮光性；阅读产品说明书，了解生产原料、工艺、产品规格、主要特点、使用方法等，并认真记录。

（3）外保温覆盖材料

包括草帘、纸被和保温被。

感官识别：认真观察遮草帘、纸被和保温被的质地，用手触摸感觉；阅读产品说明书，了解其生产原料、工艺、产品规格、主要特点、使用方法等，并认真记录。

4）注意事项

燃烧识别时要注意安全，剪取少量薄膜燃烧，不能嬉戏打闹。燃烧识别结束后要清理场地，做到工完场清。

5）作业

认真总结所识别的覆盖材料的种类、特性、制作材料、用途等，以表格的形式总结。

7.3 实践应用

塑料薄膜在日光节能温室上的应用

根据中国农业年鉴统计，2006 年，我国日光温室面积 157 295hm^2，占温室总面积的 22%，日光温室主要生产蔬菜、花卉等园艺作物，在我国设施农业中占据了十分重要的地位。日光温室具有良好的采光性、较高的密闭性、保温性、较强的韧度和耐候性以及低成本等优良特性的 PVC、PE、EVA 塑料薄膜是日光节能温室主要的透明覆盖材料（图 7.6），目前任何透明覆盖材料无法替代。同时，塑料薄膜在大中小拱棚蔬菜、花卉栽培中也广泛应用,是拱棚目前唯一的透明保温覆盖材料。

图 7.6 日光温室塑料薄膜覆盖

7.4 扩展知识链接

新型多功能覆盖材料

1)漫反射薄膜

漫反射薄膜是通过在聚乙烯等母料中添加一定比例的对太阳光漫反射晶核材料,使直射光进入大棚后形成更均匀的散射光,作物受光变得一致,能反射猛烈直射阳光,阻隔紫外光透过;对可见光和近红外光透过率高,对覆盖环境气温有自我调节作用,使土壤积温增加,作物抗疫性增强,光合作用效率大幅度提高,可促进作物早熟、高产。

2)转光膜

转光膜是通过在聚乙烯长寿无滴膜的基础上添加光转换物质和助剂,使太阳光中能量相对较大的紫外线转换成能量较小的、有利于植物光合作用的可见光,增强光合作用。转光膜厚 0.06 ~0.12 mm,宽 2 ~14 m。许多试验表明,转光膜具有较普通薄膜更优越的保温性能,可提高设施中的温度,而且具有透光率高、长寿、耐老化的特点,适用于瓜类、桃类、草莓、西红柿、黄瓜、茄子等作物。

3)有色膜

有色膜是通过在母料中添加一定的颜料以改变设施中的光环境,创造更适合光合作用的光谱,从而达到促进植物生长的目的。这方面虽然有很多研究,但由于效果不稳定,加上使用有色膜后降低了光透过率,限制了有色膜在生产上的使用。

4)红光/远红光(R/FR)转换膜

R/FR 转换膜主要通过添加红光或远红光的吸收物质来改变红光和远红光的光量子比率,从而改变植株特别是茎的生长。R/FR 越小,茎节间长度越长,利用这类薄膜在一定程度上调节植株的高度。

5)光敏薄膜

光敏薄膜通过添加银等化合物,使本来无色的薄膜在透过一定光强后变成黄色或橙色等有色薄膜,从而减轻高温强光对植物生长的危害。

6)自然降解膜

自然降解膜主要通过微生物合成、化学合成以及利用淀粉等天然化合物制造而成的薄膜,此类薄膜在土壤微生物的作用下分解成二氧化碳和水等物质,减少了普通薄膜所造成的环境污染。

7)近红外线吸收膜

在透明覆盖材料 PVC 薄膜、PC 板和 MMA 板中加入红外线吸收物质而制成的透明覆盖材料,可以降低设施内光照强度和温度,有利于降温栽培,不适合在北方冬春季温室和塑料拱棚上使用。

7.5 考证提示

熟练掌握设施园艺透明覆盖、外保温覆盖和透气性覆盖 3 大类覆盖材料的种类、特点和性能。

任务后

考证练习题

1. 填空题

(1)设施园艺常用透明覆盖材料有________、________和________3 大类;外保温覆盖材料有________、________和________3 大类;透气性保温材料有________、________和________3 大类。

(2)农用塑料薄膜有________和________2 类。

(3)常用塑料棚膜有________、________和________3 种。

(4)透明覆盖材料具有良好的________、较高的________和________。

(5)保温被价格较草帘和纸被________，一次性投资________。

(6)遮阳网夏季覆盖后起到一种遮光、挡雨、________和________的作用。

2. 选择题

(1)遮阳网冬春季覆盖有一定的________作用。

A. 保温增湿　　B. 遮光　　C. 挡风　　D. 降湿

(2)目前生产上主要使用的是以________为材料制成的防虫网。

A. 聚乙烯　　B. 尼龙　　C. 玻璃纤维　　D. 合成材料

(3)PC板是由________制成的硬质透明覆盖材料。

A. 丙烯酸　　B. 聚碳酸树脂

C. 聚乙烯　　D. 玻璃纤维

(4)半透明覆盖材料是________。

A. 聚碳酸树脂板　　B. 遮阳网

C. 聚乙烯塑料薄膜　　D. 保温被

(5)无色透明地膜的主要优点是________。

A. 增温快　　B. 膜下不易长草

C. 质地轻　　D. 价格低

(6)聚乙烯长寿薄膜克服了普通薄膜________的缺点，寿命延长。

A. 不易黏合　　B. 雾滴重

C. 不耐高温日晒　　D. 使用期短

3. 简答题

(1)如何合理选用遮阳网？

(2)园艺设施如何选用外保温覆盖材料？

案例分析

硬质塑料板材在温室上的正确安装使用

硬质塑料板材以其透光率高、保温性能好、重量轻、机械强度高、寿命长等优点，近年来在温室建设中被广泛使用，前景看好。但在使用过程中一定要了解塑料板材的特性和正确安装使用，否则会造成较大的经济损失。PC双层中空板一面有防老化涂层，安装时一定要将此面朝外向阳，不能朝内向里安装，否则会严重缩短板材寿命。

2009年4月，某单位对实习农场2栋温室进行透明覆盖材料更换，更换工程由一工程安装单位中标施工，随即进行了全面更换。将以前安装的透明覆盖材料玻璃全部换成PC板,更换面积1 200 m^2,经过10余天的紧张施工,更换任务完成。但到了当年10月底温室工作人员突然发现更换后的PC板外表面出现了大量的发黄圆形破损孔(如图7.7),接近不能正常使用的状态。经鉴定,安装的PC板为单面抗紫外线板,施工人员不了解PC板的这一特性,将涂有防老化层的一面朝里向内安装,而朝外向阳的一面由于没有防老化层保护,经过6个月的太阳暴晒出现了局部老化现象——直径1~2 cm的破损洞。

图7.7 温室PC板出现的老化破损洞

掌握透明覆盖材料的特性是正确安装的前提,因此,生产中一定要按照透明覆盖材料的性质和特点正确应用。

任务8　掌握设施栽培基质的种类及其应用

任务目标

知识目标：掌握设施园艺常用栽培基质的种类、性能及其应用。

能力目标：识别设施园艺常用栽培基质并掌握其用途。

8.1 基础知识要点

基质就是用来固定植物根系的物质，是设施园艺栽培的物质基础。这里讲的基质主要是设施条件下无土栽培和园艺作物育苗常用的栽培基质。

8.1.1 基质理化性状

1)基质的物理性状

基质物理性状主要包括基质的容重、总孔隙度、持水量、大小孔隙比及颗粒大小等性状，它直接影响设施园艺作物栽培效果。设施栽培基质应具有良好的物理性质，要求基质既疏松透气又保水保肥。

(1)容重

容重是指基质单位体积的重量，一般用 g/cm^3 来表示，它反映基质的疏松或紧实程度。容重小，基质疏松，透气性好，但不易固定根系；容重过大，则基质过于紧实，透气透水性差，不利于作物生长。基质理想的容重范围是 0.1～0.8 g/cm^3，最适容重为 0.5 g/cm^3。

(2)总孔隙度

基质中持水孔隙和通气孔隙的总和叫总孔隙度，用占基质体积的百分数表示(%)。不同的基质其总孔隙度大小不一样，对作物根系的固定和生长产生的效果就不同，总孔隙度大的基质较轻，疏松透气性能好，有利于作物根系生长，但对于根系的固定效果较差，植株易倒伏，如蔗渣、蛭石、岩棉(总孔隙度在 90%～95% 以上)等。总孔隙度小的基质较重，水、气的总容量较小，不利于作物根系生长，如沙(总空隙度约为 30%)。为了克服单一基质总孔隙度过大或过小所产生的弊病，生产上常将两三种颗粒大小不同的基质混合制成复合基质使用，混合基质的总孔隙度以 60% 左右较为适宜。据南京农业大学研究，大于 55% 的总孔隙度适应蔬菜生长。

通气孔隙一般是大空隙，持水空隙一般是小空隙，大小孔隙的比例反映了基质中空气和水分能够容纳的空间，也就是基质中水气之间的状况，一般来说大小孔隙比在 1∶1.5～1∶4 作物生长良好。

(3)颗粒大小

颗粒大小是指基质颗粒直径大小，基质颗粒大小直接影响容重、总孔隙度和大小孔隙比。基质颗粒大、容重大、大空隙多，通气性好但持水差，生产上增加了浇水次数；基质颗粒小，容重小，大空隙少、小空隙多，持水性好但通气性差，基质内容易积水，易出现沤根现象，导致根系发育不良。南京农业大学研究认为，蔬菜作物较为理想的基质粒径是0.5～10 mm。

2)基质的化学性质

基质的化学性质主要有基质的化学组成及由此引起的化学稳定性、酸碱性、盐基交换量（阳离子代换量）、缓冲能力和电导度。

(1)基质的化学组成

基质的化学组成就是基质本身所含有的化学物质种类及其含量，包括作物可以吸收利用的矿质营养和有机营养，也包括了对作物生长有害的有毒物质等。基质的化学稳定性是指基质发生化学变化的难易程度，与化学组成密切相关，对营养液和栽培作物生长具有影响。基质的组成成分不同，其化学稳定性存在较大差异。在无土栽培中要求基质有很强的化学稳定性，基质不含有毒的物质，这样可以减少营养液受干扰的机会，保持营养液的化学平衡，便于管理和保证作物正常生长。砂、石砾等无机基质由石英、长石、云母等矿物组成，化学稳定性最强；以石灰石、白云石等碳酸盐矿物组成的基质最不稳定，在无土栽培生产中会产生钙、镁离子而严重影响营养液的化学平衡，影响作物生长发育。

(2)基质的酸碱性

不同基质的酸碱性（pH）不同，过酸、过碱都会影响营养液的pH值及成分变化，基质理想的pH值是6～7，使用前要检验基质的pH值，根据作物的需要，调节后才能使用。

(3)基质阳离子代换量

阳离子代换量是一项测定栽培基质保持植物营养元素能力的指标，以100 g基质代换吸收阳离子的毫克当量数来表示，有的基质几乎没有阳离子代换量，有些却很高。阳离子代换量会对基质中营养液的组成产生很大影响，基质阳离子代换量高会影响营养液的平衡。但也有其有利的一面，即保存养分，减少损失，对营养液的酸、碱反应有缓冲作用。

(4)基质的缓冲能力

基质的缓冲能力是指基质加入酸、碱物质后，基质本身所具有的缓和酸碱性（pH）变化的能力。基质缓冲能力的大小，主要由阳离子代换量以及存在于基质中的弱酸及其盐类的多少而定。一般阳离子代换量大的基质，其缓冲能力大，植物性基质都有缓冲能力，有些矿物性基质缓冲能力很强，如蛭石，有些则无缓冲能力，如砂、砾石、岩棉。

(5)基质的电导率

基质的电导率是指基质未加入营养液之前,本身原有的电导率。它反映基质中原来带有的可溶盐分的多少,直接影响营养液平衡。

8.1.2 基质的选用原则

在了解了固体基质的主要理化性状以后,在基质的选用上应该把握适用性和经济性两个基本原则。理想的栽培基质,其容重应在 0.5 g/cm^3 左右,总孔隙度在 60% 左右,大小孔隙比为 1∶1.5~1∶4,pH 值 7.0 左右,没有毒性物质存在。所选基质当地资源丰富,经过简单处理能够满足栽培对基质的要求,能够达到较好的生产效果,减少基质异地运输的成本,提高经济效益。

8.1.3 基质的种类

基质以其形态分为液体基质和固体基质,液体基质主要是水和雾,固体基质有陶粒、蛭石、珍珠岩、岩棉、硅胶、离子交换树脂、泥炭、锯末、树皮、稻壳、尿醛、酚醛泡沫、炉渣(煤渣)、腐殖酸土、腐叶土、草炭土等单一基质和复合基质。以基质组成来分有无机基质和有机基质两类。这里主要介绍设施花卉和蔬菜栽培常用的固体基质,分为无机基质、有机基质和混合基质 3 种。

1)无机基质

无机基质本身不含有植物生长发育所需要的营养物质,仅仅对植物根系起到固定和支撑作用,如砂、石砾、岩棉、珍珠岩和蛭石等。

(1)砂

是指岩石经风化或轧制而成的粒径为 0.074~5.0 mm 的粒料,有河砂、海砂之分,是设施园艺常用的栽培基质之一。

①特性。砂子一般来源于河流、大海、湖泊岸边以及沙漠等地,不同来源地的砂子其粒径大小不同,使用时一般选用粒径为 0.5~3.0 mm 的砂为宜,粒径过大基质通气性能好,但保水能力较低,植株易缺水;粒径过小,砂中存水较多,植株根系容易产生涝害。砂的优点是:来源广泛,取材容易,价格便宜,作物生长良好;其缺点是:保水性差,容重大,搬运、消毒和更换不方便。

②用途。砂子是最早的无土栽培基质,可用做植物扦插,制作复合基质等。砂子作为栽培基质在目前生产中应用较少。

(2)蛭石

蛭石是硅酸盐材料经高温加热后形成的云母状物质,因其受热失水膨胀时呈挠曲状，形态酷似水蛭，故称蛭石。蛭石膨胀后的体积相当于原来体积的8～20倍，从而使该物质增加了通气孔隙和保水能力。

①特性。蛭石一般为中性至微碱性（pH值7～9），优点是容重小（0.09～0.16 g/cm^3），孔隙度大（95%），吸水能力强，每立方米蛭石能吸收500～650 L的水，主要作用是增加栽培基质的通气性和保水性；其缺点是：易碎，随着使用时间的延长容易使介质致密而失去通气性和保水性，蛭石一般使用1～2次之后，其结构就变差了，需重新更换。

②用途。蛭石是栽培基质的主要材料之一，可与泥炭、珍珠岩等混合使用，适合于各种培养土，也可用做播种覆盖物。但要注意，如果蛭石pH值较高，要适当调节降低。

（3）珍珠岩

珍珠岩是一种火山喷发的酸性熔岩经急剧冷却而成的玻璃质岩石，因其具有珍珠裂隙结构而得名，故叫珍珠岩。

①特性。珍珠岩具有封闭的多孔性结构，粒径一般为0.5～2.5 m，pH值7.0～7.5，质量轻，孔隙度大（93%），透气性好，含水量适中，排水性好。其缺点是：使用中容易浮在混合基质表面，吸水性不如蛭石，易破碎，易起粉尘，因此使用前最好先用水喷湿。

②用途。珍珠岩是栽培基质的主要材料之一，可以单独当作无土栽培基质使用，也可以和泥炭、蛭石等混合使用，适合种植南方喜酸性花卉。

（4）岩棉

岩棉又称岩石棉，是矿物棉的一种。岩棉是一种吸水性很强的无机基质，它由60%辉绿岩、20%石炭土、20%焦炭混合在一起，加热到1 600 ℃熔化，喷成直径0.005 mm的纤维，再加黏合剂压成人们所需要的各种形状，是一种性能很好的无土栽培基质。

①特性。岩棉的外观是白色或浅绿、黄色的丝状体，岩棉是经过完全消毒的，不含病菌和其他有机物，化学性质稳定，孔隙度大（96%），吸水力很强。未使用过的新岩棉的pH值较高，一般在7以上，在灌水时加入少量的酸，1～2天之后pH值就会降下来。岩棉的优点是：可形成系列产品，如岩棉条、块、板等，使用搬运方便。经压制成形的岩棉块在种植作物的整个生长过程中不会产生形态的变化，且作物根系很容易穿插进去，透气、持水性能好，质地柔软、均匀，有利于作物根系的生长。其缺点是：使用几年后就不能再利用，废岩棉的处理比较困难，在使用岩棉栽培面积最大的荷兰，已形成公害。

②用途。一是用岩棉进行育苗；二是在循环营养液栽培中固定植株；三是用在岩

棉基质的袋培滴灌技术中。近年来，世界上有90%以上的无土栽培用岩棉作为基质培育或固定植株。使用育苗基质对于出口盆景、花卉尤其有好处，因为许多国家海关不允许带有土壤的植物进口，用岩棉就可以保证不带或少带土传病虫害。目前，世界上使用最广泛的一种岩棉是丹麦 Grodenia 公司生产的，商品名为格罗丹(Groden)，我国上海、北京、深圳等地已生产出农用岩棉。

(5)陶粒

陶粒是以黏土、泥岩、各种页岩、板岩、千枚岩、煤矸石、粉煤灰等为主要原料，经加工破碎成粒或粉磨成球，再烧胀而成的人造轻骨料。它是一种外部具有坚硬外壳，表面有一层隔水保气的釉层，内部具有封闭式微孔结构的多孔陶质粒状物。陶粒的外观特征大部分呈圆形或椭圆形球体，但也有一些仿碎石陶粒不是圆形或椭圆形球体，而呈不规则碎石状。陶粒外观颜色有暗红色、赭红色、灰黄色、灰黑色、灰白色、青灰色等。陶粒粒径一般为5~20 mm，最大的为25 mm。

①特性。陶粒具有良好的保水保肥性能，陶粒内部孔隙在没有水分时充满空气；当有充足水分时，吸入一部分水，仍能保持部分气体空间。当根系周围水分不足时，陶粒内的水分通过其表面扩散到陶粒间的孔隙内，供根系吸收及维持根系周围的空气湿度；陶粒化学性质稳定，无污染；陶粒本身无异味，也不释放有害物质；不滋生病虫害；可重复使用，减少浪费。

②用途。陶粒可用于苗床、花圃、大棚花卉、蔬菜以及屋顶花园和草坪的栽培基质，同时，陶粒还是设施园艺无土栽培的良好基质。

2)有机基质

(1)锯末

锯末是指在进行木材加工时因切割而从木料上散落下来的末状木屑，它是木材加工的下脚料。

①特性。锯末具有质地轻、吸水透气等优点。锯末的容重和珍珠岩、蛭石差不多，质地轻，长途运输方便。锯末还具有良好的吸水性和通透性，在南方或沿海城市能满足植物根系所需要的水汽比例。在北方，由于锯末的通透性较好，根系容易风干，锯末最好使用泥炭配成混合基质。但多数松柏科的植物锯末含有树脂和松节油等有害物质，而且碳氮比很高，对植物生长不利，不宜用做栽培基质。

②用途。锯末可用做无土栽培的基质。但使用时要先行发酵，选择无毒的锯末，最好选择避风、日光充足的地方堆放1年，使其有足够的时间发酵，直到锯末颜色由浅变深，然后在烈日下翻晒数次，用日光暴晒法消毒。作为基质的锯末不应太细，小于3 mm的锯末所占的比例不应超过10%，一般应有80%的锯末在3.0~7.0 mm。

(2)泥炭

泥炭又叫草炭、泥炭土、黑土和泥煤。泥炭是由于各种植物残体在水分过多、通气不良、气温较低的条件下,未能充分分解,经过长期积累而形成的一种性质稳定、不易分解的有机物堆积层。通常将泥炭分为高位泥炭和低位泥炭两种:高位泥炭是由泥炭藓、羊胡子草等形成,主要分布在高寒地区,我国东北及西南高原很多,呈红色或棕黄色;低位泥炭是由低洼处、季节性积水或常年积水的地方生长的各种苔属植物、芦苇、木贼等植物的残枝落叶多年积累形成的,我国西南、华中、华北及东北有大量分布,呈黑色或深灰色。目前,国内使用的泥炭主要分进口泥炭(如加拿大发发得泥炭、俄罗斯泥炭)和国产泥炭(广东泥炭、东北泥炭)两类。进口泥炭一般为泥炭藓土,国产泥炭为草炭土。

①特性。泥炭含有大量的有机质,疏松,透气透水性能好,保水保肥能力强,质地轻,无病害孢子和虫卵。藓类泥炭的结构多为疏松海绵状,草本泥炭多呈纤维状结构。高位泥炭含有大量的有机质,分解程度较差,氮和灰分含量较低,酸度高,pH 值为 6 ~ 6.5 或更酸,容重较小,吸水、通气性较好,一般可吸持相当于其自身重量10倍以上的水分,在无土栽培中可作为混合基质;低位泥炭一般分解程度较高,酸度较低,养分有效性较高,容重较大,吸水、通气性较差,有时还含有较多的土壤成分,适宜直接作为肥料来施用,不宜作为无土栽培的基质。

②用途。泥炭因其具有独特优越的物理性质、化学性质和生物性质,以及低廉的价格,是迄今为止最好的一种无土栽培基质。在设施园艺中,泥炭可单独用于盆栽、育苗,也可以和珍珠岩、蛭石、河沙等配合使用,效果很好。在袋培营养液滴灌中或在槽培滴灌中,泥炭也常作为基质,作物生长良好。

(3)树皮

树皮是指木材采伐或加工生产时能从树干上剥下来的部分,由内到外包括韧皮部、皮层和多次形成累积的周皮以及木栓层以外的一切死组织。作为园艺栽培基质的树皮一般是用松树和一些硬木的树皮做成的。新鲜的树皮先被碾碎、堆积、淋湿和高温发酵解毒(有害物质、虫卵、脱去油脂)处理后,成为良好的园艺基质。

①特性。经处理过的树皮无病害、无污染、安全可靠,具有良好的保水、保肥、透水、透气性能,其有机质含量高(98%),是一种很好的栽培基质。

②用途。可制作有机生态型栽培基质,使用于容器苗、观赏小盆栽、彩叶花灌木和乔木容器苗等,也可用于生产、扦插、栽培、基质,还可与泥炭、珍珠岩、蛭石等基质混合使用,配制成复合基质。松树皮适用于蝴蝶兰、大花蕙兰、铁皮石斛、春石斛等各种洋兰栽培。

(4)水苔

水苔又名泥炭藓、水草，是一种天然的苔藓，属苔藓科植物，生长在海拔较高的山区、热带和亚热带的潮湿地或沼泽地，长度一般在8~30 cm，有的甚至长达50 cm。水苔有金黄色、米黄色、米白色、白色、青白色、茶色多种颜色。目前，国内的水苔主要在长江以南海拔较高山区的潮湿地或沼泽地采集。

①特性。水苔重量轻，便于运输，有较强的吸水性和排水性，吸水量相当于自身重量的15~20倍，保水透气，便于和其他材料混合栽植，pH值5~6；纯天然产品，材料干净，无病菌，能减少病虫害的发生，不易腐败；可长久使用，换盆亦不必全部更新材料。

②用途。水苔在园艺植物栽培中用途广泛：一是兰花的上等栽培基质；二是可以用来水培花卉植物，在花瓶里养满水苔，把植物的根部浸泡在水里，根系会和水苔自然结合一起生长；三是可以用做幼苗移栽，把植物幼苗用水苔栽培，移栽上盆时可以直接把包裹着水苔的根部放到花盆里，可以提高幼苗的移栽成活率；四是可以用做嫁接包裹基质，用水苔包裹植物嫁接伤口，外面用塑料薄膜包好，可以促使伤口尽快愈合。水苔在使用时应先把干燥的水苔浸泡在清水里一段时间，吸饱水的水苔会渐渐恢复生机，体积变大数倍，就可以使用了。

(5)腐叶土

腐叶土又称腐殖土，棕黑色，是植物枝叶在土壤中经过微生物分解发酵后形成的营养土。

①特性。腐叶土为酸性或微酸性，和自然土壤相比，具有质地疏松、透水通气性能好且保水保肥能力强、孔隙多、长期施用不板结、富含有机质、腐殖酸和少量维生素、生长素、微量元素、能改良土壤、促进植物生长发育等优点。

②应用。腐叶土主要用做盆花栽培基质和蔬菜花卉播种育苗。盆栽花卉使用腐叶土时要根据不同花卉根系生长需要加入一定比例的园土、黏土、沙土，混匀后配制成营养土方可使用。兰花、杜鹃等喜酸性花卉可直接用腐叶土栽培。用腐叶土配制的营养土还可以用来进行蔬菜、花卉播种育苗，能有效提高发芽率，加快幼苗生长发育，是理想的育苗基质。

(6)稻壳

稻壳是稻米加工后的稻谷壳，生稻壳不能直接用做栽培基质，需先将稻壳炭化后才能作为园艺栽培基质，炭化后的稻壳为黑色。

①性能。炭化后的稻壳质地轻，容重小(0.15 g/cm^2)，使用方便，吸水和透气性良好，化学性质稳定，总孔隙度82.5%，水气比1∶0.43，pH值6.5。稻壳还可以产生

大量微生物,微生物分解物质可以产生热量和二氧化碳,为植物生长提供了必不可少的能量,是理想的栽培基质。

②用途。炭化后的稻壳可作为花卉、蔬菜无土栽培基质,也可以作为月季扦插基质。

3)复合基质

复合基质是指两种或两种以上的单一基质按一定的比例混合而成的基质,复合基质克服了单一基质可能造成的容重过轻或过重,通气不良或通气过剩等弊病,能更好地适应园艺作物生长发育。复合基质有3种类型:无机—无机型(陶粒+珍珠岩、陶粒+蛭石)、有机—有机型(泥炭+刨花、泥炭+树皮)和无机—有机型(沙+泥炭、珍珠岩+泥炭)。

①特性。将特点不同的两种以上单一基质组合在一起,可以使不同的基质优势互补,使基质的各个性能指标达到生产要求标准,因而在生产上得到越来越广泛的应用。理想的复合基质容重为0.5 g/m^3 左右,总孔隙度60%左右,pH值中性,可溶性盐含量不宜超过1 000 mg/kg,最好不超过500 mg/kg,碳氮比小于200∶1。目前,市场上以泥炭、蛭石、珍珠岩、木屑、煤渣、炭化稻壳等为材料以一定的质量比或体积比合成的专用栽培基质较多。

②用途。复合基质广泛用于蔬菜、瓜果、花卉的设施无土栽培和育苗移栽,可用于缺少优质基质的盐碱地和风沙干旱地区使用。配制复合基质时所用的单一基质以2~3种为宜,配制好的复合基质应达到容重适宜、孔隙度增加、水分和空气含量达到要求、盐分含量不超标的要求。

蛭石、珍珠岩、沙、煤渣、木屑等可以单一使用,也可以混合使用。单一使用煤渣、蛭石和沙,效果较好,蛭石价格较高,一般不单独使用。珍珠岩及木屑由于密度小,不能很好地固定植株,最好混合使用。蛭石与珍珠岩混用比例为1∶1。不同的作物生长发育需要不同的复合基质,如用于盆栽植物生长的复合基质一般有:泥炭、蛭石、珍珠岩混用比例为2∶1∶1;泥炭、珍珠岩、树皮混用比例为1∶1∶1;锯末、炉渣混用比例为1∶1;泥炭、珍珠岩、沙混用比例为1∶1∶1。一般用做扦插繁殖的基质为:泥炭、珍珠岩的比例为1∶1。

8.2 实训内容

基质识别

1)实训目的

识别几种主要的园艺栽培基质,掌握其特性和应用。

2)实训材料

蛭石、珍珠岩、泥炭、水苔。

3)实训方法

分别取蛭石、珍珠岩、泥炭、水苔若干,仔细观察每一种基质,从形状、色泽、质地等方面识别,并填写下面表格:

基质识别表

基质名称	形　状	色　泽	质　地	备　注
蛭石				
珍珠岩				
泥炭				
水苔				

8.3 实践应用

8.3.1 小型西瓜混合基质无土栽培技术

随着我国农业产业结构调整的不断深入,利用温室、大棚等设施进行小型西瓜混合基质无土栽培面积不断扩大,发展势头迅猛(图8.1)。此栽培模式增加了植株密度,克服了连作障碍,减少了病虫侵染为害的可能性,降低了防治用药的次数和数量,使西瓜植株最大限度地发挥生产潜力,大大提高了单位面积产量,生产出了绿色无污染的优质果实,提高了土地利用率和单位面积产出率,经济效益得到了大幅度提升。

图8.1　小型西瓜设施西瓜无土栽培

小型西瓜无土栽培的关键技术是混合基质的配制，一般选用以下基质：①草炭＋蛭石＋锯末1∶1∶1混合；②草炭＋蛭石＋珍珠岩1∶1∶1混合；③炉渣＋锯末2∶3混合；④炉渣＋草炭3∶2混合。

8.3.2　蝴蝶兰水苔栽培

蝴蝶兰作为一种高档花卉20世纪90年代末由我国台湾地区引进，随着我国人民生活水平的提高，对蝴蝶兰的消费明显增加，促使蝴蝶兰生产商不断扩大经营规模和增加产量，以满足市场需求。到2006年，国内蝴蝶兰的年消费量由最初的几十万株上升到1 500多万株。为了进一步提高蝴蝶兰的销售量和空间，近几年蝴蝶兰生产自东部沿海发达地区已转向中西部城市，自大城市转向二三线城市，以普及消费的形式扩大市场需求。

蝴蝶兰的生产主要采取设施无土栽培技术，栽培成败的关键与基质有很大关系，蝴蝶兰的栽培要求比较疏松透气且保水性能良好的基质，如草炭、蛭石、锯末、水苔、树皮等，但我国目前普遍使用的栽培基质是水苔，蝴蝶兰根系要求通透性要好，水苔透水透气性比较好，保肥能力也较强，是蝴蝶兰目前较为理想的栽培基质(图8.2)。

图8.2　蝴蝶兰水苔栽培

8.4 扩展知识链接

基质的研究和发展趋势

1）有机复合基质

从植物生长发育对养分的需求和环境保护的角度出发，单一基质或天然基质（如泥炭）的使用和取得会越来越受到限制。实践证明，以有机基质为主的复合基质在育苗和无土栽培中效果最为理想。有机基质是一种可再生资源，且对环境无害。近年来，国内外在利用各种有机废弃物开发环保型复合基质方面取得了许多可喜的进展，如利用椰子壳发酵合成性状稳定的椰绒基质，用食用菌菇渣制作的花木培养基，利用沼渣配成蔬菜、花卉育苗营养土，作物秸秆、稻壳等都是良好的基质合成材料。因此，性状稳定、经济环保的有机复合基质已成为目前和今后一个时期内基质研究和开发的重点。

2）基质的重复利用

随着设施园艺的发展，设施栽培基质的用量会越来越大，大量的废弃基质会对环境产生不利影响，根据环境保护的要求和经济原则，对使用过的基质进行无害化处理和再生重复利用将会成为今后的发展趋势。设施栽培的基质经过一段时间的使用后，基质的透气性、保水性、总孔隙度等会发生结构性变化。同时，基质中积聚了一定量的前茬植物根系分泌物和盐分，也可能含有病虫害等。因此，基质在重复利用前要进行消毒、水分淋洗、结构重组等技术处理，使基质达到无毒无害、结构疏松透气、孔隙度合理、pH 值及盐分含量适中等技术标准。

3）模制基质的开发

模制基质就是把固体栽培基质制成固定的形状（图 8.3），在上面预留栽培穴，将种子或幼苗直接种在穴内，省去了栽培容器。模制基质在育苗和花卉栽培上应用较多，且方便、实用，是今后高档栽培和部分育苗基质发展的方向。目前已开发出了海绵育苗块、椰绒栽培块、神农育苗基质营养块等。

图 8.3　育苗基质快

8.5　考证提示

熟练掌握设施栽培各种基质的特性及其应用。

任务后

考证练习题

1. 名词解释

(1)容重;(2)总孔隙度;(3)大小孔隙比。

2. 问答题

(1)基质选用的原则是什么?

(2)基质有哪些类型?

(3)复合机制有什么优点?

(4)无机基质和有机基质有什么区别?

案例分析

蝴蝶兰花朵打蔫

春节快到了,为了增加节日的喜庆,喜欢花卉的王师傅从花市买回来了一盆娇艳欲滴的蝴蝶兰(图8.4),节日欢乐的气氛和蝴蝶兰鲜艳的花朵交相辉映,可把王师傅给乐坏了。买回蝴蝶兰的第三天,王师傅围着花盆仔细端详,突然发现蝴蝶兰花盆里只有树皮和草,而没有土壤。"没有土这花咋生长? 这卖花的人真大意",王师傅思考了一会儿,赶紧到花市买回了1袋腐叶土,并从楼下花园取了些园土,将两者混合在一起,把蝴蝶兰花盆里的树皮和草取了出来,换成了自制的"营养土",然后浇足水分。"这下好了,蝴蝶兰花朵肯定开放的时间长",王师傅心满意足。

图8.4　蝴蝶兰

换土后的第六天早上,王师傅发现蝴蝶兰花朵打蔫,没有了刚买回家时的精神气儿。“这是为啥?房间温度不低,才换了土,又不缺水,这花咋没精神?”王师傅百思不得其解。下午王师傅又来到了在花卉市场,找见了卖给他蝴蝶兰的经营商户,经过咨询,王师傅明白了蝴蝶兰花朵打蔫的缘由:

蝴蝶兰为原产热带的单茎性附生兰,多附生在深山阔叶树上生长,茎的下部叶子间长有气生根,生长要求根部通气良好,故蝴蝶兰栽培基质应该选用微酸性、疏松多孔、排水良好、保水及保肥能力强的透气基质,所以盆栽基质最好不选单纯表土、园土或腐叶土,一般采用蕨类的根、水苔、树皮块、椰子壳块等排水性能好的基质。而王师傅选用的园土透气性不足,不适应蝴蝶兰根系生长对空气的要求,所以出现了生长不良、花朵打蔫的现象。

根据不同的园艺作物生长习性选择相应的栽培基质是设施栽培成功的关键所在。因此,只有掌握了园艺作物的生活习性,同时了解不同栽培基质的性能和特点,才能使作物习性与基质性质相匹配,达到理想的栽培效果。

任务9　掌握设施环境调控技术

任务目标

知识目标：了解园艺设施内光照、温度、湿度、土壤和气体特点。

能力目标：熟知园艺设施环境调控设备，掌握环境调控技术。

9.1 基础知识要点

我国园艺生产设施类型较多，现代大型园艺设施利用维护结构和透明屋面组成了一个有别于自然条件的植物生长空间——温室，使植物生长不受气候条件的限制，实现周年生产。但设施要完全满足植物生长发育所需要的最适温度、光照、湿度和气体等条件，就要对设施内的环境条件进行调节和控制，以光照和温度的调节最为重要。根据设施内作物生长的需要，采取人工或自动控制的方法对设施环境条件进行调节，使设施内的作物能够正常生长发育。

9.1.1 光照条件及其调控

1）设施内的光照特点

设施内的光照主要包括光照强度、光照分布、光照时间和光质4个方面。光照是影响作物生长的重要环境因素之一，以光照强度和光照时间对作物生长发育的影响最大。无论是现代全光温室还是日光温室、塑料大棚，其光照特点是：光照强度弱、冬春季光照时间较短。这与设施使用季节（冬春季保温生产居多）、骨架材料（遮阴）、覆盖材料（种类、透光率大小）等因素有关。

2）调控措施

园艺设施中光照调控主要是增加光照、补充光照和降低光照（遮阴）。

（1）增加光照

在科学合理的设施结构和布局的前提下，增加设施光照的主要手段有：一是保持透明覆盖物良好的透光性，如选择透光率较高的采光材料，及时清扫采光面的灰尘等污染物、使用无滴薄膜等；二是使用反光材料，充分利用反射光，如在日光温室内北侧使用反光膜、地面覆盖反光地膜等；三是尽可能延长光照时间，如在保证温度需求的前提下，早揭晚盖保温覆盖材料、雨雪天不全覆盖保温材料等。

（2）补充光照

温室在冬春季和阴雨天如光照不足，可以采取人工补光的办法增加光照时间。补光时间一般在早晨揭保温覆盖物前和下午放覆盖保温物后的2～3小时，以增加光照时间。具体操作时，光源要与作物和透明覆盖物保持最少50 cm的距离，以免对作物和透明材料造成伤害和危害。

（3）降低光照

在夏秋高温季节，自然光照强，伴随高温对设施内的作物生长极为不利，需要遮光降温,以适应作物生长发育的需要。遮阴措施主要是在设施外覆盖遮阳物,以降低光照强度。常用遮阳物主要是遮阳网(图9.1和图9.2),其次还有草帘、竹帘等。

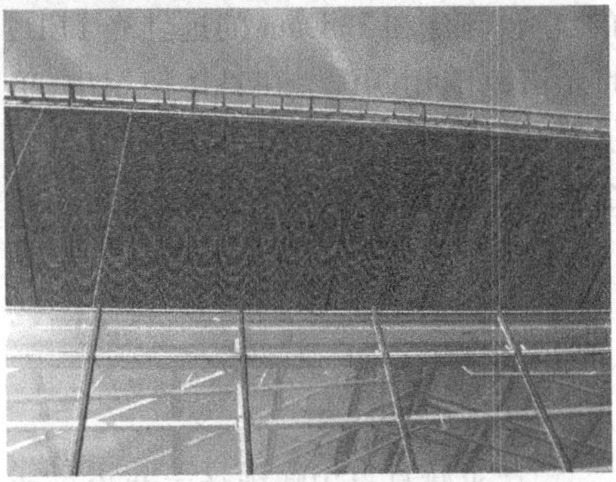

图9.1 安装在温室顶部的遮阳网

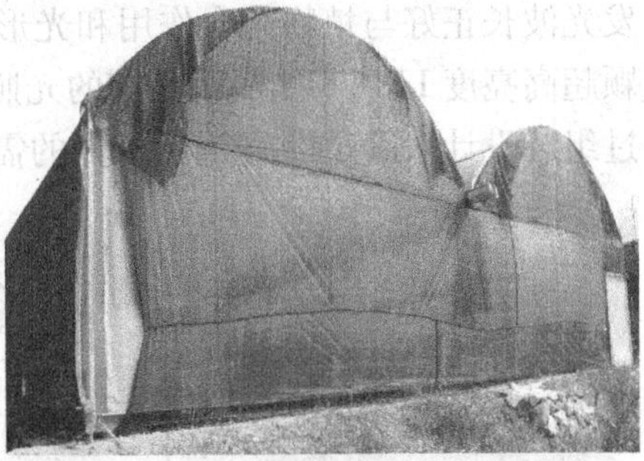

图9.2 覆盖在温室东西两端的遮阳网

3)补光设备

常用的补光设备有人工光源和反光膜。

(1)人工光源

①白炽灯。又叫电灯泡,属于热辐射光源,能量主要是红外线辐射,占总能量的80%~90%。所辐射的大量红外线转化为热能,可以提高设施内的温度,同时也使设施内的作物体温升高。能被作物吸收进行光合作用的辐射极少,仅占全部辐射的10%左右。因此,白炽灯不能用做增加光照强度的补光。它的优点是:可连续调光、价格便宜、不受环境温度影响、光束衰减小。其缺点是:发光效率低、灯泡温度高、寿命短、不耐冲击等。

②荧光灯(日光灯)。属于气体放电光源,光谱中没有红外线,能被植物吸收的光能占辐射光能的75%~80%,是一种比较适宜的植物补充光照的人工光源。其优点是:价格便宜、发光效率高、使用寿命长(3 000小时以上)、节能。其缺点是:功率小、附件多、故障率高。

③高压气体放电灯。英文简称HID,是在抗紫外线水晶石英玻璃管内填充的多种化学气体(大部分为氙气与碘化物等惰性气体)通过高压放电而发光的光源。因灯管内所含气体的不同而产生多种气体放电灯,如高压钠灯、高压汞灯、氙灯等。它的优点是:光色好、发光率高、寿命长、节电性能好、光谱中能被植物吸收利用的辐射光能所占比例较高。其缺点是:需带镇流器、触发器、电容等。

④生物效应灯。是新型的金属卤化物发电灯,其特点是:光谱能量分布与太阳光近似,具有光效高、显色性好、寿命长等特点,是较为理想的人工光源。

⑤LED光源。就是发光二极管。它具有体积小、节能效果好(比同光效的白炽灯节能80%)、无污染(不含金属汞)、光稳定性好、安全等特点。LED光源为单色光,常用的有发光谱峰450 nm的蓝光LED,660 nm的红光LED和735 nm的远红光LED,发光波长正好与植物光合作用和光形态形成的光谱范围相匹配。在具体使用中,单颗超高亮度LED不能提供足够的光照强度以供温室植物正常生长,需要多颗LED通过组装设计来满足设施植物对光的需求,因此,针对设施园艺应用的LED成套光源需要进一步研制。LED光源较传统光源具有明显的优势,是未来设施园艺理想的补光光源。

图9.3　反光膜在日光温室中的应用

(2)反光膜

反光膜是采用特殊的工艺将由玻璃微珠形成的反射层和PVC、PU等高分子材料相结合而形成的一种反光材料。农用反光膜是日光温室、塑料大棚良好的补光增温材料,冬春季日光温室使用反光膜可有效增强作物生长面的光照强度,增产增收(图9.3)。

9.1.2　温度条件及其调控

1)设施内的温度特点

温度是作物生长发育的基本条件之一,设施内的温度包括气温和地温,室内温度随外界温度的变化而变化。在冬春季节,不论南方还是北方,设施内的自然温度相对较低、夏秋季节设施内温度较高,作物生长发育会受到严重影响。一般白天温度高,晚上温度低,晴天温度高,雨雪天温度低。温室热量来源主要是太阳能和人工加温。

2)调控措施

设施内温度调控主要包括增温、保温和降温3个方面。

(1)增温

增温是指通过一定的措施来增加设施内的温度。增温措施一是通过增加采光面的透光量来提高设施内的温度;二是采用科学的农业措施增加设施内的温度;三是采用人工加温的办法提高设施内的温度。科学的农业措施有高垄高畦栽培(高垄高畦表面积大、受光多、升温快),科学浇水(晴天浇、阴雨雪天不浇,浇小水温水,不浇大水冷水等),多施有机肥等方法。人工加温有水暖加温、热风炉加温、电加温、火炉加温等方式,根据设施类型、栽培季节和具体条件选用不同的加温方式。水暖加温用散热器散发热量,温度均匀,加温效果好,适用于大型玻璃温室和塑料板材温室,缺点是投资较大,运行成本较高。热风炉加温用有孔塑料薄膜管道将热风送入设施内,升温快且温度均匀,调控方便,一次性投资低,适用于总体补热量较小的南方地区连栋温室和日光温室的短时补温,缺点是停止供热后降温快,热稳定性差,总体运行费用高。火炉加温是用烟道散热,适用于简易及小型温室加温;电加热是指利用电炉、电暖气及电热线等加温,具有升温快、温度易控制等优点,适用于小型设施的临时性加温,缺点是成本高。

(2)保温

保温是指通过一定的措施使设施内的热量不损失或减少损失,保持一定的温度。保温的方法有设施的保温结构合理、减少缝隙散热、加盖保温覆盖材料、选用保温性能优良的覆盖材料和科学的农业技术措施等。在设施结构方面,如合理的采光面角度,加大日光温室背墙厚度,使用透光率高的覆盖材料,温室四周设置宽 30 cm、深 50 cm的防寒沟,坐北朝南的温室方位等,温室进出口处设置缓冲间。在减少缝隙散热方面,要设施密封严实、出现破损要立即粘补、进出口的门和通风窗关闭要严实等。日光温室外要加盖保温覆盖物,如保温被、草帘、纸被等,尽可能选用保温性能好的材料。采取地膜覆盖,不在阴雨雪天浇水等农业技术措施来保持设施内的温度。

(3)降温

降温是指通过一定的措施来降低设施内的温度。在设施内温度较高、不利于作物生长发育的时候,要尽快降低设施内的温度。可采取通风散热、蒸发冷却、遮阳等措施来降低温度。通风散热有自然通风和强制通风两种办法,自然通风就是通过打开设施通风口(窗),排出室内热空气,同时使外界冷空气进入设施内,使温度降低,这是日光温室和塑料拱棚主要的降温方法。强制通风降温是通过机械通风降温,大型连栋温室通过自然通风不能达到降温目的的时候,要采取机械通风降温的办法来降温,以达到作物生长发育对温度的要求。自然通风的时候要先开设施顶部的通风口,来逐步降温,若温度还在继续升高,再开前屋面通风口,关闭时先关前屋面的通风口,再关顶部通风口。开启通风口要由小到大,逐步开启,不能一步开到位,这样容易出现"闪苗"现象。蒸发冷却降温是指进入设施内的空气先经水的蒸发冷却降温后,再进入设施内的降温方法。适用于大型连栋温室的降温,如湿帘风—机降温系统、水雾蒸发降温等。遮阳降温是指在设施顶部 40 cm 处架设遮阳网以降低光照强度,从而达到降温的目的,如遮阳 20% ~30% 时,设施内的温度可以降低 4 ~6 ℃。

3)降温设备

夏季由于强烈的太阳辐射与温室效应,白天设施内的气温往往高达 40 ℃以上,远远超出作物生长适温,限制了设施内园艺作物的生长发育。为了调控设施内的温度、湿度、二氧化碳浓度,排出有害气体,往往需要通过必要的通风换气,使设施内部空气与室外空气进行交换。常用的降温设备主要有强制通风降温系统、自然通风降温系统和遮阳降温系统。

(1)强制通风降温设备

湿帘—风机降温系统由湿帘、风机、水循环系统及控制装置组成(图 9.4)。它是利用水蒸发降温原理,将湿帘与风机分别装于密闭设施的两端山墙上,当风机抽风时,造成室内负压,迫使室外未饱和空气流经多孔湿润的湿帘表面,引起水分蒸发,使室内的空气温度降低。风机扇页的材质主要以铝合金和不锈钢为主,不锈钢扇叶的特点是:风量大、不变形、不断裂、美观耐用,铝合金扇叶的特点是安装方便、质量轻、节约成本。湿帘为纸质湿帘,是用纸浆中加入湿强剂制成的纸板,压出波纹并以一定的形式排列叠放,用耐水胶粘合后切制成型,具有湿强度好、水与空气接触面积大、性能稳定、易于工业化生产等优点。

湿帘　　风机

图 9.4　风机—湿帘降温系统

(2)环流风机

在冬春寒冷季节,由于温室密闭导致室内空气流通不畅,局部空气成分失调,通过适当的空气循环,使温室内温度和湿度的分布更加均匀,有助于消除温室内的冷点、热点和稠密叶面区的高湿点,并改善温室内的空气分布状态。而环流风机的作用就是平衡温室内温度、湿度和二氧化碳浓度的均匀性,在室内形成适宜气流运动,从而保证温室内植物生长的一致性和品质。环流风机外壳采用不锈钢整体集流器设计、整体防腐处理，使用寿命长、风量大、噪音低，扇叶作动平衡处理(图9.5)。

图9.5　环流风机

(3)自然通风降温设备

通过温室顶部和侧面安装的天窗和侧窗(图9.6)，能达到自然换气调节设施内的温度、湿度等。自然换气有为热压换气和风压换气两种方式：热压换气是利用温室内外温度差异造成的内外空气压差来换气；风压换气是利用风力作用造成室内外压差来换气。

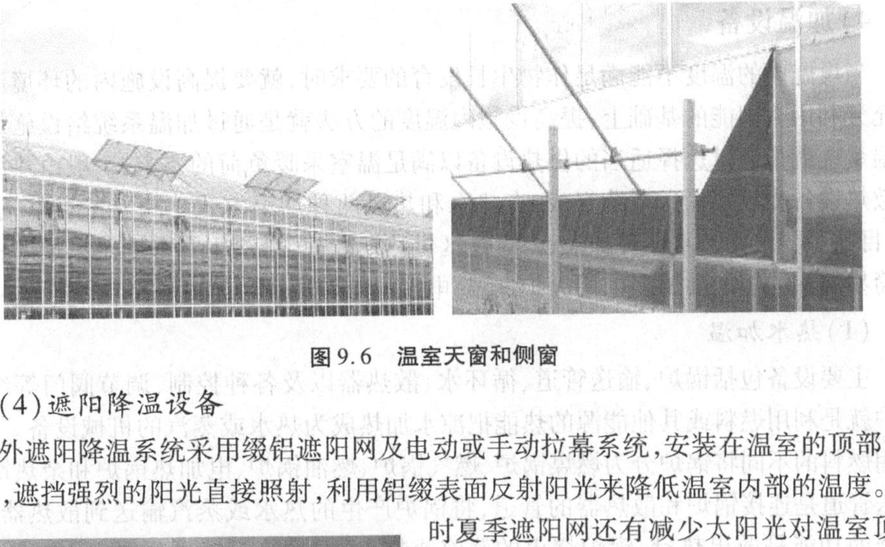

图9.6　温室天窗和侧窗

(4)遮阳降温设备

外遮阳降温系统采用缀铝遮阳网及电动或手动拉幕系统，安装在温室的顶部(图9.7)，遮挡强烈的阳光直接照射，利用铝缀表面反射阳光来降低温室内部的温度。同时夏季遮阳网还有减少太阳光对温室顶部覆盖物的辐射作用，从而减小了温室顶部覆盖物的老化。

图9.7　安装在温室顶部的遮阳网

(5)水雾降温系统

利用水雾吸热蒸发降温原理，是一种蒸发降温系统(图9.8和图9.9)。在高压作用下，水被雾化为直径小于40 μm的细雾，温室一侧安装进风机，经雾化的水雾由风机引入喷施到温室内的高温空气上，随

图9.8　水雾降温储水罐图

图9.9　水雾降温雾化喷头

着水雾的蒸发，室内空气得到冷却，从而达到降温的目的。

4)加温设备

当设施内的温度不能满足作物生长发育的要求时，就要提高设施内的环境温度，在充分利用太阳能的基础上，提高设施内温度的方法就是通过加温系统给设施加温。加温系统就是通过选择适当的供热设备以满足温室采暖负荷的要求，一般由热源、室内散热设备和热媒输送系统组成，有热水和热风两种加温方式。北方冬春季气候寒冷，目前主要采用热水循环加温；南方地区供热期较短，目前主要采用热风加温；大棚和简易温室的短期加温多采用火炉加温；电加温应用较少。

(1)热水加温

主要设备包括锅炉、输送管道、循环水、散热器以及各种控制、调节阀门等组成。锅炉就是利用燃料或其他能源的热能把凉水加热成为热水或蒸汽的机械设备。根据所用燃料的不同将锅炉分为燃煤锅炉、燃气锅炉、燃油锅炉、电加热锅炉和余热锅炉。输送管道是连接锅炉和散热器的管道，将锅炉产生的热水或蒸汽输送到散热器。散热器的功能是散出热量，锅炉烧出的蒸汽或热水，通过管道输送到温室内的散热器中，散出热量，使室温增高，温室采暖散热器以传统的铸铁散热器为主，也有钢制散热器、铝合金散热器、不锈钢散热器等。按产品外形特点又分为柱式散热器、排管式散热器、翅片管散热器和翼片式散热器。现代温室中以排管式散热器(图9.10)和翅片管散热器(图9.11)应用居多。热水加温具有热稳定性好、温度分布均匀、使用安全可靠、供热容量大的特点，常用于大中型温室。最大的优点是意外停机，余热也能维持室温一段时间。

(2)热风加温

热风加温是采用热风炉，直接或间接加热空气，再通过输气管道把风均匀地送到

图9.10　排管式散热器

图9.11　翅片管散热器

温室内各个地方，达到温室使用的温度要求。热风加温设备比较简单，有热风炉（燃煤、燃油、燃气）和塑料热风输送管道。热风加温方式最大的优点就是一次性投资比热水循环加温要低得多，且温室升温快、热效率高、使用和调控都比较方便。不足的是热风炉加温持续时间短，一旦因故障停止加温，会使室内温度急剧下降。

(3)火炉加温

主要设备是火炉（燃煤或然柴）和烟道，利用烟道或直接明火加温，主要用于大棚和温室的短期加温。具有燃料便宜、设备简单、安装容易等特点。其缺点是：操作较费工，且温度不易控制，明火加温还会产生有害气体。

5)保温设备

(1)内遮阳保温系统

温室内遮阳保温幕系统是温室主体结构不可缺少的组成部分，由减速电机、传动系统和保温幕组成（图9.12）。

①内遮阳保温幕的作用。遮阳保温幕具有节能保温、遮阳反光和控制光照的作用，在冬季可有效防止温室地面辐射热量流失，减少热能消耗。在夏季，内遮阳幕可反射掉部分阳光，并使阳光漫射进入温室，均匀照射植物，保护作物免遭强光灼伤，并且使温室温度下降4～6 ℃。同时，内遮阳保温系统还能阻止温室内水汽无限制地外逸，有效保持空气湿度，减少灌溉用水。内遮阳网采用铝箔遮阳网，遮

图9.12　内遮阳保温系统

阳率55%，使用年限在5年以上。

②内遮阳保温幕的类型。温室应用中主要有开孔型遮阳保温幕、闭孔型遮阳保温幕、节能内保温幕和透明内保温幕，以及阻燃型遮阳保温幕、防火型遮阳保温幕、遮光保温幕和阻光保温幕。

A. 闭孔型遮阳保温幕。闭孔型遮阳保温幕是由铝箔和聚酯薄膜条通过纱线交错编织而成的，中间没有间隔(图9.13)。铝箔条具有很好的太阳反射和热反射能力，聚酯薄膜条能透过太阳辐射，从而使幕布同时具有极好的反光和保温功能。白天温室内温度较低且节能效果比开孔性要好，夜晚作物温度和环境温度基本一致。生产中主要使用XLS系列产品，其性能见表9.1。

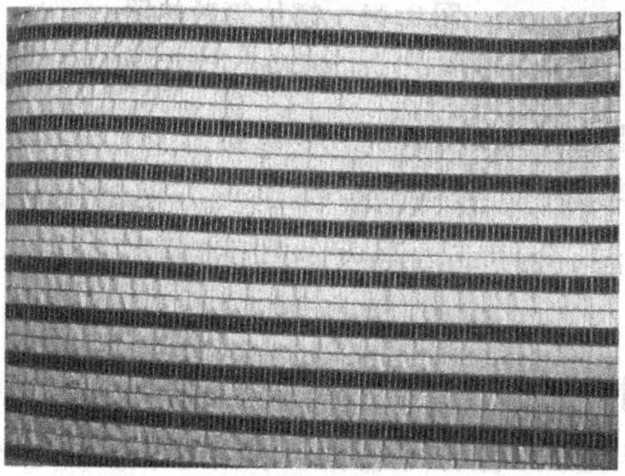

图9.13　开孔型内遮阳保温幕图

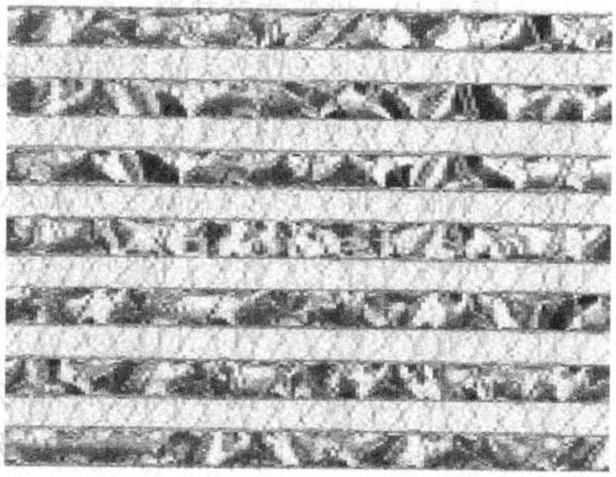

图9.14　闭孔型内遮阳保温幕

表9.1　XLS系列闭孔型内遮阳保温幕技术参数

产品型号	透光率/%		节能率/%
	直射光	散射光	
XLS 14	56	53	52
XLS 15	46	43	57
XLS 16	36	34	62
XLS 17	25	24	67
XLS 18	18	17	72

B. 开孔型遮阳保温幕。是由铝箔经高强聚酯纱线编制而成，中间有间隔(图9.14)。开孔型遮阳保温幕与闭孔型幕布的区别在于：它去掉了聚酯薄膜条，从而形成开孔结构，空气能自由地穿过幕布，而不影响通风。开孔型幕布应用在天窗通风的温室中能够产生很好的降温作用，但是其保温节能的效果则远不如闭孔型幕布。生产中主要使用XLS系列产品，其性能见表9.2。

表9.2　XLS系列开孔型性内遮阳保温幕技术参数

产品型号	透光率/%		节能率/%
	直射光	散射光	
XLS 14F	59	56	20
XLS 15F	50	47	20
XLS 16F	39	37	25
XLS 17F	27	27	30
XLS 18F	19	19	35

C. 节能内保温幕。由复合塑料条经细而透明的聚酯纱线编制而成，编制结构可以使水汽透过，防止幕下表面结露。此幕能有效降低温室的热量损失，对阳光发射作用低，将直射阳光全部散射，可以使作物冠层免受灼伤，而使作物下层叶片获得更多的光照，适用于温室白天晚上节能保温。

D. 透明内保温幕。由聚酯塑料条经高强度聚酯纱线编制而成，其主要作用是：降低了温室的热量散失，同时具有优良的透光性能，适用于白天晚上的节能保温，特别适合对夜温要求高、节能要求明显的温室使用。

③内遮阳保温幕的选择。内遮阳保温幕的选择要根据当地气候条件、栽培作物种类和温室类型等因素综合确定。在我国北方地区冬天很冷，温室要求较高的保温节能效果，适宜采用闭孔型幕布，但北方夏天也很热，需要用开孔型幕布保证通风降温。气候条件使温室既要求较高的保温节能效果，又要求良好的通风降温性能，所以每一步的选择尤为重要：当采用闭孔型幕布时，温室要打开侧窗增加通风；当采用开孔型幕布时，夏天通风降温效果好，但冬天节能保温效果较差，能源消耗大。因此，生产中一般采用双层幕布系统，同时采用闭孔型幕布（如XLS 10）和开孔型幕布（如XLS 15），用于夏天遮阳降暖和冬天的保温节能，可以获得最佳效果。在我国南方热带和亚热带地区，主要问题是夏季的遮阳降温，因此适宜采用遮阴率50%的开孔型幕布。内遮阳保温幕应用于大型现代化温室较多。

(2)自动卷被（帘）机

通过自动卷被（帘）机来卷铺保温被（帘），实现保温被的自动卷铺，达到温室保温的效果，自动卷被（帘）机包括卷铺机构及保温被（图9.15）。自动卷被（帘）机可以大大提高工作效率，铺卷速度快，保温效果好。

图 9.15 自动卷被(帘)机

9.1.3 湿度条件及其调控

1)空气湿度特点

园艺设施是一个封闭或半封闭的系统,设施空间相对较小,与外界相比,设施内空气湿度的主要特点有:一是湿度大,平均相对湿度一般在90%左右;二是季节性变化明显,低温季节空气相对湿度高,高温季节空气相对湿度低,因此,冬春季节日光温室和塑料拱棚内的空气湿度高,对作物生长不利;三是白天空气湿度低,晚上空气湿度高;四是晴天设施内空气湿度低,阴雨天设施内空气湿度高。

2)土壤湿度特点

设施内土壤湿度主要来源于灌水,土壤湿度的大小主要受设施内的温度、空气湿度、作物生长及灌水量的影响。一般低温期土壤湿度较高且变化较小,高温期土壤湿度变化较大。设施是一个相对密闭的空间,作物蒸腾量较小,灌水较多,土壤及作物的蒸发水又会返回土壤,所以设施内的土壤湿度较大,不利于作物的生长发育。

3)调控措施

(1)空气湿度

设施内如果空气湿度大,病菌繁殖蔓延快,病害发生严重,不利于作物的生长。设施内空气湿度的调节分降湿和加湿。降湿就是降低设施内的空气湿度,使其保持在适宜作物生长发育的范围内。降湿的措施一是通风排湿,这是降低设施内空气湿度的主要措施,分为自然通风和强制通风两种方法。通风排湿必然伴随降温,因此通风时间非常重要,不能盲目地为排湿而通风,冬春季节外界气温较低,应在中午前后通风,通风量要由小到大,逐渐通风,在保证设施内适宜的温度条件下,尽可能延长通风时间。另外，在浇水后2～3 h内、喷药和叶面追肥后的1～2 h内、阴雨(雪)天要注意通风排湿。二是尽可能减少设施内土壤水分蒸发，以有效降低设施内的空气湿度，其主要措施是实行地膜覆盖栽培和膜下灌水(灌水沟用薄膜覆盖)。三是科学使用农药，由于设施是一个相对密闭的空间，因此在低温期防治作物病虫害尽可能采用烟雾剂、粉尘剂，不用或少用叶面喷雾。四是选用无滴塑料薄膜。五是采用滴灌或渗灌，滴灌、渗灌在设施内使用，除了具有省水、省工、防止土壤板结和使地温下降的作用外，更重要的是可以有效地降低因浇水而造成空气湿度的显著增加。

加湿就是增加设施内的空气湿度，主要是针对大型连栋温室而言的。在高温季节有时会遇到高温、干燥、空气湿度较低的情况，这时就要设法提高设施内的空气湿度，一般可采取室内修建储水池、装配人工喷雾设备、室内人工降雨、室外屋顶喷水等方法。

(2)土壤湿度

土壤湿度决定作物水分供应状况：土壤湿度过低，造成土壤干旱，光合作用不能正常进行，降低作物产量和品质，严重缺水导致作物凋萎死亡。土壤湿度过高，恶化土壤通气性，影响土壤微生物活动，使作物根系的呼吸、生长等生命活动受到阻碍，从而影响作物地上部的正常生长，造成徒长、倒伏、病害滋生等，同时还影响土壤温度的高低。因此，设施土壤湿度的调节就是保持适宜的土壤湿度，防止土壤湿度过高或过低。生产中的主要调节措施：一是掌握好浇水时间，做到适时浇水。浇水时间的确定主要依据作物各生育期的需水规律，作物生长表现、地温高低、天气阴晴等情况来确定。在作物不同的生长发育期浇水时要根据当时的气候状况确定浇水方法，冬春低温期适宜在晴天上午浇水，因此时设施内的温度高，便于浇水后通风排湿，对土壤温度的影响也较小；阴雨雪天设施内温度低，土壤水分蒸发较慢，不宜浇水。二是适量浇水，设施内浇水除了要满足作物的生长需水外，还要考虑浇水后空气湿度的增加幅度要小。要根据设施内栽培作物生长发育的需要和土壤湿度情况合理确定浇水量，冬春季低温期浇小水不浇大水，对设施内易干燥的地方适当多浇水，湿度较大的地方少浇水或不浇水。三是采用科学合理的浇水方法，为了在浇水后少破坏或不破坏设施内的土壤团粒结构，降低浇水成本，提高劳动生产率，不影响设施内的温度和湿度的变化，尽可能采用滴灌、渗灌和微喷灌技术。

9.1.4　土壤条件及其调控

1)设施内的土壤特点

设施内的土壤缺乏自然条件下的雨淋、暴晒等影响，加上高度连作，施肥多、浇水少等栽培影响，形成了不同于自然土壤的一些特点。一是土壤盐分浓度高，就是说土壤溶液中可溶性盐的浓度过高。这主要是因为设施是一个密闭的空间,土壤中的盐分缺少雨水淋溶作用而积累在土壤表面,导致土壤盐分浓度过高,造成设施内的作物生长缓慢、植株分枝减少、叶面积小且无光泽、叶缘干枯卷曲甚至脱落、容易落花落果、根系变成褐色坏死等,严重影响作物的正常生长发育。二是土壤酸化,是指土壤的pH值小于7,呈酸性化土壤。这是由于设施内土壤施用氮肥(氮素化肥和含氮素较多的饼肥、鸡粪、油渣)和生理性酸性肥料(氯化钾、氯化铵、硫酸铵、过磷酸钙等)过多,导致土壤中积累了大量的酸根离子,使土壤酸性增加。土壤酸化除直接破坏根系的生理机能、导致根系死亡之外,还影响作物对钾、铁、钙、镁等元素的吸收,诱发作物出现缺素症,抑制土壤微生物活动,影响肥料的分解和转化,使作物病虫害加重。三是出现连作障碍,连作就是同一科的作物在同一块土壤上多茬次种植。设施内作物栽培种类比较单一,连作现象比较严重,往往会出现一部分营养元素严重亏缺,一部分元素过剩而大量残留在土壤中,出现连作障碍。同时由于连作,土壤中对作物有害的病原菌积累较多,作物发生病虫害较为严重,影响作物的正常生长发育。

2)调控措施

(1)降低土壤含盐量

设施内土壤盐分浓度过高,容易造成土壤盐渍化,对作物的生长影响较大,生产上应采取适当措施来降低土壤的含盐量。一是测土施肥和配方施肥,施肥前先抽样测量土壤中有效盐的含量,以此作为确定施肥量的依据,若土壤含盐量较高,则要减少施肥量(尤其是氮肥),反之要增加施肥量;在肥料种类的选择上以有机肥为主,少用或不用化肥;追肥要少量多次并严格用量;氮肥过剩的土壤要使用半腐熟的有机肥。二是灌水洗盐,土壤中含盐量过高时,可以在休闲时节对土壤深翻并大水漫灌,使土壤中的盐分向下渗透。三是科学灌溉减少蒸发,采用滴灌和渗灌的灌溉方式,降低土壤水分的蒸发,减少盐分向土壤表层积聚。四是换土,当土壤盐渍化特别严重,上述方法不足以解决问题时,可更换设施内的耕作层土壤,选择肥沃的园土移入设施内,最好的方法是实行无土栽培,但要考虑技术和生产成本。

(2)防止土壤酸化

防止设施内土壤pH值偏低的措施:一是施用硝酸钙、硝酸钾等碱性肥料来增加土壤的pH值,减少或不施用硝酸铵、硫酸铵等酸性肥料;二是对酸性比较严重的土壤,在设施休闲时采取土壤表面撒施生石灰或熟石灰的办法来提高pH值,熟石灰效果快于生石灰,但用量要少于生石灰,一般为生石灰的1/3~1/2。

(3)轮作

轮作是克服设施土壤连作障碍的有效途径。轮作可以减轻土壤次生盐渍化,达到改良土壤的目的。一种蔬菜设施种植几年后可换种一茬不同科的园艺作物，可恢复地力、减少作物病虫害的发生。

(4)土壤消毒

消毒的目的是消除土壤中的病原菌，有药剂消毒和蒸汽消毒两种办法。药剂消毒的方法是：根据药剂的性质将药液灌入土壤或洒在土壤表面，常用药剂有福尔马林(40%甲醛)、氯化苦和硫磺粉等。福尔马林的使用浓度为50～100倍液，使用方法是：在设施休闲季节先深翻耕作层土壤，然后用喷雾器将药液均匀喷洒在土壤上面，使整个耕作层土壤充分接触药液，喷洒完后密闭设施40 d，然后打开门窗通风，使设施内的福尔马林完全散发出去，两周后才能使用。蒸汽消毒就是利用高温水蒸气杀灭土壤中的有害微生物，农药消毒法很容易污染土壤，降低农产品的“绿色”程度，而水蒸气消毒法就能轻松解决这个问题，大多数土壤病原菌用60 ℃的蒸汽30 min即可杀死。高温蒸汽土壤消毒机可产生200 ℃的高温蒸汽，能够完全杀死土壤中的各类杂草、真菌、线虫等，能有效解决土传病害及连作问题。

9.1.5 气体调控

1)设施内的气体特点

设施内与作物生长有关的气体主要是有益气体(二氧化碳和氧气)和有害气体2种，而有益气体中对作物生长影响最大的主要是二氧化碳。设施内二氧化碳浓度的变化取决于作物群体生理活动、土壤微生物呼吸、环境条件和人工管理措施等因素。在夜间，由于植物的呼吸作用和土壤有机质分解，室内二氧化碳不断积累，早晨日出之前二氧化碳浓度最高。日出以后，随着光温条件的改善，作物光合作用不断增强，二氧化碳浓度迅速降低，通常在通风之前降至一天中的最低值。通风后，设施外二氧化碳进入室内，浓度有所回升，但由于通风量不足，补充二氧化碳数量有限，室内二氧化碳浓度始终低于室外。傍晚，随着光照减弱和温度降低，作物光合作用不断减弱直至停止，二氧化碳浓度重新上升，其中以前半夜上升较快。由于设施结构的密闭性特点和保温需要，白天设施内大部分时间二氧化碳严重亏缺，低于作物光合作用适宜的浓度，影响作物的光合作用。设施内的有害气体主要来自于土壤肥料分解、燃烧加温用煤以及有毒塑料等，产生的有害气体主要是氨气、二氧化硫、一氧化碳及氯气等，对作物生长发育产生严重危害。

2)调控措施

主要是增加设施内的二氧化碳浓度，又叫二氧化碳施肥。增加二氧化碳浓度的方法较多，可根据设施结构特点和本地实际情况灵活选择，同时要注意增施二氧化碳的时期、时间和方法。

(1)二氧化碳施用技术

苗期增施二氧化碳适宜在真叶展开后进行,以花芽分化前施用效果最佳。幼苗定植后不宜增施二氧化碳以免植株产生徒长。产品器官形成期是作物对碳水化合物需求量最大的时期,是增施二氧化碳的关键时期。作物生长后期由于栽培效益下降,一般不增施二氧化碳。增施二氧化碳的时间,晴天日出后0.5 h或揭掉外保温覆盖物0.5 h以后开始增施,晴天持续施放2 h以上并维持较高浓度,至通风前1 h停止,阴雨天一般不增施,下午增施容易引起植株徒长,一般不增施。

(2)二氧化碳增施浓度

施用二氧化碳的最适浓度与作物种类、生育阶段、天气状况等因素密切相关,在温、光、水、肥等较为适宜的条件下,一般蔬菜作物在600~1 500 ppm浓度下,光合速率最快,其中,果菜类以1 000~1 500 ppm、叶菜类以1 000 ppm的浓度为宜。若连续长期应用,选择适宜浓度的低限较为经济且效果稳定。

(3)二氧化碳施肥方法

①二氧化碳颗粒缓蚀剂。农用二氧化碳缓释颗粒剂是运用生物发酵原理产生二氧化碳气体的发生剂。把一定量的颗粒剂埋入设施内的土壤中,在适宜的温度和湿度条件下,即能缓慢地释放出二氧化碳气体,浓度可提高到600~1 000 ppm,每埋入一次颗粒剂,气体释放有效期长达1个月左右,不需每天操作,具有使用方便、成本低廉、省工省力、有效期长和释放速度均匀等优点,使用后作物产品可提早上市,并增产15%~35%,是目前最先进、最实用的设施二氧化碳施肥技术。

②双微二氧化碳气肥。双微二氧化碳气肥是采用工业微生物发酵制成的白色固体颗粒状物。它放入土壤后,在一定的温度、湿度条件下,经微生物再次发酵产生出二氧化碳气体,不但对大气环境和土壤无污染,对人和农作物无害,还能改善土壤团粒结构,培肥地力。具有施用量小、产气量大、成本低廉、使用方便可靠、增产效果明显等优点,适用范围广,就用推广前景广阔。

③固体干冰法。将固体二氧化碳(干冰)放入设施内,使其在常温下变成二氧化碳气体,供给作物及吸收利用。此法操作简便,用量易控制,效果好,但存在储存运输不便、成本较高等缺点,不适宜大面积使用。

④液态二氧化碳法。又称钢瓶法。液态二氧化碳是一些化工厂、酿造厂的副产品,纯度很高。使用时,将装有二氧化碳的钢瓶放入设施内,瓶口的减压阀与有孔的塑料管连接,可将二氧化碳气均匀地分布到设施内的各个角落,用量易调控,效果好,安全方便,但成本较高,适用于大型连栋温室或高产值作物应用。

⑤燃烧施肥法。通过燃烧煤、液化石油气、天然气等燃料产生二氧化碳。此法费用较高，且燃烧产生的气体纯度不够，会含有对作物有害的气体，所产生的二氧化碳需净化后才能使用，使用成本较高。生产中可使用燃烧式二氧化碳发生器增施二氧化碳。此外，还可以以沼气、丙烷、酒精等为燃料，燃烧产生二氧化碳，进行设施内二氧化碳施肥。

⑥土壤施肥法。在栽培过程中增加有机肥的施用量，利用有机肥料在分解过程中缓慢释放出的二氧化碳进行施肥，供给作物生长发育的需要。此法简单易行，成本低廉，效益明显，应用前景广阔。但二氧化碳发生量集中，浓度不易调控。

⑦化学反应法。

A. 简易装置法。利用酸与碳酸盐反应生成二氧化碳的方法，是目前设施内增施二氧化碳的主要方式。所用原料为硫酸和碳酸氢铵化肥，反应后可生成二氧化碳和硫酸铵肥料，不产生对作物有害的物质，原料来源广泛，成本低廉，方法简便。将稀硫酸（浓硫酸：水 =1：3）与碳铵按计算用量分成若干份，每份放入一个塑料桶（不能使用金属器皿），先放稀硫酸，后放入碳铵，为了使二氧化碳缓慢释放，将碳铵用塑料薄膜包裹，在包好的塑料袋上面扎几个小孔，然后放入塑料桶内。塑料桶应吊在离地面 100 cm 的地方，每 666.7 m^2 悬吊 13 ~ 16 个塑料桶，等距离分散排列，以利于二氧化碳均匀地扩散。此法较为简单易行，成本低，效果较好，但使用时费工，安全性较差。

B. 二氧化碳发生器法。是一种成套的二氧化碳发生装置，由反应器、净化器和塑料输气管等部件组成，利用反应器产生二氧化碳气体，然后经过滤净化后用塑料软管将二氧化碳输送到设施内，供给作物利用。此法容易操作，省工省时且安全，但成本较高，费用较大。

（4）二氧化碳施肥注意事项

①在设施内的水肥、光照和温度条件得到充分保证时，施用二氧化碳才能起到明显的增产增收效果。

②设施内温度偏低、光照偏弱或阴雨（雪）天不宜施用二氧化碳。

③温室内温度过高，应缩短二氧化碳施肥时间。

④施用二氧化碳应根据作物种类、品种与生育时期来确定施用浓度和时间。

⑤施用二氧化碳时不可立即停止，要提前逐步减少施用浓度与时间，以免作物出现早衰而影响产量效益。

⑥施用二氧化碳期间，应使设施保持相对密闭状态，防止二氧化碳气体逸散至棚外，以提高二氧化碳利用率，降低生产成本。

⑦选用化学反应法，稀释浓硫酸时要注意将浓硫酸慢慢加入水中，且并不停地搅拌，以防止浓硫酸溅出对人体造成伤害。

⑧应尽量选用使用方法简便、成本低廉、省工省时、安全可靠、效果明显的施肥方法,如增施有机肥料、双微固体二氧化碳气肥、二氧化碳颗粒缓蚀剂等。

9.2 实训内容

温室环境调控设备识别及使用

1)目的

识别环境调控设备。

2)材料

大型现代温室、日光温室。

3)方法

(1)静态识别

教师带领学生进入大型现代温室,在老师指导下学生对各种环境调控设备所处的位置及形态进行逐一识别并作详细记录,识别要点如下:

①湿帘—风机降温设备。所处位置、湿帘的质地、面积及结构、风机功率及数量,并了解湿帘—风机降温原理。

②环流风机。风机所处位置、数量及功率。

③外遮阳系统。从温室外面看外遮阳系统所处位置,从温室里面看遮阳网拉幕过程,遮阳网的颜色,了解遮阳网的遮阳率。

④加温设备。观察锅炉(热源)、输送管道、散热器的安装位置,识别锅炉类型及型号,了解输送管道的材质及管径,识别散热器的类型、材质及数量。

⑤内保温设备。观察内保温设备的拉幕类型,保温幕的颜色。

⑥自动控制设备。观察自动控制设备安装的位置,体积大小,识别控制设备类型及型号。

⑦自动卷被(帘)机。到日光温室外面,注意观察日光温室保温被的质地、自动卷被(帘)机型号。

(2)动态识别

温室管理人员对环境控制设备逐一启动,使其呈工作状态,学生注意观察设备动态工作过程,同时由温室技术人员讲解各种设备工作时的注意事项。

4)作业

①你所看到的设备安装在温室内什么位置?有何特点?

②对你所观察到的设备进行静态描述。

③降温设备有哪些？加温、保温设备有哪些？

④你所看到的控制系统是哪一种类型？有何优缺点？

9.3 实践应用

我国温室环境控制技术应用现状

温室在我国设施园艺中占据主要位置，近几年来温室面积越来越大，目前已跃居世界第一。在温室面积不断扩大的过程中，温室及配套设施的生产、科研和普及也得到了长足的发展，形成了高、中、低不同档次、系列化的温室产品。仅温室及配套设施的专业生产厂家就有50多家，生产设备基本国产化，初步形成了一定的产业规模。在中高档温室中，生态环境因素已普遍采用自动化控制，如温度、湿度的自动调节，灌水量、水温自动调节，二氧化碳施肥自动调节，温室通风换气自动调节等，以达到给设施内的作物创造最佳生长环境的目的。

国外对温室环境控制技术研究较早，始于20世纪70年代，由最初模拟式的组合仪表，采集现场信息并进行指示、记录和控制以及分布式控制系统，发展到现在的计算机数据采集控制系统的多因子综合控制系统，并且在温室生产中得到了广泛应用，荷兰、日本等园艺强国已开始向完全自动化、无人化的方向发展。我国温室环境控制技术研究较晚，起步于20世纪80年代初，通过技术引进消化吸收，研制出了仅限于温度、湿度和二氧化碳浓度等单项环境因子的控制，发展速度缓慢。到了20世纪90年代中后期，我国温室环境控制技术研究取得了突破性进展，取得了阶段性成果，如北京农业大学研制成功了“WJG-1型实验温室环境监控计算机管理系统”，江苏理工大学研制成功了植物工厂系统，对温度、光照、二氧化碳浓度、营养液和施肥等进行综合控制，中国农业机械化科学研究院研制成功了由通风降温系统、太阳能储存系统、燃油热风加热系统、灌溉系统、计算机环境参数测控系统等组成的新型智能温室等。

截至目前，我国研制出的温室控制系统，很大一部分只能实现对部分环境因子的控制或还需要人工手动控制辅助，控制效果、自动化程度、可靠性和可操作性与国外同类产品相比尚有较大差距。在现有的温室控制系统中，风机—湿帘降温设备、室外遮阳幕、室内保温幕、环流风机、自动卷被（帘）机、补光系统、自动控系统等设备被广泛应用，在温室环境因子调控中发挥着主要作用。

9.4 扩展知识链接

温室计算机控制系统

1)控制原理

传感器把采集到的室内温度、湿度、照度、二氧化碳含量和室外气象站提供的温度、湿度、照度、风速、风向、雨量等环境因子数据输送到温室环境控制仪,再经控制仪传输到计算机,计算机系统再根据温室内种植作物对环境条件的控制要求,将两种数据进行控制软件处理,然后向控制系统发出指令,自动控制温室各设备的运行,使温室内的温度、湿度、光照等环境因子保持在作物生长的适宜范围内,为温室内的作物提供良好的生长环境。

2)控制效果

温室计算机控制系统可以实现温室无人化运行生产,降低温室运行能耗和生产成本,提高作物产量和产品品质。

3)系统组成

计算机控制系统由控制计算机、温室智能控制软件、温室环境控制仪、室内温度、湿度、照度、二氧化碳传感器、室外气象站、温室强电控制柜组成(图9.16)。

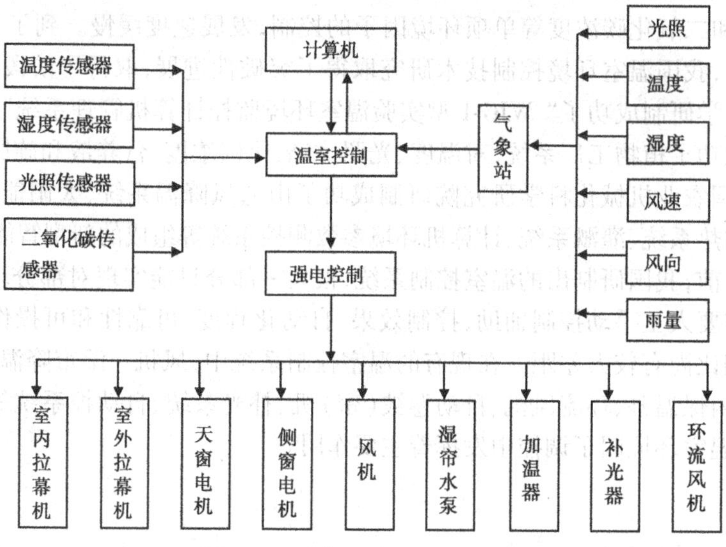

图9.16 计算机控制系统示意图

4)计算机的功能

计算机(装有温室智能控制软件)对温室控制系统进行配置,设定控制仪数量,监测各温室内温度、湿度、照度和室外气象站环境数据,监视各温室设备的运行情况,读取或设定各控制仪的控制参数。温室环境智能控制器采集温室内温度、湿度、照度等环境数据,根据设定的控制参数和控制程序,控制温室设备的运行,自动调节温室环境因子。

9.5　考证提示

掌握设施内的光照、温度、湿度、气体特点和调控措施,能够正确识别温室环境控制设备的名称,熟悉各种设备的性能并能熟练使用。

任务后

考证练习题

1. 填空题

(1)设施内的光照调控主要是________、________和________的控制。

(2)设施内的温度调控主要是________、________和________的控制。

(3)设施内的空气湿度调控主要是________和________。

(4)设施内的土壤湿度调控就是保持________,防止________。

(5)设施内的土壤调控主要是________、________、________和________。

(6)设施内的气体条件包括________、________和________,调控主要是指________的调控。

2. 多项选择题

(1)设施内增加光照的措施是________。

A. 延长光照时间　　　　B. 安装荧光灯

C. 早揭晚盖保温被　　　D. 安装白炽灯

(2)增加设施温度的措施是________。

A. 加温　　　　　　　　B. 科学的农业措施

C. 使用保温被　　　　　D. 减少通风次数

(3)降低设施温度的措施是________。

A. 设施外遮阳　　B. 通风散热

C. 水雾降温　　D. 去掉保温覆盖材料

(4) 降低设施内空气湿度的措施是________。

A. 通风排湿　　B. 建好土壤水分蒸发

C. 不喷农药　　D. 减少灌水量

(5) 改善设施内空土壤条件的措施是________。

A. 防止土壤酸化　　B. 土壤消毒

C. 不施用化肥　　D. 减少灌次数

(6) 设施内二氧化碳施肥的时间是________。

A. 晴天日出后0.5 h　　B. 阴天早晨10:00

C. 中午12:00　　D. 早晨7:00

3. 问答题

(1) 温室常用的降温设备有哪些?

(2) 温室常用的加(保)温设备有哪些?

(3) 温室补光光源有哪些? 各有何特点?

(4) 设施内二氧化碳施肥方法有哪些? 方法简便、成本低廉、省工省时、安全可靠、效果好的方法有哪些?

案例分析

反光膜在日光温室中的应用分析

花卉是甘肃省临洮县的支柱产业之一,其中东方百合是冬季日光温室栽培面积最大的鲜切花。经过多年的生产实践,当地花农已总结出了一套成熟的东方百合冬季日光温室栽培技术,温室内使用反光膜就是成套技术之一(图9.17)。那么,为什么要使用反光膜? 反光膜对东方百合的生长发育究竟有何好处?

东方百合属于百合科百合属的鳞茎花卉,长日照植物,喜欢阳光充足,生长适温白天20~25 ℃,夜温在14 ℃以上。低温弱光照会造成植株生长不良,并引起落芽、叶色和花色变浅等不良现象。而北方冬季太阳高度较低,自然光照相对较弱,环境温度低,日光温室内的环境自然是一种弱光照、低温度的状态,百合生长发育受到一定程度的影响。所以,要想获得较好的产量和产品品质,给日光温室补光就成为东方百合栽培的重要技术手段之一。除人工光源补光外,充分利用自然光既节能又简单。其方法是:在日光温室背墙或距背墙80 cm处张挂反光膜,将白天照射到温室背墙一带的光照反射到栽培床,以有效弥补日光温室内光照南强北弱的缺点,增加了北侧栽

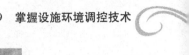

图9.17 反光膜在日光温室中的应用

培床内的光照强度,同时提高了栽培床内的温度,促进了植株的生长发育,提高了植株的整齐度和产品质量。

由此看来,冬季日光温室内张挂反光膜起到了补光和增温的作用,促进了东方百合的生长发育,提高了产量和花卉品质,不失为一种简单有效的日光温室环境调控技术。

任务10　掌握工厂化穴盘育苗技术

任务目标

知识目标：了解工厂化穴盘育苗的设施和主要设备。

能力目标：掌握工厂化育苗技术要点。

10.1　基础知识要点

工厂化育苗是指在人工控制的最佳环境条件下，采用规范化技术措施以及工厂化生产手段，批量生产蔬菜、花木优质幼苗的一种先进育苗方式。工厂化育苗是国际上20世纪70年代发展起来，我国于20世纪80年代引进的一项新的育苗技术，此项育苗技术使园艺植物育苗实现了专业化，生产过程实现了机械化，幼苗供应实现了商品化，因而这一育苗技术在欧美等发达国家得到不断发展和迅速推广。近年来，现代生物技术、现代工程技术和计算机控制技术等不断应用于工厂化育苗，使这一育苗技术逐步趋于成熟和完善。

10.1.1　工厂化育苗设施

1）基质处理车间

园艺作物工厂化育苗一般是大批量生产，需用的基质量较大，而且所用基质大多为复合基质，对基质需要混合搅拌并消毒，因此，需要一个空间较大、便于机械作业和运输、防雨通风的设施来储存、加工基质，这个设施就叫基质处理车间，基质处理车间一般是永久性建筑。

2）播种车间

播种车间安装有自动播种生产线，主要进行种子精量自动播种。因此，播种车间内至少要有(14～18) m×(6～8) m的作业面积，水、电、暖设施设备要齐全，车间要通风透气，便于水汽扩散。

3）催芽室

催芽室是一种能自动控制温度和湿度，促进种子萌发出芽的设施，是工厂化育苗必不可少的设施之一。在播种车间完成了基质装盘、播种、覆土、洒水等播种程序的育苗穴盘被直接放进催芽室内催芽。催芽室主要设备有育苗盘架、育苗盘、加热装置、喷淋装置、温度湿度自动控制装置和光照系统，保证作物种子发芽对环境条件的需求。将种子催芽后人工播种的规模化育苗，不需要催芽室，播种前用恒温培养箱催芽。

4）绿化室

绿化室一般是指用于幼苗培育的温室。种子萌芽出土后，要立即置于能保持一定温度、湿度条件的育苗温室内，使幼苗见光绿化，否则会影响幼苗的生长和质量。作为绿化室使用的温室应当具有良好的透光性及保温性，以使幼苗出土后能按预定

图 10.1　育苗绿化室

要求的指标管理。绿化室也是幼苗培育设施,工厂化育苗一般采用大型现代温作为幼苗培育设施(图 10.1)。

10.1.2　工厂化育苗主要设备

1)基质消毒机

对栽培基质进行消毒,是防治土传病害乃至其他病虫害、线虫和杂草种子的最好方法。工厂化育苗一般采用蒸汽消毒法对栽培基质进行消毒,蒸汽消毒是在利用蒸汽加温设施的条件下方可利用,即通过锅炉和相应装置把蒸汽分别送入栽培床的基质中以达到消毒的效果。目前,生产中利用蒸汽消毒机对基质进行消毒,如浙江大学 2007 年研制生产的移动式基质蒸汽消毒机,该消毒机蒸汽锅炉通过蒸汽管和移动小车的蒸汽入口连接,基质输送机位于移动小车一侧,基质输送机的出料口位于移动小车上方,基质通过基质输送机输送至移动小车,高温高压蒸汽通过蒸汽管通入消毒小车,对基质进行高温蒸汽消毒,移动式基质蒸汽消毒机可通过移动小车运载基质,移动小车同时作为消毒容器,消毒腔温度大于 75 ℃,可调,基质处理量达到 2.9 m^3/h,整套设备移动方便,消毒效率高。

2)基质搅拌机

用于生产用的育苗基质,不论是自己配制的还是购买的,在使用之前都要用基质搅拌机搅拌,其目的一是避免原基质中各成分不均匀,二是防止基质在储运过程中结块影响装盘质量。基质搅拌机种类较多(图 10.2)。

图 10.2　基质搅拌机

3)精量播种生产线

精量播种生产线是工厂化育苗的主要设备之一,它由基质混配机、送料及装盘机、精量播种机、覆盖机和自动喷淋机 5 部分组成。这 5 部分可以单独作业,连在一起就是一条播种生产线(图 10.3),核心设备是精量播种机(图 10.4)。

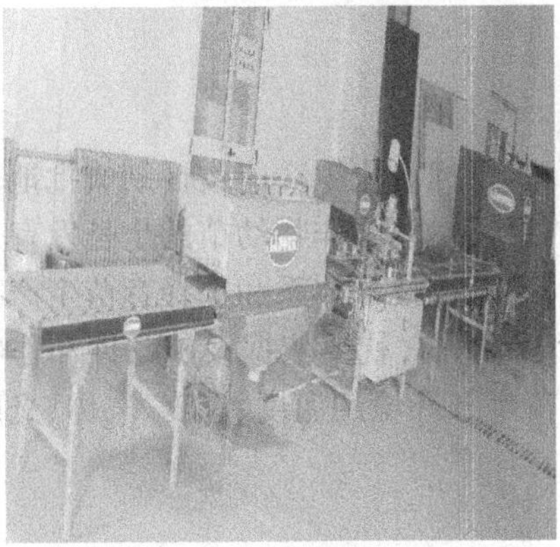

图10.3　自动播种生产线

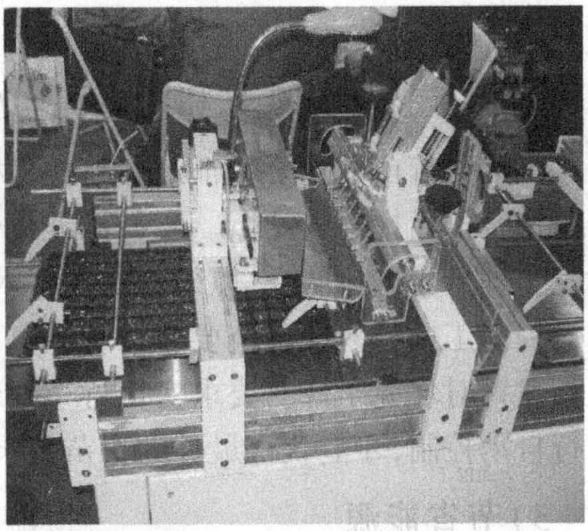

图10.4　精量播种机

4)行走式自动喷水机

在工厂化育苗过程中,绿化设施内幼苗在生长过程中需要经常补充水分,要求具备高精度的喷灌设备,以自动控制供水量和喷淋时间,同时能兼顾营养液和农药的喷施。大型现代化育苗设施内一般采用行走式自动喷灌机(图10.5)。

图10.5　行走式自动喷灌机

5)育苗环境控制设备

育苗环境自动控制设备主要指育苗过程中的温度、湿度和光照等环境控制设备。我国多数地区园艺作物的育苗是在冬季和早春低温季节(平均温度5 ℃,极端低温 -5 ℃以下)或夏季高温季节(平均温度30 ℃,极端高温35 ℃以上),外界环境不适于园艺作物幼苗的生长,温室内的环境必然受到影响。园艺作物幼苗对环境条件敏感,要求严格,所以必须通过仪器设备进行调节控制,使之满足对光照、温度及湿度(水分)的要求,才能培育出优质壮苗。设施环境条件控制设备在任务9已经讲过,这里不再赘述。

10.1.3　工厂化穴盘育苗的特点

1)育苗设施现代化

工厂化穴盘育苗具有完善先进的现代化设施和设备,先进的设备为育苗创造了良好的环境条件,保证了秧苗的质量和生产的稳定性,提高了园艺作物生产效率和经济效益。

2)生产技术标准化和管理科学化

工厂化育苗的重要特征之一是技术标准化。实行标准化生产能按计划成批地生产出符合产品规格的幼苗。实行标准化生产的前提是对园艺作物幼苗的生长发育规律及生理生态进行研究,以确立育苗技术环节指标、育苗技术体系和选择育苗生产技术流程。工厂化穴盘育苗要想培育出高质量的商品幼苗,就要依据设施条件和作物生长发育对环境条件的要求实行科学管理,对幼苗生长环境的温度、湿度、气体、光照实行自动控制,才能获得最佳的育苗效果。

3)节省能源

工厂化穴盘育苗与人工育苗相比,能大幅度提高单位面积的种苗产量,节省能源2/3以上,显著降低育苗成本。

4)生产效率高

与人工育苗相比,工厂化育苗提高劳动生产率5~7倍,适应规模化、商品化生产幼苗。

5)用种量少

工厂化育苗采用精量播种机播种,每穴播种1粒,且出苗率很高,用种量少,节省种子。

6)育苗用基质无病虫害

工厂化育穴盘苗采用的基质为草炭和珍珠岩等轻基质,这些基质没有遭受过病菌、虫卵和草籽的污染,且播种前对基质还要进行高温消毒,以保证幼苗健壮生长。

7)出苗迅速整齐、生长健壮

工厂化穴盘育苗穴盘干籽播种淋水后即移入催芽室。催芽室温度和湿度可根据不同种子发芽时的要求自行调节。如黄瓜在干籽直播的情况下,要保证3 d顶土,4 d齐苗,番茄播后7~8 d全部出苗。出苗后即移入绿化室见光绿化,防止徒长,并根据不同生育期调整室内温度、湿度、光照,因此可以保证幼苗健壮生长。

8)全根定植,无须缓苗

工厂化穴盘育苗,起苗时从盘中轻轻拔出幼苗,不伤根,可达到全根定植的效果。定植后只要温度、湿度适宜,不经缓苗即可迅速进入正常生长状态。

10.1.4　适宜工厂化穴盘育苗的园艺作物

工厂化穴盘育苗主要以蔬菜育苗为研究和发展方向，近年来在花卉育苗上也逐渐得到应用，少数用种子繁殖的果树也可以用工厂化育苗技术来生产小苗或砧木苗。

1）适用于工厂化穴盘育苗的蔬菜作物

凡是需要育苗的蔬菜作物都可以应用工厂化穴盘育苗技术。现在普遍应用的主要为需苗量大，早春定植的茄果类（番茄、辣椒、茄子）、瓜类（黄瓜、甜瓜、西瓜、冬瓜、丝瓜、瓠瓜、南瓜）、叶菜类（芹菜、莴苣、生菜、蕹菜）蔬菜。白菜类（甘蓝、大白菜）和豆类（菜豆、豇豆、刀豆）蔬菜也可以工厂化育苗，但目前生产上应用较少。

2）适用于工厂化育苗的花卉作物

以种子繁殖，种子粒重和外形不太大的花卉作物基本上都可以应用工厂化育苗技术进行育苗。但大粒种子（千粒重大于 1 000 g）、小粒种子（千粒重在 0.1～0.9 g）和微粒种子（千粒重小于 0.1 g）因育苗盘和播种机等原因，一般不能采用工厂化育苗，一些需要特殊处理的种子，如芍药、大花美人蕉、荷花等，这类种子由于种子处理花费时间较多，一般也不采用工厂化育苗。目前采用工厂化穴盘育苗的主要有：露地一二年生草本花卉，如矮牵牛、蜀葵、落葵、金盏菊、仙客来、观赏辣椒、醉蝶花、凤仙花、一串红、波斯菊、秋豌豆、羽衣甘蓝等。

3）适用于工厂化育苗的果树作物

工厂化育苗在果树育苗上目前应用较少，一般用来培育一些小苗或砧木苗。以种子繁殖且种子粒重和外形不太大的仁果类果树如苹果、海棠、梨、山楂等的育苗可以采用工厂化育苗技术。

10.1.5　工厂化育苗的管理技术

工厂化育苗的生产工艺流程分为准备、播种、催芽、苗期管理、出室 5 个阶段。

1）播种前的准备

播种前的准备包括基质、育苗盘和种子的准备。

（1）基质的选择

基质是工厂化育苗体系的重要组成材料，它不仅是幼苗生存的场所，而且是幼苗所需水分、养分、温度等的介质。工厂化育苗对基质的总体要求是尽可能使幼苗在水分、氧气、温度和养分供应得到满足。工厂化育苗所用基质要具有重量轻、根系缠绕性好、富含营养和保水保肥性能强等特点，多采用草炭与蛭石或者珍珠岩混合配制的轻基质。近年来我国也有因地制宜,尝试采用一些当地出产、价格便宜的椰子壳、平菇废料、芦苇末、锯末等作为穴盘育苗的基质。育苗基质的总孔隙度和孔隙的大小都很重要。持水孔隙过多就会使植株根系缺乏空气,而通气孔隙过多又会使植株处于缺水状态,两者都会影响植物根系的正常生长。适合苗生长的基质必须保持水含量和空气含量的平衡。

基质选择的原则:一是具有良好的物理性状(质量轻,透水透气性好,容重≤1,总空隙度>60%,其中大空隙度占20%~30%);二是要有稳定的化学性能(基质溶出物既无毒无害,又不能与营养液发生危害秧苗的不良化学反应,对盐类有一定缓冲力,pH值比较稳定);三是价格低廉,有丰富而稳定的来源,无病虫。

(2)育苗盘的选择

工厂化穴盘育苗为了适应精量播种的需要和提高苗床的利用率,选用规格化的穴盘育苗。穴盘主要有聚苯乙烯或聚氨酯泡沫塑料模塑和黑色聚氯乙烯吸塑两种。一般的蔬菜和观赏类植物育苗穴盘用聚苯乙烯材料制成。外形和孔穴的大小已实现了标准化,其规格为:宽28 cm,长54 cm,高3.5~5.5 cm;孔穴数有50孔、72孔、98孔、128孔、200孔、288孔、392孔、512孔等多种规格;育苗穴盘的穴孔形状主要有方形和圆形(图10.6),方形穴孔所含基质一般要比圆形穴孔多30%左右,水分分布亦较均匀,种苗根系发育更加充分。使用穴盘苗具有节省种子用量、降低生产成本,出苗整齐、保持种苗生长的一致性,能与各种手动及自动播种机配套使用、便于集中管理、提高工作效率,移栽时不损伤根系、缓苗迅速、成活率高等优点。

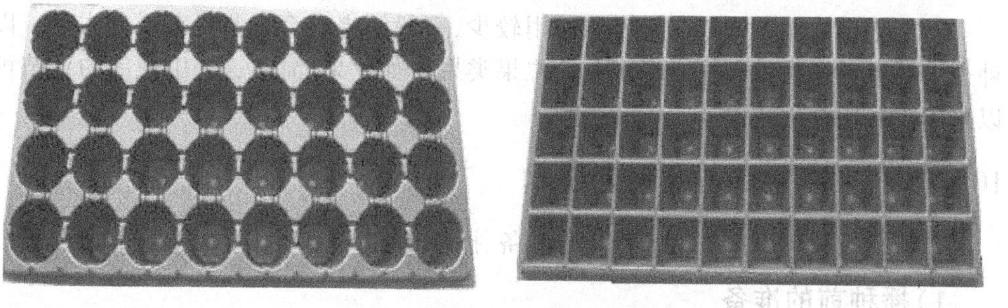

图10.6 育苗穴盘(左图为圆孔、右图为方孔)

工厂化育苗是种苗的集约化生产,为提高单位面积的育苗数量、种苗质量和成活率,生产中以培育中小苗为主,不同种类的作物种苗要选用相应的穴盘育苗。播种前必须将育苗盘清洗干净,没有经过清洗的苗盘不能重复使用。苗盘清洗后使用前需用高锰酸钾消毒处理,杀死苗盘中的病菌。基质是育苗的基础条件,必须提前做好准备工作。

(3)种子处理

工厂化育苗采用精量播种技术,对种子的纯度、净度、发芽率和发芽势等质量标准要求较高。播前必须精选种子,去除破籽、瘪籽和畸形籽,清除杂质,以保证播种用种子有较高的发芽率和发芽势,以避免精量播种时出现空穴现象,影响育苗数量。为了充分利用育苗空间,降低成本,必须做好待播种子的发芽试验,根据发芽试验的结果确定播种面积与数量。同时,播种前对选好的种子还要进行消毒处理,一般有温汤浸种和药剂处理两种方法。

2)播种

工厂化穴盘育苗播种有全自动化播种和半自动化播种两种方法。全自动化播种由基质混合机、基质运输机、基质填充机、播种机、覆料机以及淋水机组成播种流水线,实现全自动播种,播种效率可提高几十倍,且播种质量高、一致性好。半自动化播种则由人工完成介质混合、装盘、播种、覆土、淋水等工作,再由人工操作配合机器播种。全自动精量播种流程是:把选好的育苗基质由传送带输送到基质混配机中进行搅拌混配,混配好的基质再由传送带输送到填充机中,育苗穴盘在自动填充机传送带上缓慢运行的过程中,混合好的基质由填充机均匀撒入育苗穴盘中,完成自动装盘并在传送带上继续前行,前行过程中再经机械刮平、压实、打穴后运至精量播种机,精量播种机根据穴盘型号自动播种,每穴一粒种子。播种后的穴盘运行到覆盖机时,由覆盖机自动在种子上面覆盖一层约0.5 cm厚的基质,最后将穴盘传送到自动洒水机喷淋灌水。至此,自动播种完成。

3)催芽

将播种好的育苗盘放入催芽室催芽。适宜的温度、湿度和氧气是种子萌发的关键要素。根据不同作物种子发芽对温度和湿度的要求,控制调节好催芽室的温度和湿度等环境条件。当育苗盘中的种子有85%发芽并顶出基质时,催芽完成,将育苗盘移到育苗室苗床上生长。

4)苗期管理

苗期管理是工厂化育苗中的重要环节,主要包括:幼苗生长环境中的温度、光照、水分、空气和营养条件的管理。

(1)温度管理

温度是培育壮苗的基础条件,不同作物种类的幼苗在生长过程中对温度的要求不同,同一作物的幼苗在不同生长阶段对温度的要求也不同。因此,要根据育苗作物种类对温度的要求来调节育苗设施内的环境温度,以满足幼苗生长的需要。一般喜温性的蔬菜，如番茄、辣椒、茄子、黄瓜等白天温度控制在25～30 ℃，不能高于35 ℃，晚上控制在15～20 ℃，不能低于15 ℃；耐寒性的蔬菜，如十字花科等白天温度控制在20～25 ℃，晚上控制在10～15 ℃。花卉育苗温度白天20～28 ℃，夜晚18～21 ℃。

(2)水肥管理

工厂化穴盘育苗时单株营养面积较小，如果水肥不足会严重影响幼苗的正常生长。一般在幼苗子叶展开到两叶一心时，基质含水量为最大持水量的60%～75%，三叶一心到成苗基质含水量为最大持水量的45%～60%，能够满足大多数园艺作物幼苗生长对水分的需求。在基质快速、大量失水时，要及时补水，一天可喷施营养液或清水2～3次。喷施时间不能过晚，以免提高空气湿度而导致病害发生。在成苗出售的前一天，要适当喷水，以增加基质含水量，便于定植时从盘中取出幼苗，减少散坨，提高定植成活率。

在幼苗出土进入育苗设施后，要及时浇施营养液，前期浓度以0.14%～0.16%为宜，不能过高，浓度过高会降低幼苗生长速度，严重时会引起烧苗。随幼苗生长，苗龄增加，可逐步提高营养液浓度。

(3)光照管理

不同的育苗季节采取不同的光照管理方式。冬春季育苗，育苗设施内光照较弱，根据育苗作物种类对光照的要求，如果需要则要人工补光，以满足幼苗生长对光照的需求；夏季育苗设施内光照强度较大，要注意利用设施外遮阳网遮光，降低设施内的光照强度，以适应作物幼苗的生长。

(4)苗盘换位

在工厂化育苗过程中，由于微喷系统各喷头之间出水量的微小差异，导致育苗期较长的幼苗，容易产生带状生长不均匀，观察发现后应及时调整穴盘位置，促使幼苗生长均匀。同时，工厂化育苗各育苗床架之间存在边际效应，即各苗床的四周边际与中间相比，水分蒸发速度相对较快，尤其在晴天高温情况下蒸发量要大一倍左右，因此，每次灌溉完毕，都应对苗床四周10～15 cm处的秧苗进行补充灌溉，或者定期调换苗盘的位置，使苗盘内外种苗长势一致。

(5)病害防治

园艺作物工厂化育苗易感病害有：猝倒病、立枯病、灰霉病和沤根。发病的主要诱因是：育苗期遇寒流或阴雨天日照不足，幼苗生长不良，管理粗放，苗床保温性能差，通风换气不当、长势较弱的幼苗易染病。

①猝倒病。由病原真菌腐霉菌引起。发病初期幼苗茎基部有水渍状暗绿病斑，围绕幼茎扩展，然后病变部位变黄并缢缩成线状，病苗折倒。有时子叶未萎蔫幼苗便

倒伏，即猝倒。幼苗尚未出土前染病可造成胚芽和子叶腐烂。此病发展迅速，开始时个别幼苗发病，几天后成片幼苗猝倒。低温高湿时，病残体表面及其基质上会长出一层白色棉絮状菌丝。

②立枯病。由病原真菌的丝核菌引起。幼苗长出基质时就发生危害，但多发生于育苗的中后期，病变幼苗茎基部产生椭圆形暗褐色凹陷病斑，发病初期白天叶片萎蔫，晚间恢复，病斑扩大绕茎1周时，幼苗开始干枯，但立而不倒，当湿度大时病部产生褐色菌丝。

③灰霉病。灰霉病由灰葡萄孢菌的侵染引起。在出苗后如遇低温高湿的条件易发病，其表现为：首先在基部叶片开始发病，起初在叶片或幼茎上出现水浸状褪绿斑，在湿度大时，病斑上可出现灰色霉状物，进一步发展可造成叶片或幼茎腐烂，致使幼苗死亡，根部正常。

④沤根。沤根是环境因素引起的生理性病害，是育苗期常见病害，主要由于低温（一般低于12 ℃）使幼苗发育受阻，根部不发新根，地上部叶片色泽较淡或萎蔫，幼苗生长缓慢，病苗容易拔起，叶缘枯焦，严重时成片干枯死亡。晚秋、早春育苗时易发生沤根现象。

苗期病害的防治的关键措施首先是消毒，包括种子消毒和设施消毒。育苗基质本身不含杂菌或已经过消毒处理，可直接使用。如放置时间过长，仍需重新采用高温消毒。其次要加强苗床管理，及时通风换气，保证合适的温度和湿度。三是发现病苗，要及时拔除，以防病害进一步扩散蔓延，并喷药防治。可用30%苗菌敌可湿性粉剂800倍液、土菌净500倍液喷雾，75%的百菌清粉剂600～800倍液，能有效防治病害的发生和蔓延。药剂防治过程中注意幼苗的大小和天气的变化情况，掌握小苗低浓度，大苗高浓度的用药原则。一次用药后连续晴天可以间隔10 d左右用第二次，如连续阴雨天则间隔5～7 d再用一次。用药时，必须将药液直接喷洒到发病部位，用药时间以上午为宜。

10.2　实训内容

黄瓜穴盘无土育苗播种技术

1）实训目标

掌握无土育苗基质的配制、消毒和装盘方法，并掌握播种方法。

2）实训材料

育苗盘、草炭、蛭石、珍珠岩、炉渣、黄瓜种子。

3)实训设施

温室、催芽室、基质搅拌机。

4)方法步骤

为了解和掌握黄瓜穴盘播种的技术过程,实训采用人工播种(条件具备可以采用播种生产线实训)。

①育苗盘选择。选用 50 或 72 穴黑色育苗盘。

②基质配制与消毒。2 人 1 组播种 2 个穴盘,根据参加实训的学生人数多少,估算出所需基质的用量,然后按草炭∶蛭石∶炉灰渣∶珍珠岩 = 1∶1∶1∶1 的比例统一混合基质,配成复合基质。有条件的学校可使用基质搅拌机搅拌混合,条件不具备的学校用铁锨搅拌混合。为了充分满足幼苗生长发育的营养需要,在基质中适当地加入复合肥 1 000 g/m^2。如果是首次使用的干净基质可不消毒。若是重复使用的基质则最好进行消毒处理,有条件的学校可使用基质消毒机消毒,条件不具备的学校可采用化学消毒法消毒,每立方米基质用 40% 的福尔马林 50 倍液 400 ~ 500 ml 喷洒,翻拌均匀堆好,用塑料薄膜闭封熏蒸 48 h 后摊开,晾晒 15 d 左右,等药味挥发后再使用。注意施药安全,防止刺伤眼睛。化学消毒要在播种实训前先期进行。

③播前准备。播前准备包括育苗穴盘消毒和黄瓜种子的浸种催芽。在播种实训前 2 d 处理种子,同时用 0.1% 高锰酸钾溶液浸泡育苗穴盘 10 min 左右,然后取出晾干,待用。

④播种。首先将配好的基质装入 50 孔或 72 孔穴盘中,装盘时应用微力将基质压实,用木板或木尺刮平。然后用同样孔数的空育苗盘放在装好基质的穴盘上面,对准后用力向下压,深度约为 1 cm。然后将种子按孔穴播入,每穴播种已萌动发芽的黄瓜种子 1 粒,播好后上面盖上 1 cm 左右的蛭石,用木板或木尺刮平。然后用洒水器将穴盘内的基质淋透,等控水后在苗盘上覆盖一层塑料薄膜保湿,再将苗盘移入育苗温室即可。

5)考核内容

①基质的配制。能识别本地育苗常用基质,知道每种基质的特性和使用方法,能够按比例混合基质。

②基质的装盘。能够按要求熟练装盘,穴盘内的基质松紧适度,播种孔深度适当,播种覆盖基质后盘面平整。

③基质浇水。播种覆盖后基质洒水是否均匀,水分是否淋透基质。

④撰写实训报告。

10.3 实践应用

工厂化育苗在生产中的应用

工厂化育苗提高了种苗的商品性和育苗质量,为生产提供优质种苗,在现代农业中起着举足轻重的作用。我国自20世纪80年代引进工厂化育苗技术以来,经过近30年的研究和发展,从育苗设备、育苗技术、育苗面积和育苗作物范围等方面取得了长足发展。“八五”“九五”“十五”期间工厂化育苗均被列为国家重点攻关项目进行研究,通过众多设施农业科技工作者的艰苦攻关和辛勤努力,从初期的引进消化发展到目前的自主研发生产,工厂化育苗技术日臻完善,广泛应用于蔬菜、花卉、果树等园艺和其他作物的生产育苗。

1)蔬菜育苗

20世纪80年代北京市蔬菜研究所引进工厂化育苗技术,最早应用于蔬菜作物育苗,主要为春季番茄、辣椒、茄子保护地栽培提供幼苗。经过多年发展,目前工厂化育苗已经广泛应用于番茄、辣椒、茄子、瓜类喜温性蔬菜和甘蓝、大白菜、生菜、芹菜、芦笋等冷凉蔬菜,育苗方式主要是工厂化穴盘无土育苗。据估算,每年我国蔬菜生产的育苗量大约是4 000亿株,工厂化育苗市场广阔。

2)花卉育苗

花卉工厂化育苗技术近年发展迅速,主要应用于草花生产育苗。同时,兰花、安祖花、芦荟、日本山药、百合、球根海棠、满天星、一帆风顺、唐菖蒲、菊花、非洲菊等花卉也大量采用工厂化育苗技术。育苗方式主要是工厂化穴盘育苗和容器育苗。

3)果树林木育苗

果树林木工厂化育苗近年来迅速发展。果树工厂化育苗主要应用在柑橘、苹果、梨、桃、樱桃、大枣、葡萄等果树种类上,主要目的是培育无病毒种苗;林木工厂化育苗主要应用于杨树、桉树、松柏类、泡桐等造林树种的大量快速繁殖。育苗方式采用容器育苗、轻基质网袋育苗等。

4)经济作物育苗

目前,经济作物工厂化育苗主要应用在棉花和烟草育苗生产上。

10.4 扩展知识链接

种子质量检验与发芽条件

种子是工厂化育苗中最重要的播种材料，培育高质量幼苗的基础是掌握种子质量和种子发芽所需要的环境条件。

1）种子质量检验

（1）种子质量

种子质量主要包括种子的品种品质和播种品质两个方面，品种品质是指品种的遗传特性，用真实性来说明，即品种是否名副其实，在检验上用纯度表示。播种品质是指种子播种后与出苗有关的品质，在检验上主要用种子的净度、含水量、千粒重、发芽势及发芽率来评价。

（2）种子质量检验

作物种子品质的检验包括品种品质检验和播种品质检验两个方面的内容，检验方法分田间检验和室内检验两种。

①品种品质检验。采用田间检验法，即种子收获前在育种田对品种的真实性、品种纯度和田间隔离情况等进行检验，一般分几次在田间考查或取样带回室内鉴定。

②播种品质检验。采用室内检验法，首先检取有代表性的种子样品，然后按规定的程序和方法用相应仪器进行检验。在种子质量分级标准中主要检验纯度、含水量、发芽力、饱满度和种子活力。

A. 种子纯度测定。又称为种子净度，是指样本中属于本品种种子占送检样品总重量的百分数。送检样本中的杂质包其他作物种子、杂草种子、虫瘿和菌核、茎叶碎片、泥沙、发过芽、破碎和瘦瘪的种子等。计算公式为：

$$种子纯度=(供试样本总量-杂质质量)\div样品总质量\times100\%$$

B. 种子含水量测定。含水量是指供检种子样品中所含水分的质量占供检种子样品质量的百分比。其操作方法是：先将种子样品经过适当的处理（磨碎、切片、剥壳等），以一定重量放在干燥箱中，保持105 ℃的恒温，烘8 h后取出冷却称重，计算含水分百分率。适宜的含水量对种子的生活力、寿命，以及储藏、运输和贸易等至关重要。含水量过高，储藏过程中容易发霉变质，丧失生活力，有时会成为贸易障碍；但含水量过低，如低于6%对种子的生活力造成伤害。计算公式为：

$$种子含水量=(干燥前供检种子质量-干燥后供检种子质量)\div干燥前供检种子质量\times100\%$$

C. 种子发芽力测定。种子发芽力包括发芽势和发芽率，通过发芽试验测定。

a. 发芽势。发芽势为规定日期内正常发芽的种子数占供试种子粒数的百分率，发芽势反映了供试种子生活力强弱及发芽的整齐一致性，发芽势越高，种子质量越好。计算公式为：

$$种子发芽势 = (规定天数内发芽种子数 \div 供试种子数) \times 100\%$$

b. 发芽率。发芽率是指在适宜种子发芽的环境条件下，试验终期全部正常发芽的种子数占供试种子粒数的百分比，发芽率反映了供试种子中具有生活力与发芽能力种子的多少，发芽率越高，种子质量越好。发芽试验的期限因作物种类和条件而不同，应按照种子检验规程中所规定的标准进行。计算公式为：

$$种子发芽率 = (发芽种子数 \div 供试种子数) \times 100\%$$

D. 种子饱满度测定。种子饱满度反映种子的成熟度及营养物质储藏情况，一般用1 000 粒种子的质量表示，即千粒重，以克为单位。正常情况下，各种植物成熟种子的千粒重基本是一个固定值，种子千粒重越大，种子越饱满充实，播种发芽的效果就越好；相反，种子千粒重越小，种子中储藏的营养物质数量就越少，种子出苗的能力也就越弱。因此，在生产中应该选择千粒重大的种子。

E. 种子生活力测定。种子生活力是指种子潜在的发芽能力。种子生活力测定包括休眠种子生活力测定和快速测定种子生活力。休眠期的作物种子发芽率很低，必须通过生活力测定，才能了解种子的发芽潜力，以便合理利用种子。种子贸易中，有时候因时间紧迫，不可能采用标准发芽试验来测定发芽力，因为发芽试验所需时间较长，在这种情况下要快速测定种子的发芽力。一般采用生物化学速测法测定种子生活力。测定方法根据其测定原理可大致分为4类：生物化学法（如四唑测定法、溴麝香草酚蓝法、甲烯蓝法、中性红法和二硝基苯法等）、组织化学法（如靛蓝染色法、红墨水染色法和软X射线造影法等）、荧光分析法和离体胚测定法。

2）种子发芽条件

种子播种后能否正常发芽并成长为一颗健壮的植株，取决于种子本身的内部生理条件和种子发芽所处的外部环境条件。用于生产育苗的种子必须是通过了休眠期而且具有生活力的种子，这是种子发芽的内部条件。同时，具有发芽能力的种子只有在适宜的温度、水分、氧气等环境条件下才能发芽成苗。

（1）温度

作物种子发芽要求一定的温度，不同的作物种子对发芽温度的要求不同，但都有一个温度三基点，即发芽最低温度、最适温度和最高温度。最低温度和最高温度分别是指种子至少有50%能正常发芽的温度，最适温度是指种子能迅速萌发并达到最高发芽率时所处的温度。

(2)水分

水分是种子萌发的第一条件。干种子含有5% ~13%的水分,这些水分都属于被蛋白质等亲水胶体吸附住的束缚水,不能作为反应的介质。只有种子吸水后,种子细胞中的原生质胶体才能由凝胶转变为溶胶,使细胞器结构恢复,基因活化。同时,吸水能使种子呼吸上升,代谢活动加强,让储藏物质水解成可溶性物质供胚发育所需。另外,吸水后种皮膨胀软化,有利于种子内外气体交换,也有利于胚根、胚芽突破种皮而继续生长。

(3)氧气

绝大多数作物种子发芽需要氧气,因为种子萌发时有氧呼吸特别旺盛,需要足够的氧气。一般作物种子氧浓度需要在10%以上才能正常萌发,当氧浓度在5%以下时,很多作物种子不能萌发。脂肪含量较多的种子在萌发时需要更多的氧气,育苗时宜浅播,育苗基质要疏松透气。

(4)光照

光照对种子发芽的影响因作物种类不同而异。有些作物的种子在有光条件下萌发良好,在黑暗中则不能发芽或发芽不好,这类种子称为需光性种子,如莴苣、紫苏、胡萝卜等;有些作物的种子在有光条件下萌发不好,而在黑暗中发芽很好,这类种子称嫌光性种子,如葱、韭菜、苋菜、番茄、茄子、南瓜等蔬菜作物;而大多数园艺作物种子发芽对光照要求不严。对需光性种子播种时一般不覆土(基质)或薄覆土(基质),有利于出苗,对嫌光性种子播种时则要根据种子大小覆盖一定厚度的土或基质,出苗较快。

10.5 考证提示

了解工厂化穴盘育苗的特点和育苗设施,熟知工厂化育苗主要设备的作用和使用方法,掌握工厂化育苗的主要技术要点。

任务后

考证练习题

1.填空题

(1)工厂化育苗设施有________、________、________和________。

(2)工厂化育苗设备有________、________、________和________。

(3)工厂化育苗的重要特征是________和________。

(4)适宜的________、________和________是种子萌发的关键要素。

(5)工厂化穴盘育苗时单株营养面积较________,如果水肥________会严重影响幼苗的正常生长。

(6)园艺作物工厂化育苗易感病害有________、________、________和________。

2. 选择题

(1)工厂化育苗是指在人工控制的最佳环境条件下,采用规范化技术措施以及________生产手段,批量生产优质幼苗的一种先进育苗方式。

A. 工厂化　B. 先进　C. 科学　D. 传统

(2)在幼苗出土进入育苗设施后,要及时浇施________。

A. 水　B. 营养液　C. 农药灌根

(3)工厂化育苗以培育________苗为主。

A. 大　B. 小　C. 中小　D. 大中

(4)种子萌芽出土后,要立即置于能保持一定________条件的育苗温室内,使幼苗见光绿化。

A. 温度　B. 湿度　C. 气体　D. 温度和湿度

(5)自动播种生产线的核心设备是________。

A. 基质填充机　B. 喷淋机　C. 精量播种机　D. 传送带

(6)工厂化育苗在成苗出售的前一天,要适当________,便于定植时从盘中取出幼苗。

A. 喷水　B. 通风　C. 增加光照　D. 喷施营养液

3. 问答题

(1)简答工厂化育苗的生产工艺流程。

(2)适宜工厂化育苗的园艺作物有哪些?

(3)工厂化育苗有哪些特点?

(4)工厂化育苗如何选择基质?

案例分析

日光温室番茄春季栽培减收分析

农民朱某有多年的春季日光温室番茄种植经验,平均每年日光温室春季番茄种植面积10 005 m^2。番茄种苗来自本于本地一家工厂化育苗中心。优质的种苗加上朱某丰富的生产经验,使朱某种植的番茄产量和质量不断提高,经济效益连年增长,也使他家提前过上了小康生活。可是,2009年“老革命遇到了新问题”:3月初日光温室定植的番茄苗生长停滞,缓苗期较往年延长了7天左右,而且植株生长不旺盛,生育期滞后,果实上市期较往年推迟了近10天,每666.7 m^2 较往年减少收入1 200元。朱某百思不得其解:和往年相比,种苗来自同一家工厂化育苗中心,番茄品种、日光温室、栽培技术也没有不同,为啥今年幼苗定植后缓苗期延长了7天,以致收入减少?

原因出在哪儿?通过分析,发现问题原来出在种苗上。虽然朱某一直从同一个工厂化育苗中心购买同一品种的番茄种苗,但2009年该育苗中心在种苗生产过程中出了问题:在幼苗生长前期由于育苗中心工作人员管理不当,致使育苗温室白天温度连续数天维持在32 ℃左右。工厂化育苗较传统育苗方式有很多优点,最大的优点就是保证了幼苗生长发育所需要的温度和湿度。番茄幼苗期白天生长适宜温度为20~25 ℃,夜间为10~15 ℃。当温度降至10 ℃时,植株停止生长,长时间5 ℃以下的低温能引起低温危害。温度上升到30 ℃时,同化作用显著降低,升高至35 ℃以上时,生殖生长受到干扰与破坏。另外,加上高湿条件,导致幼苗发生了徒长。当育苗中心技术人员发现了这个问题后,为了保证幼苗质量,给幼苗大量喷施了“矮壮素”,同时调整温室的温度和湿度,有效地控制了幼苗的徒长现象,因为合理使用“矮壮素”可以抑制植株细胞伸长,使叶色变绿,植株变矮变粗。到幼苗出厂出售时,从形态上已经基本看不出来有什么异常。但过量喷施“矮壮素”,会导致幼苗生长停滞,生长发育期延迟。这就是导致朱某日光温室春季番茄栽培收入减少的原因。

任务11 了解无土栽培技术

任务目标

知识目标：了解无土栽培的概念和常用栽培模式，掌握营养液知识。

能力目标：掌握无土栽培营养液的配制方法。

11.1 基础知识要点

11.1.1 无土栽培的概念

无土栽培是指不用天然土壤，而用炉渣、蛭石、珍珠岩等作为栽培基质，浇灌含有植物生长发育所必需的营养元素的营养液，是植物能够正常完成生命周期的栽培方式。简单地讲，无土栽培就是用基质代替土壤，用营养液代替肥料的栽培方式。

11.1.2 无土栽培的特点

1)无土栽培的优点

无土栽培是现代设施农业最先进的栽培技术，从栽培设施到环境控制都能做到根据作物生长发育的需要进行监测和调控，因此，无土栽培具有一般传统土壤栽培所无法比拟的优越性。与传统的土壤栽培相比，无土栽培具有以下优点：

①克服了连作障碍。无土栽培由于不使用天然土壤，因此，在设施园艺土壤栽培中容易出现的连作障碍自然就不存在了。

②早熟高产。无土栽培作物生长环境条件和养分供应实现了自动调控，作物生长发育条件优越，因此可以促进作物早熟并大幅提高产量，如番茄无土栽培可提早成熟 8 d 左右，产量提高近 1 倍。

③降低了劳动强度，省工省力。无土栽培不需要进行整地、施肥、中耕除草等土壤耕作，同时，不需要喷洒除草剂，农药使用量大大降低，营养液供应实现了自动控制，改善了劳动条件，降低了劳动强度，节省劳力 50% 以上。

④无土栽培不受地区、土壤等条件的限制，可以在不能进行土壤栽培的沙漠、岛屿、盐渍化土地、荒山和土壤严重污染的地方应用，同时，还可以在楼顶、阳台、屋面、走廊、墙壁上无土栽培观赏植物和蔬菜，不仅能增加收入，还可以美化环境、陶冶情操、增添生活乐趣。

⑤节水节肥。由于无土栽培是在人工控制条件下，通过营养液的科学管理来确保水分和养分的供应，从而大大减少了传统土壤栽培中水肥的渗漏、流失、挥发与蒸腾，因此，无土栽培比传统土壤栽培节省水肥 50% ~70% 。

⑥提高了园艺产品的质量。由于无土栽培使用营养液浇灌，病虫害少，降低了农药的使用量，同时，无土栽培使用清洁水源，避免了土壤栽培条件下污水、废水等对园艺产品的污染，提高了产品质量。

2)无土栽培的缺点

一是一次性投资较大,无土栽培不能在露地进行,而且不论采用哪种方式进行无土栽培,都需要栽培设施,因此,一次性投资大;二是无土栽培技术水平要求较高,无土栽培的环境调控、营养液配制、防治病害侵染等技术需要一定的知识水平才能掌握,因此,在一定程度上限制了无土栽培的发展;三是无土栽培设施运行成本较高,如基质用量多、设施耗电量大等。

11.1.3 无土栽培的分类

无土栽培从初期的实验研究到实践应用已有100余年的历史,无土栽培技术也日趋成熟,但无土栽培的分类尚无一个科学而详细的统一方法。目前,实践中普遍使用的分类方法是:依据栽培中是否使用基质将无土栽培分为基质栽培和无基质栽培两种。

1)基质栽培

基质栽培是指利用固体基质固定植物根系,根系从基质中吸收植物生长发育所需要的水分、养分和氧气。基质栽培又分为有机基质栽培和无机基质栽培两大类。

(1)有机基质栽培

有机基质栽培是指利用菇渣、玉米秸秆、麦草秸秆、芦苇末、树皮、草炭、锯末、稻壳、椰壳等有机物经过发酵腐熟、消毒后作为基质进行无土栽培的方法。

(2)无机基质栽培

无机基质栽培是指利用具有良好的化学稳定性并且疏松透气的沙子、陶粒、炉渣、蛭石、珍珠岩、岩棉等无机物作为基质进行无土栽培的方法。工厂化育苗多用珍珠岩和蛭石作为基质,设施生产栽培多用岩棉、沙子、炉渣作为基质。

2)无基质栽培

无基质栽培是指幼苗定植后不再用固体基质来固定作物根系,根系直接生长在营养液或含有营养液的潮湿环境中的栽培方法。无基质栽培分为水培和雾培两种类型。

(1)水培

水培是指作物幼苗定植后根系直接生长在营养液中的栽培方法。水培又可根据营养液液层的深浅不同分为营养液膜法(1~2 cm的浅层流动营养液)、深液流水培法(液层深度5~10 cm)和浮板毛管水培法3种方法。

(2)雾培

雾培又称气培,是喷雾栽培的简称。雾培是指不用固体基质而将作物根系悬挂于容器中,将营养液用喷雾的方法喷到植物根系上的无土栽培方法。通常在泡沫塑料板上打孔,栽入植物,茎和叶露在板孔上面,根系悬挂在泡沫板孔的下方,每隔2~3 min向根系喷营养液几秒钟。

11.1.4 无土栽培的几种类型

我国的无土栽培始于1941年,研发成功于20世纪70年代,20世纪90年代进入推广生产阶段,无土栽培面积由1996年的100 hm^2 发展到2000年的200 hm^2 以上。在整个发展过程中,我国无土栽培主要采用以下6种方法:

1)营养液膜栽培法

英文简称NFT,是无土栽培中的一种简易栽培方式,作物根系直接浸泡在营养液中,营养液深度1 cm左右,营养液循环利用。栽培设施主要由栽培床、营养液池、供液泵、管道和定时器组成。此法栽培的缺点是:营养液供应易受停电的影响。

2)深液流栽培法

是指植株根系生长在较为深厚并且是流动的营养液层的一种水培技术,英文简称DFT。要求营养液深度5~10 cm,通过营养液循环流动提高营养液溶解含氧量,满足根系呼吸需要的一种水培技术。栽培设施主要由栽培床、营养液池、供液泵、营养液自动循环系统和控制系统组成(图11.1)。此法栽培的缺点是作物根系氧气供应不足。

图11.1 深液流栽培

3)管道栽培

利用直径75~110 mm的PVC或PE管材制成立体多层“栽培管”(图11.2)或“栽培墙”,新式管道采用高密度泡沫材料制成(图11.3)。栽培设施由栽培管道、定植钵、支撑架、循环控制系统4部分组成。结合营养液自动循环系统,实现蔬菜的省力化栽培。该系统布局灵活,可根据不同作物的株行距布置管道空间,也可根据温室面积大小和空间高低来调整管道的长短距离,最大限度地提高温室空间(空间利用率可提高3~5倍)和光照利用率,产量大幅提高。

图11.2　PVC材料管道立体栽培

图11.3　泡沫材料管道立体栽培

4)箱(桶)式基质栽培

是指用泡沫箱(长30~40 cm、宽20 cm、深15~20 cm)或塑料桶作为栽培床,实行箱式单株或双株(图11.4)、桶式单株或双株基质栽培(图11.5)方式。营养液的供

图11.4　箱式基质栽培

图11.5　桶式基质栽培

给方式是:在栽培箱(桶)之间布设滴灌软管,营养液由水泵从储液池(罐)中提出,通过干管、支管及滴灌软管采用发丝滴灌到作物根际附近。此栽培模式实现了单箱营养液均匀供给,避免了植株间根系病虫害的传播,可以根据品种和植株大小随时调节距,有利于基质配制、消毒和换茬。

5)基质袋培

基质袋培是指将基质装入特制的塑料袋中,在塑料袋上打孔,把作物栽于孔中并以滴灌的方式给营养液的栽培方式(图11.6)。塑料袋一般选用不透光耐老化的桶装薄膜袋,厚度0.15~0.2 mm,直径30~35 mm,袋内装入基质。袋培分地面袋培和立体袋培2种方式,地面袋培又分为筒式栽培和卧式栽培2种。筒式栽培是把基质装入直径30~35 cm、高35 cm的塑料袋内,栽植一株体型较大的作物。卧式栽培又叫枕头式栽培,是在长70 cm、直径30~35 cm的塑料袋内装入基质,在栽培袋上开两个定植孔栽植两株作物。

图11.6　基质袋栽

6)岩棉培

岩棉培是用岩棉做基质的无土栽培,是将作物种植于一定体积的岩棉块中,作物根系在岩棉块中吸取水分和养分,并进行气体交换的栽培模式,简称岩棉培。农业用岩棉是由丹麦的格罗丹公司于1968年首先研发生产,用岩棉做基质栽培园艺作物是荷兰于1970年首获成功。目前,岩棉培已在世界各国广泛应用,其中以荷兰、英国、日本、以色列等国使用面积最大,我国岩棉培技术也在不断地发展和完善。目前世界上90%以上的无土栽培用岩棉作为基质,岩棉培设施安装简单,管理方便,容易实现大规模自动化生产,是无土栽培的一个重要发展方向。

(1)岩棉垫

其基本模式是将岩棉切成长70～100 cm、宽15～30 cm、高7～10 cm的定型块状,用塑料薄膜包住成一枕头袋状,称为岩棉种植垫,一般作定植用。定植时,将岩棉垫上面的薄膜割开2个8～10 cm见方的定植孔,然后将种有幼苗的小型岩棉块放到定植孔内,插上滴灌滴入营养液,幼苗即可扎根到岩棉垫吸收水分和养分(图11.7)。若将许多岩棉种植垫集合在一起,配备滴灌、排水等装置,组成岩棉种植畦,即可进行大规模岩棉无土栽培生产。

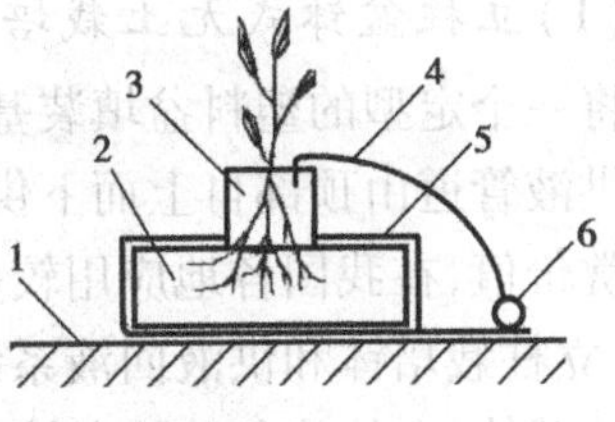

图11.7 岩棉垫

1—畦面塑料薄膜;2—岩面种植垫;3—育苗块;4—滴灌管;5—黑白塑料薄膜;6—供液管

(2)岩棉培的种类

根据岩棉栽培设施中营养液的利用方式不同,将岩棉栽培分为开放式岩棉培和循环式岩棉培两大类。

①开放式岩棉培。是指提供给作物生长发育的营养液不循环利用,多余的营养液从岩棉基质内流出,排到栽培系统之外而不重复利用的无土栽培技术。其特点是:结构简单,施工容易,造价低,管理方便,栽培过程中可以减少因营养液的循环而导致的病害传播蔓延。其缺点是:营养液用量大,且排出的营养液对环境造成污染。开放式岩棉培一般采用滴灌系统供液,即通过滴头以小水滴的方式慢速地(一个滴头每小时滴水量控制在2～8 L)向作物供给营养液的灌溉方法。该系统包括液源、过滤器及其控制部件、各级供液管道、滴头管等。

②循环式岩棉培。是指从岩棉基质内流出的多余营养液通过回流管道流入集液池中,再循环利用的无土栽培技术。其优点是:营养液利用率高,不会造成环境污染。其缺点是:设施结构较开放式复杂,建设造价高,运行费用大,而且营养液循环利用容易传播病害。循环式岩棉培用24 h内间歇法供应营养液,即在岩棉种植垫已处于吸足营养液的状况下,以每株每小时滴灌2 L营养液的速度滴液,滴够1 h停止滴液,待滴入的液都返回集液池,并抽上供液池后,又重新滴液,自动控制运行时间。

7)无土立体栽培

无土立体栽培又叫垂直栽培,是指在不影响平面栽培的条件下,通过竖立起来的柱形栽培向空间发展,充分利用温室空间和太阳能的无土栽培方式。立体无土栽培可提高土地利用率3～5倍,单位面积产量提高2～3倍,一般用来栽培生菜、草莓、凤仙花等矮秧作物,要求作物向上生长的高度一般不宜超过45 cm,常用的栽培方式有:

立柱盆钵栽培、柱状栽培、吊袋式栽培和斜插式墙面立体栽培等。

(1)立柱盆钵式无土栽培

将一个定型的塑料盆填装基质直接上下叠放,栽培孔交错排列,保证作物均匀受光。供液管道由顶部自上而下供液。立柱式盆钵无土栽培投资少、效益高,且有一定的观赏价值,在我国各地应用较多,立柱式无土栽培设施由营养液池、供液系统、栽培立柱、立柱栽培钵和供液回液系统等几部分组成。栽培立柱是用来支撑和固定栽培盆钵的载体,立柱将各栽培盆钵穿成一柱状体,立柱由底座(水泥墩)和镀锌铁管两部分组成。水泥墩(15 cm × 15 cm)用以固定立柱铁管,立柱铁管直径 25 ~ 30 mm,长 2 m左右。栽培钵是立柱上栽植作物的装置,形状为中空、5 个或 6 个瓣体的塑料钵,高 20 cm、直径 20 cm、瓣间距 10 cm,钵中装入炉渣或粒状岩棉等单一或复合基质。瓣处定植 5 ~ 6 株作物,根据温室的高度将 8 ~ 9 个栽培钵组成一个栽培柱(图 11.8)。

图 11.8 立柱盆钵式无土栽培

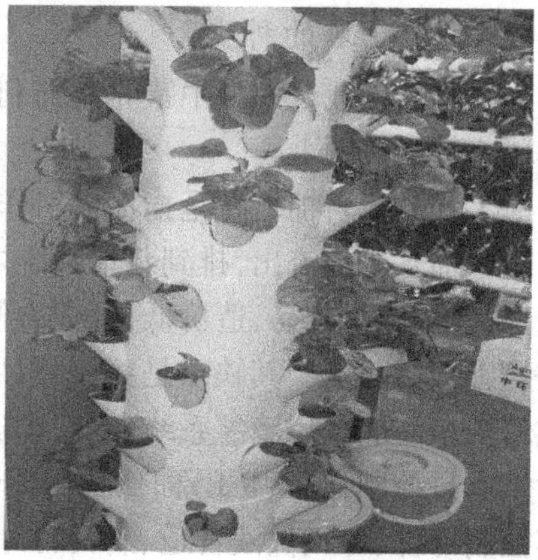

图 11.9 柱状栽培

(2)柱状栽培

栽培柱采用石棉水泥管或硬质塑料管,在管的四周按螺旋位置开孔将植株种植在孔中的基质中,也可采用专用的无土栽培柱,栽培柱由若干个短的模型管构成,每一个模型管上有几个突出的杯状物或管状物,用以种植植物(图 11.9)。采用底部自下而上或从上部滴灌供液,一般营养液不循环利用。柱状栽培是立体无土栽培常用栽培方式之一。

(3)吊袋式无土栽培

吊袋式无土栽培是柱状栽培的简化。这种装置除了用聚乙烯袋代替硬管外,其他都相同。栽培袋采用直径 15 cm、厚 0.15 mm 的聚乙烯筒膜,长度一般为 2 m,底端结紧以防基质落下,从上端装入基质成为香肠的形状。上端结扎,然后悬挂在温室中,袋子的周围开一些2.5~5 cm的孔,用以种植作物(图11.10)。栽培袋在行内彼此间的距离约为80 cm,行间距离为1.2 m。水和养分的供应是用安装在每一个袋顶部的滴灌系统进行的,营养液从顶部灌入,通过整个栽培袋向下渗透。营养液不循环利用,从顶端渗透到袋的底部,即从排水孔中排出。每月要用清水洗盐1次,以清除可能集结的盐分。

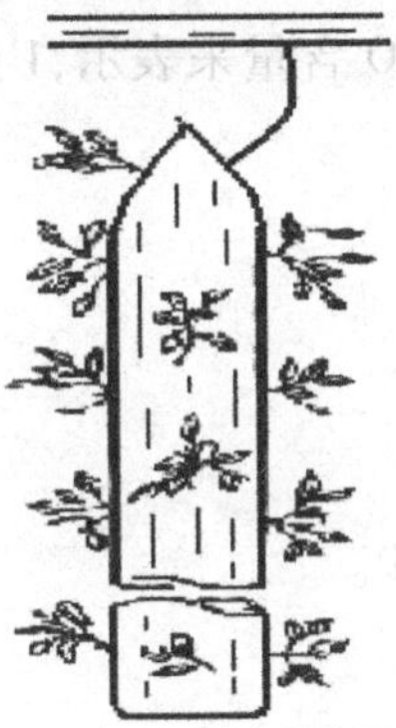

图11.10　吊袋栽培

图11.11　斜插式墙面立体栽培

8)斜插式墙面立体栽培

斜插式墙面立体栽培是我国在世界上首创的无土栽培模式。将PVC或PE管材斜插在泡沫材料的墙面上,形成一个个栽培穴,在栽培穴内种植作物(图11.11)。此模式结合营养液自动循环系统可实现作物在墙面、垂直表面与斜面空间的立体栽培。此栽培模式具有组装方便、保温隔热性好、栽培操作方便的优点,可生产矮生蔬菜和花卉植物,提高了温室空间和光照利用率。

11.1.5　无土栽培的营养液

根据植物生长发育对养分的要求,把含有各种营养元素的化合物(或者肥料)按一定的数量和比例溶解于水中所配制形成的溶液叫无土栽培营养液。无土栽培是否能取得成功,在很大程度上取决于营养液的组成和浓度是否适应作物生长发育对营养的要求。因此,营养液是无土栽培技术的核心,了解营养液的有关知识非常必要。

1)营养液的组成

植物生长发育必需的营养元素有碳、氢、氧、氮、磷、钾、钙、镁、硫、铁、铜、锰、锌、硼、氯、钼共16种元素。其中,大量元素有碳、氢、氧、氮、磷、钾,微量元素有钙、镁、硫、铁、铜、锰、锌、硼、氯、钼。碳主要由空气供给,氢、氧由水与空气供给,其余13种由植物根系从土壤溶液中吸收。因此,无土栽培营养液必须含有以上植物生长发育所必需的营养元素。无土栽培营养液的主要原料有水、营养物质和络合物。

(1)水

无土栽培的水源一般采用自来水和井水,也可采用洁净的雨水和水库水,无论采用哪一种水源,水质均要符合下面的指标:

①硬度。硬度小于15度。水的硬度统一采用单位体积内 CaO 含量来表示,1度相当于10 mgCaO/L。

②酸碱度。pH 值5.5~8.5均可使用。

③悬浮物。悬浮物≤10 mg/L。

④氯化钠含量。氯化钠≤100 mg/L。

⑤溶解氧。无严格要求,使用前溶解氧≥3 mg/L。

⑥氯。主要是自来水消毒室残留于水中的余氯,余氯≤0.01%。

(2)营养物质

无土栽培营养液中的营养物质有含氮、含磷、含钾营养物质和微量元素。

①含氮营养物质。营养液中的氮素来源主要有硝酸钙(含氮11.9%,含钙17.0%),硝酸铵(含氮34%~35%),硝酸钾(含氮13.9%),硫酸铵(含氮20%~21%)和尿素(含氮46%)等。

②含磷营养物质。营养液中的磷素来源主要有过磷酸钙(有效磷含量为14%~20%),磷酸二氢钾(含磷52%,含钾34%),磷酸二氢铵(纯品含磷61.7%,含氮11%~13%),磷酸一氢铵(纯品含磷53.7%,含氮21%)等。

③含钾营养物质。营养液中的钾元素来源主要有硫酸钾(纯品含钾50%~52%,含硫18%)和氯化钾(纯品含钾50%~60%,含氯47%)。

④微量元素肥料。无土栽培营养液中的微量元素主要来源于硫酸镁(含镁9.86%,含硫13%),氯化钙(含钙36%,含氯4%),硫酸钙(含钙23.28%,含硫18.62%),硫酸亚铁(含铁19%~20%,含硫11.5%),三氯化铁(含铁20.66%,含氯65.5%),硼酸(含硼17.5%),硼砂(含硼11.34%),硫酸锰(含锰24.63%),硫酸锌(含锌22.74%),氯化锌(含锌37.45%),硫酸铜(含铜25.45%)和氯化铜(含铜37.28%)。

(3)络合剂

络合剂又叫螯合剂,具有成络和成盐作用的环状化合物叫作络合物。无土栽培营养液中的铁源易发生沉淀或氧化失效的现象。为了解决这一问题,常将二价铁离子与络合剂形成稳定性较好的螯合铁使用于营养液中。螯合铁作为营养液的铁源不易被其他阳离子所代替,不易产生沉淀。常用的络合剂有乙二胺四乙酸(EDTA)、二乙酸三胺五乙酸(DTPA)、1,2-环已二胺四乙酸(CDTA)、邻羟苯基乙酸(EDDHA)和羟乙基乙二胺三乙酸(HEEDTA)5 种。这 5 种络合物都可以与铁盐形成螯合铁,无土栽培中常用的螯合铁是乙二胺四乙酸二钠铁(EDTA-2NaFe)。

2)营养液的配方

在一定体积的营养液中,规定含有各种必需营养元素盐类的数量叫作营养液配方。在设施园艺无土栽培发展过程中,根据不同植物生长发育的要求,到目前为止,专家学者已研制出了 200 多种营养液配方,被广泛应用于园艺作物无土栽培生产实践中。无论哪一种营养液配方,营养液浓度和酸碱度都是重要指标。

(1)营养液的浓度

常用无土栽培营养液浓度的表示方法有直接表示法和间接表示法两种。

①直接表示法。在一定重量或体积的营养液中,用所含有的营养元素或化合物的量来表示营养液浓度的方法统称为直接表示法。在无土栽培的营养液配制中,最常用的是用一定体积的营养液含有营养元素或化合物的数量来表示其浓度。有化合物重量/升、元素重量/升和摩尔/升 3 种表示方法。化合物重量/升表示法用每升营养液中含有某种化合物重量的多少来表示,常用克/升(g/L)或毫克/升(mg/L)来表示。例如,一个配方中磷酸二氢钾的浓度为 136 mg/L,即表示每升营养液含有磷酸二氢钾 136 mg。在配制营养液的具体操作时,常用此浓度表示法来进行化合物称量,因此,这种营养液浓度的表示法又叫工作浓度或操作浓度。元素重量/升是指在每升营养液中某种营养元素重量的多少,常用克/升(g/L)或毫克/升(mg/L)来表示。这种方法在营养液配制时不能够直接应用,因为实际称量时不能够称取某种元素,所以,要把单位体积中某种营养元素含量换算成为某种营养化合物才能称量。常用来作为不同的营养液配方之间浓度的比较。摩尔/升指在每升营养液中某种物质的摩尔数(mol)。在配制营养液的操作过程中,不能够以毫摩尔/升来称量,需要经过换算成重量/升后才能称量配制。

②间接表示法。常用电导率和渗透压表示。营养液中含有大量的无机盐类,这些无机盐类多为强电解质,因此,营养液具有导电作用,导电能力的大小可以用导电率来表示。在一定的浓度范围之内,营养液的电导率随着浓度的提高而增加;反之,营养液的电导率随着营养液浓度的降低而降低。因此,通过测定营养液中的电导率可以反映其盐类含量,也可以反映营养液的浓度。

(2)营养液的酸碱度

营养液的酸碱度常用 pH 值来表示。营养液的 pH 值对无土栽培作物的生长发育有 2 种影响:一是 pH 值过高或过低都会伤害作物的根系。二是 pH 值还影响营养液中营养元素的有效性,如 pH 值大于 7 时会降低磷、钙、镁、铁、硼等元素的有效性。一般营养液的 pH 值在 5.5 ~ 6.5 较为合适。

3)营养液的种类

营养液的种类有原液、母液和稀释液。

(1)原液

原液是指按配方配制成的一个剂量标准液。

(2)母液

母液又称浓缩液,是为了储存和方便使用而把原液浓缩一定倍数的营养液。浓缩倍数是根据营养液配方规定的用量、各盐类在水中的溶解度及储存需要配制的,以不致过饱和而析出为准。其倍数以配成整数值为好,方便操作。

(3)稀释液

稀释液又称栽培液或工作液,是将母液按各种作物生长需要加水稀释后的营养液,稀释的目的就是为了栽培。

4)营养液的配制

营养液的配制分母液和工作液的配制,生产上一般用母液稀释成工作液,有时根据实际需要也可以直接配制工作液。

(1)母液的配制

母液的配制程序是:计算—称量—溶解—分装—保存。

①计算。按照要配制的母液的体积和浓缩倍数计算出配方中各种营养物质的用量。

②称量。分别称取各种营养物质(肥料),精确到 ±0.1 以内。将称好的营养物质放到干净的容器中,在称取各种盐类营养物质时要稳、准、快。

③营养物质溶解。将称好的各种营养物质摆放整齐,最后一次核对无误后,再分别溶解,注意溶解要彻底,一边加营养物质一边搅拌,直至盐类完全溶解。

④配制。将溶解好的营养物质配成 A,B,C 3 种母液,分别用 3 个储液罐盛装。A 母液以钙盐为中心,凡不与钙盐产生沉淀的化合物均可放在一起溶解;B 母液以磷酸盐为中心,凡不与磷酸盐产生沉淀的化合物或放在一起溶解;C 母液为微量元素母液,由螯合铁和几个微量元素一起配制而成。A,B,C 3 种母液均按浓缩倍数的要求加清水至需配制的体积,搅拌均匀后即可。一般比植物能直接吸收的均衡营养液高出 100 ~ 200 倍,微量元素浓缩液可浓缩至 1 000 倍。

⑤保存。浓缩液存放时间较长时,应将其酸化,以防沉淀的产生。一般可用 HNO_3 酸化至 pH 值 3 ~4,并存放塑料容器中,于阴凉避光处保存。

(2)栽培液的配制

方法 1:母液稀释法。具体步骤为:

①根据实际需要的栽培液的体积算出 A,B,C 这 3 种母液需要移取的液量。

计算方法是:母液的移取量(ml) = 栽培液的体积(ml)/母液倍数,并根据配方要求调整水的 pH 值。

②在栽培液储存罐内注入所配制栽培液总体积 40% ~70% 的清水。

③量取所需 A 母液倒入其中,开启水泵循环 =30 min 或搅拌使其扩散均匀。

④量取所需 C 母液用较大量清水稀释后,分别在储液罐的不同部位倒入,并开启水泵循环或搅拌均匀,此过程加入的水量以达到总液量的 80% 为宜。

⑤量取所需 B 母液,按照 C 母液的方法加入储液池,经水泵循环流动或搅拌均匀调节至适当的浓度即可。此过程加入的水量以达到总液量的 100%。

⑥用酸度计和电导率仪分别检测营养液的 pH 值和 EC 值,如果测定结果不符配方和作物要求,应及时调整。pH 值可用稀酸溶液如硫酸、硝酸或稀碱溶液如氢氧化钾、氢氧化钠调整。调整完毕的营养液,在使用前先静置一些时候,然后在种植床上循环 5 ~10 min,再测试一次 pH 值,直至与要求相符。

⑦做好营养液配制的详细记录,以备查验。

方法 2:直接称量法。在大规模无土栽培中,因为需要栽培营养液的总量较大,如果配制母液后再经稀释来配制栽培液,势必要配制大量的母液,这将给实际操作带来很多的不便,所以,常采用称取各种营养物质来直接配制栽培液。其方法是:

①按配方和欲配制的营养液体积计算所需各种营养物质的用量。

②配制 C 母液。

③向储液罐中注入所需配置栽培液总体积 60% ~70% 的清水。

④称取配制 A 母液的各种营养物质,在容器中溶解后倒入储液罐中,开启搅拌机搅拌 30 min。

⑤称取配制 B 母液的各种化合物,在容器中溶解,并用大量清水稀释后,分别在储液罐的不同部位倒入,并开启水泵循环或搅拌均匀,此过程所加的水量达到总液量的 80%。

⑥取 C 母液并稀释后,按照第⑤步的方法倒入储液罐,开启水泵循环流动至营养液均匀为止。

⑦作好营养液配制的详细记录,以备查验。

11.2 实训内容

营养液的配制

1)实训目标

掌握工作液直接称量法的配制方法。

2)实训材料

硫酸铵、硫酸镁、硝酸铵、硝酸钙、氯化钠、磷酸二氢钾;硫酸铁、硼酸、硫酸锰、硫酸锌、硫酸铜。

3)实训用具

储液罐、塑料容器、搅拌机、天平(1/1 000)、电导率仪、pH 计。

4)营养液配置

以此营养液配方为例:硫酸铵 185 mg、硫酸镁 620 mg、硝酸铵 750 mg、硝酸钙 330 mg、氯化钠 90 mg、磷酸二氢钾 100 mg;硫酸铁 110 mg、硼酸 0.5 mg、硫酸锰 0.6 mg、硫酸锌 0.5 mg、硫酸铜 0.6 mg(化学药品为每升水中的用量)。按此配方配制 100 L 番茄工作液。

(1)配制方法

第一步:计算配制 100 L 工作液所需各营养物质的数量。

第二步:用天平准确称取计算出的各种营养物质,放在干净容器中待用。

第三步:在储液罐中加入 60 L 清水(配制总体积 100 L 的 60% ~70%),并检测水的 pH 值。

第四步:用清水在塑料容器中溶解硫酸铁,硼酸、硫酸锰、硫酸锌、硫酸铜待用(C 母液)。

第五步:将硝酸钙、氯化钠(A 母液的各种营养物质)在塑料容器中用清水充分溶解后倒入储液罐中,开启搅拌机搅拌 30 min。

第六步:将磷酸二氢钾、硝酸铵、硫酸铵,硫酸镁(B 母液的各种营养物质)在塑料容器中充分溶解,并加入清水稀释。然后从不同部位倒入储液罐中,开启搅拌机搅拌均匀,加入清水至 80 L(总液量 100 L 的 80%)。

第七步:取配好的 C 母液稀释后,按照第六步的方法倒入储液罐,开启搅拌机搅拌至营养液均匀为止。

第八步:测定并调整配置营养液的 pH 值至适宜范围,同时测定营养液的导电率(EC 值)。在调整 pH 值时,应先把强酸、强碱加水稀释(营养液偏碱时多用磷酸或硫酸来中和,偏酸时用氢氧化钠来中和),然后逐滴加入到营养液中,同时不断用 pH 试纸测定,调整到需要的 pH 值为止。

第九步:作好营养液配制的详细记录,以备查验。

营养物质用量记录表

营养物质名称	硫酸铵	硫酸镁	硝酸铵	硝酸钙	氯化钠	磷酸二氢钾	硫酸铁	硼酸	硫酸锰	硫酸锌	硫酸铜
称取量(克)											

营养液配制记录表

配方名称		使用对象	
营养液体积		配制日期	
计算人		审核人	
配制人		水 pH 值	
EC 值		营养液 pH	

(2)配制注意事项

①营养物质的计算过程要精确,计算结果要反复核对,确保准确无误。

②称量前仔细阅读营养物质说明书,注意分子式、含量、纯度等指标,检查原料名实是否相符,准备好盛装储备液的容器,贴上不同颜色的标识。

③称取各种营养物质时要反复核对称取数量,确保所称取的营养物质的名称和实物相符,切忌张冠李戴。

④各种营养物质分别称好后,一起并排放到规定的位置上,最后核查无遗漏,才能动手配制。

⑤原料加水溶解时,有些试剂溶解太慢,可以用 50 ℃的热水溶解;有些试剂如硝酸铵,不能用铁质的容器,要用塑料器具取用。

⑥在溶解营养物质的时候一定要按照 A 母液、B 母液、C 母液的要求分别溶解营养物质,以防产生盐类沉淀。

5)思考题

①配制营养液时要注意什么?

②调整营养液 pH 值时要注意什么?

③溶解各种营养物质时,如何才能不产生盐类沉淀?

11.3 实践应用

无土栽培的应用范围

无土栽培具有诸多优点,但是无土栽培不能代替天然土壤栽培,它的应用受地理位置、经济条件和技术水平等多种因素的限制,因此,目前无土栽培只能是土壤栽培的一种补充,还不能大面积推广应用。但无土栽培是一种现代化的农业生产技术,它代表着农业生产今后的一种发展方向。目前,无土栽培技术在农业生产实践中适宜的应用范围是:

1)适应于经济发达地区

规模出效益,经济发达地区具有雄厚的资金基础,可以修建大量的无土栽培设施,可以形成规模化生产,生产高档次、高质量的绿色园艺产品,产生规模效益。

2)适应于不宜土壤栽培的地区

如沙漠、荒山、岛屿、盐渍化地区不具备土壤生产条件,可以应用无土栽培技术进行蔬菜、花卉等园艺作物的生产。如我国于2003年投资兴建的西藏现代农业示范园区,根据西藏特殊的地理位置及气候条件,自主设计出适合于西藏山区、盐碱地等地区蔬菜实用型无土栽培模式,生产出了芹菜、辣椒、黄瓜等蔬菜,填补了西藏蔬菜无土栽培的空白,成为西藏现代农业产业化发展的展示舞台和技术推广平台。

3)科研院所的研究工具

无土栽培在大专院校、科研院所作为一种研究工具被广泛应用。如利用无土栽培研究植物环境条件对植物生长发育的影响、研究植物营养规律等。

4)应用于家庭栽培

利用家庭中的阳台、天台进行西红柿、黄瓜、苦瓜、草莓、樱桃萝、生菜、芹菜、香菜、小白菜、小油菜、空心菜等蔬菜无土栽培,也可以利用水培技术进行家庭养花,操作简单,修身养性。

5)应用于航天事业

如美国肯尼迪宇宙航天中心,与有关大学订立合同,在宇宙飞船上用最科学的方法在最小的面积上生产出量多质优的食品,以支持人类在太空的长期生存。可以预见,航天农业作为无土栽培的一个领域将会得到进一步发展。

11.4 扩展知识链接

矿质元素的生理功能

1)氮素的生理功能

氮素在作物体内有3个方面的作用:氮素是作物体内蛋白质的主要成分,蛋白质中氮的含量为16%~18%,蛋白质是构成生命物质的主要形式,氮素是植物的生命基础。氮素供应充足蛋白质合成的多,原生质的构成就有充分的物质基础,细胞分裂快、增长迅速、植株高大、枝叶旺盛、根系发达,为作物高产奠定基础。氮素是叶绿素的重要组成部分,叶绿素是植物进行光合作用的场所,在叶片上,叶绿体起着吸收光能的作用,缺氮时作物叶片颜色变浅变淡,光合作用减弱,植株生长受到影响。氮素是作物体内酶的组成成分,这些酶可以促进作物的新陈代谢,因此,氮素间接影响作物体内的各种新陈代谢。

2)磷的生理功能

磷是作物体内核酸、核蛋白、磷脂以及多种含磷生物活性物质的组成元素。磷能够加强光合作用和碳水化合物合成与运转,能够促进氮和脂肪的代谢。磷元素营养充足还能够提高作物对干旱、寒冷和病虫害等不良环境的抗性。磷的正常供应,有利于细胞分裂、增殖,促进根系伸展和地上部的生长发育。缺磷时作物叶片变小,叶色呈暗绿或灰绿,缺乏光泽,植株矮小、瘦弱、根系不发达,成熟延迟,果实较小。

3)钾素的生理功能

钾是酶的活化剂,钾在细胞内可作为60多种酶的活化剂,因此,钾在碳水化合物代谢、呼吸作用以及蛋白质代谢中起重要作用。钾能促进蛋白质的合成,与糖的合成也有关,并能促进糖类向储藏器官运输。钾是构成细胞渗透势的重要成分,如能够影响作物气孔的开闭,调节二氧化碳渗入叶片和水分蒸腾的速率。钾素有提高作物的抗寒性、抗旱性、抗盐性和抗病虫害的能力。钾素集中分布在代谢最活跃的器官和组织中,如幼叶、嫩芽、生长点等部位,因此,钾缺乏时的症状首先出现在老的组织或器官中。作物缺钾时植物抗性下降,叶色变黄、叶缘枯焦。

4)钙的生理功能

钙是作物体内含量较高的一种矿质元素,也是作物体内细胞壁的结构成分。钙是细胞分裂所必需的元素,缺钙时由于细胞不能分裂而造成生长点死亡。钙还能维持细胞膜系统的稳定性,增强根系对养分选择性吸收的能力。作物体内钙的移动性很小,难以再利用,因此,作物缺钙症状首先出现在幼叶、嫩芽、根尖等生长旺盛的部位。

5)镁的生理功能

镁是叶绿素的组成成分,缺镁时作物合成叶绿素受阻;镁是糖的代谢过程中多种酶类的活化剂,它可以活化几十种酶类,促进作物体内的多种代谢过程。镁还可以参与脂肪代谢,参与蛋白质和核酸的合成。作物缺镁时表现为叶肉失绿,从老叶向幼叶发展,最终扩展至全株。

6)硫的生理功能

硫是蛋白质和酶的组成元素,蛋白质中一般含硫量为0.3%~2.2%,在蛋白质中有3种氨基酸含硫,缺硫时蛋白质合成受阻。硫参与多种酶类和生物活性物质的组成,也参与作物体内的氧化还原过程。硫能提高豆科作物的固氮效率。硫对叶绿素的形成有一定影响。植物体内硫的移动性很小,难以再利用,因此,缺硫时的症状首先表现在幼叶上,其外观症状与缺氮相似,叶片呈现淡绿色或黄色,一般是幼芽先变黄,心叶失绿黄化,植株黄化均匀,茎细弱,根细长而不分枝,开花结实推迟,果实减少。

7)铁的生理功能

铁虽然不是叶绿素的组成成分,但它影响叶绿素的合成。铁参与作物体内的氧化还原反应,使氧化还原能力大幅提高。铁是某些与呼吸作用有关酶的成分,可以促进细胞的呼吸作用。铁是磷酸蔗糖合成酶最好的活化剂,缺铁会导致体内蔗糖形成减少。

8)锰的生理功能

锰能直接影响作物体内的氧化还原过程。锰与叶绿体的形成有关。锰作为羟胺还原酶的组成成分,参与硝酸还原过程,对作物氮的代谢有较大影响。锰还影响作物组织中生长素的代谢,能活化吲哚乙酸(IAA)氧化酶,促进IAA的氧化和分解。因此,锰能促进种子萌发和幼苗早期生长。锰在作物体内的移动性较小,缺乏时首先在幼叶上表现出失绿的症状。

9)锌的生理功能

锌对作物繁殖器官的形成和发育具有重要作用。存在于植物体内的锌移动性很小,缺乏时往往在幼叶部位首先出现症状。

10)铜的生理功能

铜是共生固氮过程中某种酶的成分,因此,铜对作物共生固氮作用有影响。水培一般不易出现缺铜现象,基质栽培作物时较容易出现缺铜的现象,主要是由于铜与有机质形成难溶性的铜化合物沉淀所致。

11)钼的生理功能

钼是作物必需的营养元素中含量最少的。作物固氮酶中含有钼,其重要生理功能是参与根瘤菌的固氮作用,如钼营养缺乏,则固氮过程不能进行。钼是硝酸还原酶的组成成分,缺钼时作物体内的硝酸盐的还原过程会受到影响,蛋白质合成减少。

11.5　考证提示

了解无土栽培的特点,掌握无土栽培营养液的组成及配制技术。

任务后

考证练习题

1. 选择题

(1)深夜流技术的英文缩写为(　　)。

A. NFT　　B. DFT　　C. FCH　　D. FHT

(2)属于无土栽培的缺点是(　　)。

A. 一次性投资较大,运行成本较高

B. 技术要求较高

C. 会造成土壤的连作障碍

D. 管理不当易发生某些病害的迅速传播

(3)无土栽培的适合应用的范围是(　　)。

①用于高档园艺产品的生产

②在不适宜土壤耕作的地方应用

③在家庭园艺中应用

④在太空农业上的应用

A. ①②　　B. ①③　　C. ①②③　　D. ①②③④

(4)水培设施必须具备的基本条件(　　)。

①能装住营养液而不致漏掉

②使根系和营养液处于黑暗之中

③使根系获得足够的氧

A. ①②　　B. ①③　　C. ②③　　D. ①②③

2. 问答题

(1)什么是无土栽培?

(2)无土栽培有哪些类型? 各有何特点?

(3)营养液浓度表示方法有几种?

(4)A 母液、B 母液、C 母液分别代表什么?

任务 12　掌握主要花卉设施栽培技术

任务目标

知识目标：掌握花卉设施栽培的概念、区域生产状况及主要设施栽培类型、设施栽培花卉种类；掌握花卉生长发育与环境条件的关系；掌握设施栽培花卉的育苗方法与要求条件；掌握各种花卉对设施环境的要求及设施环境调控的方法、技术；掌握各种花卉设施栽培常规管理技术，为花卉的设施栽培打下基础。

能力目标：掌握主要花卉育苗技术；掌握花卉设施栽培环境调控技术；掌握设施切花和盆花的栽培技术。

12.1 基础知识要点

花卉设施栽培，是指在人工保护设施所形成的小气候条件下进行的栽培。它不受季节性和地域环境的限制，使花卉避开不利自然条件的影响而生长发育，延长或提前花卉的生长期和观赏期，是现代花卉栽培发展的方向。

我国花卉商品化生产起步于20世纪80年代初，90年代以后，花卉业开始出现快速发展的势头。目前，我国花卉生产的地域和专业格局已初步形成，如昆明已成为主要鲜切花生产基地，东北和西北地区成为球根类花卉生产与繁育基地，海南、深圳成为主要热带切花和观叶植物生产基地。地方特色非常鲜明，如天津的仙客来、洛阳的牡丹、吉林的君子兰、甘肃的大丽花等。特别是"99昆明世界花卉博览会"之后，各地着力打造地方品牌，一批具有较强实力的花卉企业开始出现，花卉的规模化和专业化生产开始形成。为保证花卉产品的质量，做到四季供应，提高市场竞争能力，设施栽培面积越来越大，尤其是现代温室环境工程的发展使花卉生产的专业化、集约化程度大大提高。花卉设施栽培已进入到一个现代化的发展过程，自动化的温室系统已逐步应用到花卉的生产中。由于设施栽培的推广、应用和发展，使花卉栽培技术和水平得到了较快的发展和提高，栽培区域不断扩大，栽培质量和效益不断提高。花卉设施栽培可大大提高产量和质量，设施栽培的产量要比露地常规栽培高出几倍，在设施内栽培可以实现周年生产、周年供应。设施生产花卉，环境条件优越，病虫害得到有效控制，产品质量高，其销售价格也高出露地栽培的2~3倍，甚至更多，单位面积的效益显著提高。设施栽培有利于提高劳动生产率，有利于新品种的引进和开发。

常见的花卉栽培设施有：现代温室（图12.1），内设环境调控设备，保温性能好，

图12.1　现代温室蝴蝶兰生产

图12.2　日光温室切花百合生产

造价较高;日光温室和塑料大棚(图12.2),能满足花卉安全越冬的需要,运行成本低,造价便宜。

可进行设施栽培的花卉按照其生物特性分为一、二年生花卉、宿根花卉、球根花卉、木本花卉等。按照观赏用途以及对环境条件的要求不同分为切花花卉、盆栽花卉、室内花卉、花坛花卉等。

设施盆栽花卉多为半耐寒和不耐寒性花卉。半耐寒性花卉在我国北方冬季栽培需要在温室中越冬,它具有一定的耐寒性,如金盏菊、紫罗兰、桂竹香等。不耐寒性花卉大多原产热带及亚热带,在生长期间要求高温,不能耐0 ℃以下的低温,这类花卉也叫作温室花卉,如一品红、蝴蝶兰、仙客来、大岩桐、马蹄莲等。

花坛花卉多数为一、二年生草本花卉,如三色堇、旱金莲、矮牵牛、五色苋、银边翠、万寿菊、金盏菊、雏菊、凤仙花、鸡冠花、羽衣甘蓝等。许多多年生宿根和球根花卉进行一年生栽培用于布置花坛,如四季秋海棠、芍药、一品红、美人蕉、大丽花、郁金香、风信子等。花坛花卉一般抗性和适应性强,进行设施栽培,可以人为控制花期。

12.1.1　月季设施栽培

月季为蔷薇科蔷薇属灌木花卉,是世界最主要的切花和盆花之一。在植物学上,月季、蔷薇和玫瑰是不同的种,由于都参与现代月季的改良和杂交,故在商品上一般不区分是月季、玫瑰或是蔷薇,习惯上称为月季或玫瑰。月季株高1~2.5 m,枝条呈直立型或半扩展型,花枝长,具有钩状皮刺,奇数羽状复叶互生,花蕾略带长尖形,花单生茎顶,微香或无香,花瓣多数重瓣型,初花时高心卷边,呈酒杯状。

1)设施选择

月季设施栽培目前主要以现代温室、塑料大棚和日光温室等切花促成栽培为主,有加温和不加温两种形式。

2)栽培原理

切花月季适应性强,耐寒、耐旱。性喜日光充足,一般的日照均能诱导花芽分化,但冬季低温和低照度条件下影响花芽分化,盲枝率增多,人工补光可提高花芽分化率。新芽萌发后,一般长至4~5 cm时开始花芽分化。最适宜的生育温度白天为20~27 ℃,夜间为10~15 ℃,冬季5 ℃左右也能缓慢地生长。在30 ℃以上高温与低湿环境中,病害严重。过于干燥、高温或气温低于5 ℃时,即进入休眠或半休眠状态。休眠的植株叶子脱落,不开花。月季要求空气流通,相对湿度在70%~75%的环境,以及排水良好,肥沃而疏松,pH值为5.6~6.5的土壤较为理想。

3)栽培技术要点

(1)品种选择

切花月季品种较多,但多数属于杂交茶香月季,少部分为丰花月季或聚花月季。用做设施切花生产的月季品种,要求抗性强,产量高,品质优异,且色泽鲜艳、纯正。我国切花月季的研究和栽培起步较晚,因而现在生产上用的品种多由国外引进,在实际应用中,应根据气候类型、市场需要、设施状况、资金情况和种植规模等客观因素,慎重选择品种,合理搭配花色比例,以取得最佳的经济效益。目前,我国应用的切花月季品种有上百个,同时还可以从国外直接进口新品种,选择的余地较大。一般内销生产,北方以红色品种为主,南方则适当增加淡雅颜色品种的比例。目前我国生产的切花月季主要品种有:

①红色系品种:萨曼沙、红衣主教、红成功。

②粉色系品种:外交家、索尼亚、贝拉米。

③黄色系品种:阿斯梅尔金、金微章、黄奖章、黄金时代。

④白色系品种:白成功、雅典娜、婚礼白。

市场上对不同花色的需求比例,一般为红色花、朱红花、粉红色花、黄色花和白色花,依次占40%,15%,15%,20%和10%,各色花的生产量一般参照市场需求情况确定。

(2)土壤准备

①土壤改良。切花月季最适于pH值为5.6~6.5的微酸性土壤。当pH值较高时,可以通过施用草炭、松针土来降低pH值;当pH值较低时,可以通过施用石灰来提高,施用石灰后,至少要等1周才能种植。在生长阶段,可以通过施肥来调节土壤的pH值。营养充足,排水透气良好的土壤是月季切花培育成功的关键,种植前要根据土壤质地和营养状况施用基肥,施用已发酵腐熟的有机肥能改良土壤,促进月季的生长。忌施新鲜的厩肥,避免烧苗和引发虫害。对过于黏重且富含腐殖质的土壤,不能施用厩肥,以防止土壤硬化,应施用草炭,细沙等来改良土壤。

在准备做畦的位置挖深30 cm左右、宽60~80 cm的沟,按每666.7 m^2(每亩)3 000 kg鸡粪或5 000 kg羊粪的肥量向沟中施肥(也可将上述肥料适当混合后使用),并将粪肥与土壤混匀,之后将沟填平。

②土壤消毒。如果温室未种植过月季,可以应用多菌灵、五氯硝基苯等杀菌剂和辛硫磷、甲基异硫磷等杀虫剂进行简单的土壤消毒。如果温室长期进行月季生产或者发现线虫或根瘤,就需要进行严格的土壤消毒。

A.化学消毒。通过向土壤中施用棉隆(二甲硫嗪)和安百亩(NCS)等化学药剂,利用毒气在土壤中的扩散来杀死土壤中的病原菌、害虫和杂草种子。为了使气体在土壤中充分扩散，消毒前进行土壤翻根，疏松土壤的结构，同时降低土壤的含水量，扩大土壤的空隙度。施药后要用塑料薄膜覆盖地面，保持地温在10 ℃以上，并达到药剂要求的消毒天数。消毒后要翻耕土壤，待残药排尽后再定植，以免造成药害。

B. 热力消毒。通过向土壤中喷洒热水、高温蒸气或在土壤中埋设热水管，使土壤温度达到60 ℃左右，从而杀死土壤中的病原菌、害虫和杂草种子。与化学消毒相比，热力消毒具有无农药污染、清洁卫生、土壤冷却后即能种植的优点，但是需要购置加热设备，而且能量消耗大、成本高，特别是大面积土地消毒时更困难。另外，热力消毒会造成土壤营养成分的改变。

(3)整地作畦

将改良和消毒后的土壤按畦面宽和步道宽各60～80 cm做畦，畦东西走向和南北走向均可。畦高30～40 cm，畦面要耕平，以便灌溉。滴灌要预先装好，如果要覆地膜也要预先铺好。

(4)定植

①种苗选择。月季种植有嫁接苗、扦插苗和组培苗3种，一般根据资金情况和环境条件选定。嫁接苗根系发达、生长旺盛、切花产量高、产花周期长(5～6年)，是栽培的理想选择，但是嫁接苗对修剪技术要求较高，而且价格较贵，同时还必须考虑砧木的适应性；扦插苗繁殖快、成本低、管理简单，生产上应用较多，但是扦插根系较弱，长势不如嫁接苗，产花周期短(4～5年)；组培苗生产繁琐，种苗供应较少，所以生产上应用较少。

②种植密度。种植密度因月季品种、种苗类型和环境条件而异，目的是保证切花的质量，减少病害的发生。

A. 两行式。畦宽60～70 cm，埂宽30 cm，每畦两行，温室中可采用行距35 cm，株距随品种特性可设20 cm、25 cm、30 cm几种。温室栽培时直立型品种密度可采用10株/m^2，扩张型品种密度6～8株/m^2。两行式通风较好，管理方便。

B. 三行式。畦宽80～85 cm，埂宽17.5 cm，每畦三行，温室中可采用行距30 cm，株距25～30 cm，相邻行植株交错种植。

C. 四行式。畦宽100～120 cm，埂宽25 cm，每畦4行，行距25 cm，相邻行交错种植，株距视品种而定，此种形式通道较宽，适合露地栽培。

③种苗定植。月季属于多年生植物，做切花生产一般可以维持3～5年，种植后不再移动，因此，首次的定植十分重要。定植时期根据苗木品种、栽培方式、生产计划有所不同。一般情况下，全年都可以定植，但以春季较好，在1—3月比较理想，初次栽培应尽可能提早种植。因为定植后幼苗迅速生长，植株进入采花期早，当年冬季切

花产量高,生产见效快。在相对较低温度下萌发的休眠芽种植时间可以从12月到2月;在较高温度下繁殖的冬季嫁接枝条定植时间可以从2月到4月中旬;老月季枝条比较适合12月和1月在温室种植。一栋温室尽可能栽种一个品种,以便管理和预防病害交叉感染。

(5)环境调控

①温度控制。月季生长适温为白天20~27 ℃,夜间10~15 ℃。较高的温度能增加切花的产量,同时会造成花枝长度短等而降低切花的品质。但是温度较低也不利于切花的生长。冬季生产为了提高夜温,节约能源,降低成本,可以将昼温提高到35 ℃。降温可以通过遮阴、通风、喷水、湿帘和地下管道通冷水等来实现。升温可以通过暖气、热风炉,增施有机肥,覆黑地膜等来实现。

②光照控制。月季为喜光植物,叶片的光饱和点为3.5万~5.0万lux,光补点为1.0万lux,充足的光照可提高切花的品质和产量。但温室栽培条件下,强光往往伴随着高温,所以必须进行遮阴。遮阴可以从4—5月份开始,随着天气转暖逐渐加强遮阴,9—10月份去除遮阴。按每平方米5.6 W用高压钠灯或日光灯补光,可明显提高切花的产量和品质。

③水分控制。月季是喜水作物,定植后浇水,应见干见湿,以促发新根,使根系迅速生长。浇水量取决于土壤的类型、气候条件和植株的生长状况,通常冬季1周浇1次,春秋季1周2次,夏季1周3次,以保持湿润。浇水最好早晨进行,灌溉系统最好采用膜下滴灌,这样既节约用水和人工,又能有效降低温室内空气的相对湿度。

④通风换气。温室种植月季,若通气不良会影响植株生长,夏天应尽可能地扩大温室的通风量,以降低温室内的温度,保证切花的品质。冬天为了保温,温室封闭较严,使温室内的空气变得很污浊,因此,需要通风来保持温室内的空气新鲜。通风的同时又要注意保持温室内的温度,所以,一般在白天气温升高后进行,以免影响室温,当温室内的空气相对湿度很高时,必须用加热或通风的方法来降低湿度。

⑤土肥管理。月季为喜肥植物,肥料对于月季的产量和质量至关重要。一般每666.7 m^2每年施用纯氮40~50 kg,纯磷25~40 kg,纯钾25~40 kg。可以采用尿素、硝酸钾、磷酸二氢钾、磷酸二铵和硫酸镁等肥料调配使用。若供应肥料少于低限,就会出现缺素症。

(6)植株调整

月季植株产花有效生命周期一般为5~6年,其间要经过幼苗期、产花期和衰败期3个时期,因此,根据不同时期的植株特征和栽培要求,确定适宜的修剪原则和方法,以期达到养状植株、培养株型、更新主枝和决定花期的目的。

①立支架。因月季植株较大,且栽植较高,为了防止倒伏以及月季的直立生长,

定植后在植株长到一定高度时要立支架。立志架一般在畦的两端立铁架，高度为80 cm左右，顺畦方向拉铁丝，两端固定于铁架上。

②幼苗期修剪。从幼苗定植到产花初期称为幼苗期，一般为8～10个月。此期修剪的目的是促进小苗尽快进入产花期，修剪的原则是及时去掉花蕾，控制生殖生长。要尽量多留叶片，多制造养分，促进根系生长和枝条放粗，形成生长健壮的枝条。修剪的方法是摘除花蕾和轻剪，当枝条顶端花蕾直径约0.5 cm时摘除。在枝条直径达到6～8 mm时可留作开花母枝；若母枝粗度达不到6～8 mm，则继续摘除花蕾，使枝条长到开花母枝要求的粗度。当开花母枝顶端花蕾着色时，从上数第二片复叶处剪除上部的枝条，保证母枝上能抽出足够的开花枝。

③产花期修剪。当每株产生3个产花母枝时，植株即进入产花丰产期。此期修剪的目的是使植株尽量延长产花盛期，修剪方法是抹芽、摘蕾、剪梢和剪切花枝。在产花枝花苞形成后，花枝上会出现侧蕾和腋芽，要及时清除，使养分集中供给主蕾生长。对达不到切花要求的较弱花枝，则应视母株长势或摘蕾或剪梢或折枝，以减少养分损耗。当花枝达到剪切标准时，于基部2～4个复叶剪切，以利于再次长成优质花枝，剪切花枝宜在1日内早晚进行，因为早晚枝条含水量较高，适宜剪切。

④衰败期修剪。切花月季经过3～4年的产花盛期后，植株便逐步衰老，具体表现在单位面积产花量减少，品质下降，树势衰弱，枝条细软，易感病虫。衰老植株在连年产花的过程中，应逐步更新开花母枝，充分利用植株近地面的萌蘖枝，进行重修剪，降低开花部位，来恢复和增强树势，以增加产花量。

(7)病虫害的综合防治

月季切花生产过程中，病虫害的防治应该采用“预防为主”的原则。病虫害一旦发生，要及时施用农药救治，农药的剂型应以水剂和烟剂为主，避免叶片被农药残渍污染而降低切花的品质。喷药时不要喷到花蕾上，如果发现叶面有药渍，采收时要喷水冲净。温室切花月季常见的病害及防治药剂见表12.1。

表12.1　温室月季常见病虫害及防治药剂

病虫害名称	防治药剂
白粉病	好力克、福星、腈菌唑、粉锈宁
霜霉病	普力克、疫康、霜霉威、霜霉清烟剂
灰霉病	扑力克、灭霉清、施佳乐、灰霉清烟剂
红蜘蛛	阿维菌素、二氯杀螨醇、灭蚜灵烟剂、氧化乐果
蚜虫	敌敌畏、氧化乐果、万灵、灭蚜灵烟剂

(8)切花的采收及采后处理

采收因品种、季节和市场需求而不同,对花蕾开放程度的要求也不同,当地销售应在花蕾开放或半开放时采收。远距离运输时因不同的品系而不同,一般红色和粉色品种要在花蕾外面花瓣的边缘伸开时采收,黄色品种要略早些,白色品种则要略晚些。冬季采收花蕾开放得要大些,夏季采收花蕾开放得要小些。为了使采收的月季切花开度接近,冬季每天采收1次,春秋季每天采收2次,夏季每天采收3次。

月季采收后,要立即插入水中并转移到阴凉处。去掉下部20 cm的叶和刺,按长度分级,中小花型枝条最短40 cm,大花型枝条最短50 cm,每10 cm一个等级,20枝捆成一扎。中小花型花蕾按一层摆放,大花型花蕾可按两层摆放,花蕾处缠上一圈瓦楞纸,纸的上沿高出花蕾5 cm。装好的花枝如果不能及时送花卉市场或花店,可以放在冷库内存放。冷藏期间,应将花枝下端浸在含有保鲜剂的冷水中,通常使用的保鲜液含有200 ppm的8-羟基喹啉柠檬酸盐,1%~3%的蔗糖及少量硫酸铝和柠檬酸。在运往港口或机场之前,至少在上述保鲜液中放4 h以上。如果花枝在冷库中已干储了一段时间,则运出以前应将花枝基部重新剪去9 cm,并在上述保鲜液中放4 h以上。

12.1.2 香石竹设施栽培

香石竹又名康乃馨、麝香石竹,为石竹科石竹属多年生草本植物,原产欧洲南部、地中海北岸的法国到希腊一带。香石竹花色娇艳、花期长,是世界上仅次于菊花的最大众化的切花,世界各国广为栽培,在我国随着国民经济的发展和人民生活水平的提高,康乃馨已逐渐成为切花生产中最主要的品种之一。

1)设施选择

目前,生产中应用较多的栽培设施主要有塑料大棚、日光温室和现代温室。

2)栽培原理

香石竹株高30~80 cm,花单生或数朵簇生枝端,花色有粉红色、大红色、紫红色、黄色、白色及复色,具浓香,花期因栽培时间不同而异,主要在冬季。香石竹原产地中海沿岸,性喜温暖湿润、阳光充足、通风良好的环境。生育适温白天20 ℃左右,夜间10~15 ℃。对于白天25 ℃以上的高温适应力弱,不耐严寒也不耐炎热。喜好肥沃、疏松富含有机质排水良好的微酸性或中性土壤,栽培土壤中最好加入30%~40%的腐熟有机肥。一般追肥、基肥并重,每100 m^2施氮肥18~20 kg,磷肥20~30 kg,钾肥20~26 kg,由于生长期长,一般施肥5~10次。忌湿涝与连作。

3)栽培技术要点

(1)品种选择

设施栽培宜选择抗病性强、生长稳定、四季开花、商品性好、繁殖率高的温室栽培类型品种,按花茎上花朵大小和数目分为大花香石竹和散枝香石竹两类。

①大花香石竹。即单头香石竹,其特点是花朵大、花梗挺、花色丰富、周年开花、花期长、耐长途运输,是目前香石竹切花主要的品种系统之一。常见品种有波哥大、麦当红、托莱多等。

②散枝香石竹。又叫多花型香石竹,其特点是分枝多、花较小、花朵多(每个花序有2~8朵小花)、花色丰富,是近年新发展起来的香石竹切花品种类型。常见品种有春梅、基思、金星等。

(2)幼苗繁殖

香石竹可用播种、扦插和组织培养繁殖,大规模设施切花栽培以扦插繁殖和组织培养繁殖为主。组培繁殖可获取无病毒种苗,但成本较高,且繁殖较慢,因此,在生产上主要采取扦插繁殖。扦插繁殖技术如下:

①扦插时间。香石竹的扦插一年四季均可进行,但在生产中多以1—3月为宜,尤其在1月下旬至2月上旬扦插效果最好,根部不易产生黄褐斑,根系发达、健壮,定植后成活率高,生长旺盛,花枝粗壮,花苞大,产花量高。

②扦插基质。香石竹极不耐涝,基质中的水分稍微偏高,极易造成根部腐烂。因此,最好的扦插基质是珍珠岩。

③插床准备。为了有利于插床滤水,以降低基质的含水量,提高扦插成活率,插床最好是活动式或者有一定的倾斜角度。插床内铺设15~20 cm厚的基质,也可以用穴盘装满基质进行扦插,效果更好。

④插穗采集与处理。选无病害、生长健壮、节间紧密的母株采集插穗,以植株中部生长健壮的侧芽为好(即第3~4个侧芽),在顶蕾直径1 cm时采取。采芽时要用掰芽法,即手拿插芽顺枝向下拉掉,使插芽基部带有节痕,这样更易生根成活。插穗基部的1~2对叶片要摘除。插穗采下后每20~30枝扎成一捆立即浸入浅水中,吸水30~60 min,然后浸入萘乙酸或吲哚丁酸中促进发根。

⑤扦插。扦插时将插穗下部2~3 cm处用10~100 mg/L的萘乙酸水剂浸泡5~10 min,然后立即将浸泡部位蘸上预先准备好的生根粉,扦插时先用比插穗稍粗些的木棍将基质插一小孔,其深度比插条所蘸生根粉部位稍高,然后将插条放入孔中,再用手指把插条与基质结合的部位捏紧。扦插的株行距以2 cm×2 cm为宜。

⑥插床管理。扦插结束后立即浇一次透水,以苗床下有水渗出为宜。以后7~

15 d内保持叶面雾滴，之后逐渐控制水分。气温控制在13 ℃左右，地温控制在15 ℃左右，20 d即可生根，根长1 cm时即可移栽。

⑦移栽与摘心。扦插成活的幼苗必须移栽2次，以扩大营养面积。扦插成活后进行第一次移栽，株行距6 cm×6 cm，要浅栽；第二次移栽株行距9～10 cm宜浅栽。当幼苗长至6～7节时于基部4节以上处进行第一次摘心，摘心后的第一级侧枝留2～3枝，当长至5～6枝时第二次摘心，选留第二级侧枝4～6枝。具体摘心次数以栽培品种、幼苗生长情况和上市时间而定，一般摘心2～3次，每株留侧枝4～6枝。

(3)定植

定植前要深翻土壤，暴晒消毒。定植前施入2 500 kg/666.7 m^2腐熟有机肥，然后平整栽培畦，一般在5—6月定植，选择晴天定植，株行距15 cm×15 cm，带土浅栽，浅栽既有利于根系生长，又可以防止种植过深而感染茎腐病。定植后立即浇灌定植水，并覆盖遮阳网，待缓苗后方可撤去遮阳网。

(4)定植后的管理

①张网扶持。定植后应尽早拉上尼龙制的香石竹专用扶持网，以免植株倒伏，使香石竹的茎能正常伸直生长。张网前先在畦边每隔1.5 m距离打桩一根，桩高1.2 m，插入土中30 cm，打桩时必须使每畦桩排列在一条直线上。张网在摘心结束、苗高15 cm时进行，每畦同时张4～5层网，最低一层距地面15 cm，其余各层随植株伸长，逐渐升高网格，每层相距20 cm左右。

②肥水管理。香石竹的生育期较长，在施足基肥的基础上，还要施足够的追肥，追肥的原则是少量多次。在不同生育期，根据生长量调整施肥次数和施肥量。总施肥量为：每100 m^2施氮肥18～20 kg、磷肥20～30 kg、钾肥20～26 kg。香石竹栽培时间长用肥量大，每年追肥10～15次。4—6月中旬每隔2～3周1次，6—9月高温期3～4周1次，9月下旬至12月上旬2周1次，应适当少施氮、磷肥，以钾肥为主。

香石竹的浇水，苗期要干干湿湿，缓苗期保持土壤湿润，缓苗后要减少浇水，适度"蹲苗"，使根向下扎，形成强壮的根系。夏季的土壤水分含量不宜过高，浇水应做到清晨浇水，傍晚落干。从9月中旬开始，增加浇水次数。香石竹不能垂直叶面浇水，叶面湿度过高，容易引起茎叶病害。最好在行间浇水，但不可过湿。滴管浇水，既保证了香石竹生育所需水分，又有利于降低土壤和空气湿度，抑制病害发生蔓延。

③中耕。行间要经常浅耕，疏松表层土壤，使之保持土壤空气充足和适度湿润。

④温度管理。春秋季温度适宜于香石竹的生长发育，除覆盖棚顶薄膜防雨以外，围膜和前后门可以揭除，让其在自然温度环境中生长。夏季气温较高，光照较强，要采取措施降温。10月中旬以后夜间气温降至10 ℃以下，逐渐降低通风量，保持12～

15 ℃的夜温。在封冻期还可设置小拱棚或四周用草封实保温。早春通风口宜早开迟关,冬天气温较低时通风口迟开早关。

⑤摘心与摘蕾。

A. 摘心。摘心可以决定香石竹的开花数并能调节开花时期和生育状态,摘心可进行1~3次,最后一次摘心称为"定头"。第一次摘心在定植后30 d左右,即幼苗主茎上有5~6个节时摘除茎尖生长点,也可根据不同品种侧枝发生的特性适当多留或少留1~2节,不易发生侧枝的品种节位可留高一些。第二次摘心一般在第一次摘心后30 d左右,第一次摘心后发生的侧枝长到5~6节时进行。经过两次摘心,每株香石竹可有6~10个开花侧枝。最后一次摘心则是根据不同的品种和供花时期而定,如需在12月至翌年1月开花的,一般在7月中旬定头,而要求"五一"节盛花的摘心务必在1月初结束。摘心的时间最好在晴天中午前后进行,以利于伤口愈合。一般每株香石竹植株保留3~6个侧枝即可,将其余侧枝从基部剪除。

B. 摘蕾。单花型品种,除留顶端一个花蕾和基部侧芽外,其余侧枝和花蕾全部抹掉,以使其养分集中供应顶花,提高开花质量。多花型品种需要除去中心花蕾,使侧枝均衡发育。摘蕾是一项连续性的工作,一般3~5 d进行1次。

⑥整枝修剪。香石竹整枝修剪是指切花生产期间侧芽的疏留、花枝的疏芽与疏蕾。

A. 切花生产期间侧芽的疏留。香石竹定植后,经过1~2次摘心,侧芽萌发形成大量分枝,分枝数量的增加,会相应提高单位面积切花产量。但分枝数量超过合理的密度,切花的品质会大大下降。因此,需要根据栽培品种的特性、栽培方式、栽培季节与管理水平等因素确定每株香石竹侧芽的数量。一般每株香石竹保留侧枝4~5枝。在确保疏留量之后,应将健壮、节位低、发枝能力强的侧芽培养为开花花枝,其余弱枝均应疏除,采收的第一批切花最适宜的位置应在花枝的第七节上下,以后在第五节和第六节发生侧芽,再留1~2枝作第二批花的花枝培养。

B. 花枝的疏芽与疏蕾。香石竹侧枝顶芽形成花蕾后,在顶花蕾以外的侧芽很容易发育成侧花蕾或营养枝。为保证顶蕾的正常发育,保证切花质量,一般单花的切花品种,需要及早摘除侧花蕾以及第七节以上的全部侧芽,第七节以下可选留1~2个作为下一批切花花枝培养,其余亦应尽早疏除。多花品种可疏除顶花芽或中心花芽,促进侧花芽均衡发育。疏芽疏蕾,应在发育初期用手指掐住芽与蕾,使之在基部掰除,不要损伤茎叶。

⑦病虫害防治。

A. 病害。香石竹病害很多,危害较大,发生较为普遍的有真菌性叶斑病、灰霉病、立枯病、枯萎病、锈病、细菌性斑点病、病毒病等。防治方法:定植前应进行土壤消毒,浅栽种苗;保持良好通风,防止高温高湿,谨慎浇水,最好采用滴灌;及时拔除病株烧毁;发病前或发病初期,每隔15 d喷120~160倍波尔多液3~4次,发病后,喷50%代森锰锌或50%百菌清1 000倍液等杀菌剂。病毒病的防治一是要选用无病毒的插穗,二是及时消灭能传播病毒的昆虫,三是要加强通风透光,合理施肥灌水,提高抗病能力。

B.虫害。香石竹常见虫害有青蚜虫、红蜘蛛、斜纹夜蛾、根线虫和地下害虫。夏季天气干燥时用三氯杀螨醇2 000倍液或杀灭菊酯800~1 000倍液,每7 d喷1次,连续2~3次防治红蜘蛛。栽植前用杀虫剂防治地下害虫或用土壤消毒来防治。

⑧采收包装与储藏。在高温期开花四成时即可采收,低温期五六成采收。当地销售可以晚一些,准备低温储藏或运往外地的可以早一些。为确保采后萌发侧枝第二次开花,应在较高处下剪,促发侧枝。

采收后将花茎末端剪平,按20支捆扎成一束,套上专用塑料袋,即可上市。暂时不出售的鲜花,可将茎下部2~3对叶片除去,更新切口,然后立即插入水中吸足水,置于5~6 ℃的冷藏室中储藏。香石竹的切花储藏,需在花蕾期采收,先用杀菌剂处理,再在硫代硫酸银1毫摩尔溶液中浸渍1~2 h,可冷藏4周左右。

12.1.3 百合设施栽培

百合为百合科百合属多年生草本球根花卉植物,别名山蒜头、百合蒜等。全世界共有百合属植物96种,我国分布有20种,荷兰是世界上生产百合数量最多的国家。百合花以其花朵洁白芳香,清雅优美而闻名。无论作为盆花还是切花,百合在世界花卉市场上都扮演着重要角色。许多百合还是食用佳品和重要的中药材,如兰州百合,个大味美作为菜肴佳品,闻名于世。百合可以作为切花、盆花和园林地被。近年来,国内特别是西北地区主要在设施条件下做切花栽培。作为切花,百合花大色艳、花姿优美,深受人们喜爱,是继世界五大切花之后的一枝新秀,成为近年来我国迅速发展的高档花卉。

1)设施选择

在我国北方地区,百合切花生产主要采用加温的现代温室和日光温室,夏季短期栽培可以用塑料大棚、遮阴棚。南方地区大面积百合切花生产主要采用连栋塑料大棚或玻璃温室。在一些经济发达地区如上海、江苏采用全自动控制的现代化温室进行百合切花生产,经济效益良好。

2)栽培原理

百合喜阳光充足的环境,但不耐高温,适宜凉爽而湿润的气候。百合为长日照植

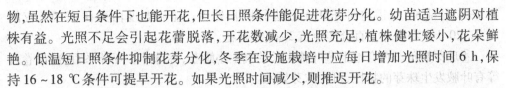

物,虽然在短日条件下也能开花,但长日照条件能促进花芽分化。幼苗适当遮阴对植株有益。光照不足会引起花蕾脱落,开花数减少,光照充足,植株健壮矮小,花朵鲜艳。低温短日照条件抑制花芽分化,冬季在设施栽培中应每日增加光照时间6 h,保持16～18 ℃条件可提早开花。如果光照时间减少,则推迟开花。

百合生长最适宜的温度为15～25 ℃,30 ℃以上会影响百合的生长发育,不耐寒,10 ℃以下,百合停止生长。作为切花栽培,通常在温室生产,夏秋收获的鳞茎必须经过一定的低温冷藏才能打破休眠,然后栽培,否则,栽种后不易发芽。

百合属浅根性花卉,对水分的依赖性较大,生长前期,土壤湿度应保持在70%～80%。生长中后期,土壤水分应掌握在50%～60%。最适宜的空气相对湿度为80%～85%。

百合对土壤肥力的要求不高,但喜肥沃、湿润、疏松多孔、富含腐殖质、土层深厚、排水良好的沙质壤土,大多数百合要求微酸性土壤,pH值6.5左右,不耐盐。

3)栽培技术要点

(1)品种选择

用于切花栽培的百合大致可分为3类,即亚洲百合交品杂种、东方百合杂交品种和麝香百合交品杂种。其中,以亚洲百合和东方百合的品种较多。此外,近年又出现了麝香百合与东方百合的杂交品种。亚洲百合的生长周期为9～21周,花小、花色较少,无香味,大多数品种适宜冬春季生产。东方百合的生长周期为12～20周,花大、花色多样,香味浓,有20多个品种适宜四季栽培,生长期要求温度较高,尤其是夜温。麝香百合的生长周期为14～18周,花色只有白色,香味浓。少数品种适宜四季栽培。

(2)种球繁殖

生产中可供选择的百合的繁殖方法很多,具体选择哪种要根据栽培条件、栽培目的、栽培种类、栽培季节、栽培方式等确定。

①分球繁殖。百合鳞茎生长1年后会形成多个小鳞茎,每个小鳞茎可以单独栽种培养成商品种球。一般将新鳞茎在秋后沙藏至第二年春种植后在秋季深栽。

②鳞片扦插繁殖。开花后选择成熟、健壮、无病害植株挖出母球,阴干后剥去外层萎缩片瓣,将其余鳞片逐个剥下,勿伤鳞片表面以防感染,每个鳞片基部带一部分盘基组织,用50%多菌灵800倍液浸15 min,取出晾干后扦插于粗砂、珍珠岩、泥炭或配方基质中。在15～20 ℃条件下,保持地温20 ℃,50 d后可产生直径1 cm的带根小子球,取下后进行培育栽培。

③播种繁殖。多用于百合杂交培育新品种。具有方法简便,一次能获得大量无病健壮植株的特点。9—10月,在蒴果种子成熟后取出种子直接播种。温室中可在次

年2—3月播种，但需将种子阴干后进行层积处理。播后温度白天在22 ℃，夜间10 ℃，20 d左右发芽。百合实生苗2～4年开花。

④珠芽繁殖。百合地上茎叶腋生长的气生小鳞茎，称珠芽。亚洲系百合，如卷丹等有叶腋发生珠芽的特性，可用珠芽繁殖。

⑤组织培养繁殖。利用良种百合的茎尖、鳞片、叶片、茎段、花梗和花柱等器官组织作为外植体进行组织培养可分化出苗，产生小种球。

(3)定植

①种球的选择与处理。温室栽培所用种球，一般都是经－1.5～2 ℃储藏的种球，一旦种球解冻后，就不能重新冷冻储藏。否则会使发芽率大大降低。在长时间的运输过程中，冷冻球难免在运输途中解冻，因此，最好的办法是种球抵达后立即下种。经冷冻处理的种球，最好是在10～15 ℃的温度条件下慢慢解冻。

定植前，必须对种球进行药剂灭菌消毒，以预防苗期病害发生。种球消毒分为浸种及拌种2种方式，浸种用广谱杀菌剂处理，用多菌灵＋代森锌500倍液浸泡20～30 min或用1∶200倍液的福尔马林浸种20 min。对于未出芽种球还可用0.5%的五氯硝基苯拌种。

栽培时，选用无病虫害、鳞片无污点、茎盘不霉烂、周茎为14～18 cm的鳞茎，生产出的切花较为理想。

②土壤选择。切花百合生长对土壤要求较严，亚洲百合和麝香百合土壤pH值保持在6～7，杂种百合土壤pH值保持在5.5～6.5。土壤中必须无病害，所以要进行土壤消毒，一般每年进行一次常规的土壤消毒，在每两茬切花之间施用土壤杀菌剂消毒。

③整地作畦。选择疏松肥沃、排水良好、富含有机质的沙壤土，改良消毒后深翻耕30～35 cm，碎土整平，按畦面宽100～200 m，高20 cm，走道宽50 cm做畦，畦面要耕平以利于灌溉均匀。冬天生产，地下水位高的地块和气候潮湿的地区宜采用高畦；夏天生产和气候干燥的地区宜采用平畦。

④施足基肥。结合深翻整地施足基肥。基肥以有机肥为主，一般用充分腐熟的鸡粪、猪粪、牛粪、饼肥等。基肥要早施，可全层撒施深翻或沟施。施肥量每666.7 m^2施有机肥5 000 kg、草木灰120 kg、磷肥50 kg。

⑤种植。

A.时间。目前，百合切花已实现周年生产，在生产中实际应根据供货时间，品种和环境条件来确定定植日期。夏天生长周期短，应延后种植，冬天反之。高温对百合根系生长不利，夏天种植要有良好的降温设施。对下种时已出芽的种球应选择芽长基本一致的栽在同一地里，便于苗期管理。

B. 密度。切花百合栽培是以生产优质切花为最终目标，所以生产上要合理疏植。一般株行距为10 cm×20 cm，种植密度亚洲系品种为40~55个/m^2，部分东方系品种为25~35个/m^2，麝香系品种为35~45个/m^2。具体的种植密度要根据品种特性、种球大小、环境条件和栽培管理技术等条件而定，如在光照充足、温度较高的季节栽培密度可以大一些，在光照较弱、温度较低的条件下种植密度要小一些。

C. 深度。覆土厚度与鳞茎大小成正比，一般夏天种植时覆土8~10 cm，冬天种植覆土6~8 cm。适当深植可以提高子球数量，减少病害的发生，防止鳞茎退化和推迟花期。黏重土壤覆土要薄。

(4)种植后的管理

①畦面覆盖。栽种后应及时浇水，浇水后在畦面用谷壳或锯末覆盖，厚0.5~1 cm，使畦面适当保持湿润。对畦面进行覆盖在夏天可起到隔热保湿，冬天可起到保温保湿的作用，同时还可起到防止杂草滋生，降低室内空气湿度的作用。

②支架拉网。当一些高大品种长到20 cm以上时，植株易倒伏或弯曲，应及时设立支架，以防倒伏，保持植株茎秆直立生长。也可拉网支撑，一般栽种后出苗前，在畦两边竖杆张网，网宽依畦面而定，网格15 cm×15 cm，两端立杆，杆高1.5~2 m，两端拉紧使网张开，松紧适中，可上下移位。在百合生长期，一般架两层网。

③环境调控。

A. 温度。地温是前期管理的关键。栽种初期，百合生长期最适宜的土壤温度是12~13 ℃，如果超过15 ℃或低于10 ℃则对根系发育不利，这种温度状况大约需要占整个生长期的1/3时间。当温度高于15 ℃会导致生根质量下降，尤其在夏季，保持或促使土温凉爽是不可缺少的条件。根长出后，白天温度保持在20~25 ℃，夜晚在15~18 ℃，白天温度过高会降低植株的高度，减少每枝花的花蕾数，并产生盲花。夜晚低于15 ℃会导致落蕾，叶片黄化，降低观赏价值。

降温可通过遮阴、通风、喷水，湿帘和地下管道通冷水来调控；升温可以通过暖气、热风炉和地下管道中通热水来实现。

B. 湿度。生长前期，土壤湿度应保持在80%~85%，生长中后期，土壤水分应掌握在50%~60%，保持土壤润而不湿即可。最合适的空气相对湿度为80%~85%。应避免湿度的大起大落，即使改变湿度，也要逐渐变化，以防发生叶烧现象。

C. 光照。光照不足将造成百合的植株生长不良，并导致落蕾，植株变弱、叶色变浅和瓶插寿命变短。冬天要保持温室的玻璃或塑料薄膜清洁，以利于保持室内的温度和植株的光照。50%的植株出土后，每天人工延长光照时间到16 h，直到现蕾。夏天可以采取适当的遮阴措施，遮去70%的光照，以降低温室内温度，保证切花的品质。

D. 通风。设施种植百合，通风不良会导致切花品质的下降。冬天温室密闭保温使空气变得污浊,需要经常换气保持室内空气的新鲜。夏天应尽可能地扩大温室内的空气流通,降低温度,保证切花的品质。同时,必须补充二氧化碳。

E.遮阴。在光照较强的季节,必须使用遮阳网以防温室内的温度升高。亚洲百合需遮阴50%,东方百合需遮阴70%。

④肥水管理。追肥通常在种植后3周进行,可施一次硝酸钙。花期追施1~2次磷、钾肥。施肥一定要注意"薄肥勤施"的原则,土壤追肥以2~3次为宜,叶面追肥可一周一次。避免植株因为生长过快而发生缺铁现象,造成幼叶和花蕾黄化。追肥后,须用清水喷洒一次植株,以防烧叶。

浇水量取决于土壤的类型、气候条件、品种、植株生长情况和土壤的有机质含量。种植前浇一次透水,以便鳞茎种植后能直接开始生根。栽种后及时浇透水,使鳞茎与土壤紧密结合。以后土壤保持湿润,以利于茎根生长,过于干燥会造成植株生长缓慢。光照不足时要控制浇水量,防止植株徒长。温室内的空气相对湿度很低时,不宜在白天大量喷水。浇水最好在早晨进行。

⑤去蘖、摘蕾、打顶。以收获鳞茎为主要目的的栽培,宜随时适量摘除花蕾,减少养分消耗。为了防止开花和茎叶生长过旺,促进鳞茎膨大,在植株长到70 cm以上时可将顶芽摘去。

⑥病虫害防治。百合在设施栽培中的病害主要有叶枯病、灰霉病、立枯病、腐烂病、茎腐病、炭疽病等。生产中主要以预防为主,种植前用40%的福尔马林100倍液进行床土消毒,鳞茎在50%的苯来特1 000倍液或25%多菌灵500倍液中浸泡15~30 min。害虫主要有蚜虫、根螨、金龟甲等。另外,根结线虫、地老虎等也时有危害。蚜虫的防治可在危害初期喷洒1:(2 000~4 000)倍的2.5%溴氯菊脂,根螨的防治可用1 500倍的三氯杀螨醇浇灌。

⑦鲜花采收及采后处理。百合切花的采收时间一般为至少有1~3个花蕾着色以后采收。采收时间最好是在早上,这样可以减少水分的丧失,花苞不容易萎蔫。采收的切花在空气中暴露的时间不得超过30 min,采收后应尽快插入装有保鲜剂的清水中吸水,吸水30~60 min后开始分级捆扎。分级时剔除花茎下部15~20 cm的叶片,然后按品种、花头数、切枝长度进行分级。分级后10枝捆成一扎,尽量保持花头和基部整齐。捆扎后用包装纸或包装袋包装后贴上标签,送往冷库预冷。

12.1.4 菊花设施栽培

菊花又名九华、帝王花,为菊科菊属多年生宿根花卉。菊花原产我国,在我国已有3 000年的栽培历史,是我国人民喜爱的传统花卉,也是世界五大切花之一,占鲜切花总量的20%~30%。菊花品种丰富,花色绚丽,菊花和梅、兰、竹,被合称为"四君子”，它们象征一个人的高尚品德，深受广大人民的喜爱。

1)设施选择

菊花设施栽培，目前北方主要以塑料大棚、日光温室等切花促成栽培为主，有加温和不加温两种形式。

2)栽培原理

菊花的适应性很强，喜光，但忌夏季烈日暴晒，喜凉爽气候，耐寒，生长适温18～21 ℃，最高32 ℃，最低10 ℃，地下根茎耐寒、忌涝，耐低温极限一般为-10 ℃。花期最低夜温17 ℃，开花期(中、后)可降至13～15 ℃。喜充足阳光，但也稍耐阴，较耐旱，最忌积涝。喜地势高燥、土层深厚、富含腐殖质、轻松肥沃而排水良好的砂壤土。在微酸性到中性的土中均能生长，而以pH值6.2～6.7较好，忌连作。

大多数菊花品种为短日性植物，在每天14.5 h的长日照下进行茎叶营养生长，每天12 h以上的黑暗与10 ℃的夜温则适于花芽发育。但品种不同对日照的反应也不同。可用缩短或延长光照的方法来控制花期，使其四季开放。

3)栽培技术要点

(1)品种选择

菊花依其自然花期可分为4类：春菊，花期4月下旬至5月下旬；夏菊，花期5月下旬至8月下旬；秋菊，花期8月下旬至11月下旬；寒菊，花期12月上旬至翌年1月下旬。切花菊主要以秋菊为主，为元旦、春节供花。常用品种有秋之风、秋樱、花雨、秋之山、秋晴水、千代姬、红之花等。作为优良的切花品种，必须具备以下条件：

①株高在80 cm以上，茎直立，不弯曲。

②叶片肥厚光亮，上下布局均衡，大小适中。

③花色纯正，有光泽。

④花瓣坚挺，花朵耐储藏、耐运输、耐水插。

(2)繁殖

菊花一般用无性繁殖，包括扦插繁殖、分株繁殖、嫁接繁殖、压条繁殖及组织培养等几种方法，生产中一般多采用扦插法和分株法来进行繁殖。

①扦插。扦插是利用植物营养体(枝条、叶片、根)的一部分，插入基质中，使其生根、萌芽、抽枝，长成新植株的繁殖方法。其优点是变异性小，繁殖速度快，幼苗期短，方法简单，操作容易。

A.枝插。选择健壮无病虫害的植株作母株，在同一母株上选一年生向阳顶生枝作为插穗枝条，截取7～8 cm长作为插穗，在基部叶片下0.2 cm处修成马蹄形，除去基部叶片,保留上部的2~3个叶,并将大叶剪去一半,剪好的插穗立即放入清水中,避免在空气当中长时间暴露。扦插基质主要有土壤、水、珍珠岩、泥炭、蛭石、沙子等,珍珠岩、泥炭、黄沙按1:1:1配合是理想的扦插基质。插前用100~200 mg/L萘乙酸或50 mg/L生根粉速蘸插条。4月中旬及5月上旬扦插。扦插时先用竹签将床面戳上小洞,插入插条,深约为插条的1/3~1/2,行距8~10 cm,株距2~3 cm。插后按实、浇水。

B.芽插。可供扦插的有脚、腋芽两种,脚芽是指根际萌生的芽,一般开花时产生。挖取脚芽后剥下芽下部的2~4片叶插入浅盆或繁殖箱中,深约2 cm,生根后置于冷室或阳畦中保存。次年3月中、下旬定植。适用于枝插难以成活的品种。

②分株。又称分根。菊花开花后根际发出蘖芽,11—12月或次年清明后,将母株的宿根掘起,将蘖芽分成若干小株进行栽植,然后浇水。其成活率高,生长迅速。

③嫁接。用植物体上的芽或枝,接到另一种有根系的植物体上,使接在一起的两部分长成一个完整的新植株的方法叫嫁接。接上去的芽或枝叫接穗,被接的植物叫砧木。嫁接的具体方法有:枝接和芽接,枝接一般用一年生的枝条作接穗,其方法有劈接、切接、靠接等;芽接用芽作接穗,其方法有:芽片接、管接等。

菊花嫁接多以青蒿苗或黄蒿苗做砧木,嫁接时间最迟不要超过"芒种",方法是:首先在砧木上选定嫁接用的枝条,留7 cm左右进行短截。最好选用茎粗细适中,具有大叶的幼嫩部分平截,然后把3~5 cm长的接穗切下,其粗细应与砧木相同或略细,去掉基部较大的叶片保留顶部的2~3片叶,在基部两边各斜削一刀,使成楔形,迅速含入口中,再将砧木居中劈开深1.5~2 cm的口,比接穗的斜面略长,然后嵌入接穗,对齐形成层,用细软薄膜条缚住接口,最后用塑料袋套住接穗。置于荫凉处浇水,2~3周后解除缚扎物即可。

④压条。一般于6月底或7月初进行,将枝条合适部位刮去部分皮层,屈引埋于土中,露出尖梢待生出不定根后,断离母体,即可成为一个新的植株。此法成活率高,但手续繁杂,管理不便。

(3)定植

定植时期根据不同系统和类型的品种而定,一般秋菊摘心栽培的定植期控制在目标花期前15周。另外定植期选择还需考虑花芽分化前1周及后3周的夜温是否低于15 ℃,开花期棚室温度是否低于10 ℃等。

定植密度:大轮菊80~90支/m^2,中轮菊100~120支/m^2,多头菊90~100支/m^2。一般6 m宽的棚做4畦,株距8~10 cm,摘心后每株留2~3支切花,不摘心栽培的每畦4行,株距6~7 cm。

定植时将花网铺设在已整好的种植床上,以后随植株生长逐渐上移网格,在60 cm处固定网格,可保持植株直立生长,提高质量。

(4)定植后的管理

①温度、湿度管理。菊花的生长适温为15～20 ℃,能抗低温,一般0～2 ℃的温度经过30 d左右即可打破休眠。一般秋菊花芽分化的临界温度为15～16 ℃,低于这个温度会影响花芽分化。菊花忌水涝,但喜湿润。浇水时要做到干透浇足,既不宜半干半湿,又不宜过干过湿。浇水以雨水、河水、池水等含矿物质少的软水为好。水温宜接近于土温。冬季中午浇,夏季早晚浇。

②光照管理。补光是秋菊元旦、春节供花的关键。秋菊为短日照植物,补充光照促进植株的营养生长,抑制花芽分化。如不补光,则达不到延后花期的目的。补光强度一般夜间5～10 lux的光照即可产生抑制效果。但在生产实际中,因影响因素较多,补光强度一般要求多在40 lux以上,补光方式一般用白炽灯补光。可用100 W和60 W灯泡间隔悬挂,灯距1.5 m左右,灯悬挂在畦的正中偏外侧方。高度依畦宽而定,一般温室悬挂高度为90 cm左右,每天的补光应把夜间分为两段,每段暗期小于7 h,补光每天应从23:00到翌日凌晨2:00补充2～3 h为宜,补光时期应根据当地日照长短来决定。补光应在花芽分化以前进行。如7月下旬定植,补光日期一般在8月下旬以前进行。一般品种在适宜条件下,停止补光到开花需60～70 d。根据供花时间可推算出补光天数和停止补光时间。如元旦供花,补光应在10月下旬停止,补光天数为80～90 d。

③施肥灌水。菊花性喜肥沃土壤,必须供给足够的肥料,要坚持薄肥多施的原则。基肥多以腐熟有机肥和适量的骨粉、过磷酸钙等。基肥通常拌在培养土内。追肥应用速效性肥料,也可适量追施化学肥料,其次数和用量视菊花的生长情况而定。一般追肥分2～3次进行,夏菊集中在3月和4月,分1～2次追肥,秋菊摘心后2周及花芽分化时分2次施肥。菊花要求土壤pH值一般在6.0～6.5。菊花喜湿怕涝,应本着见干见湿的原则浇水,每隔4～5 d浇1次透水,浇水后还要注意松土保墒。阴雨天应少浇水或不浇水,雨天还应及时排除积水,防止根系因浸泡时间过长而腐烂。浇水应选在早、晚,切忌中午浇水,以滴灌最好,用管道在根系附近滴灌,既保持土壤湿润,又防止湿度过大而引起病虫害。

④摘心摘蕾摘芽。摘心应在定植苗正常生长后进行,每株只留下面5～6片叶,保证每株抽生5～6个分枝,每株菊花可生产5～6支切花。菊花摘蕾时用工量集中,需短时间内完成,不可拖延。大轮单花栽培,每茎保持一个花蕾,将侧蕾全部摘除;多头菊及小菊一般不摘蕾或少量摘蕾。单轮菊停止补光后1个月开始现蕾,一般每单株都有3～5个小花蕾,处理时留中间大蕾,其余全部摘除。部分多头菊或小菊由于中间花蕾低于侧蕾或先于侧蕾开花,故将中间蕾摘除。摘除时间越早越好。除摘蕾外,植株上下有时还有侧芽,一旦发生,均作剥除处理。

⑤采收。菊花切花采收应在花苞阶段，即少数外瓣展开，花径 5 ~ 10 cm 时采收。采收应在清晨或傍晚进行，避免在中午采收。采收距地面 10 cm 以上，尽量保证花枝的长度。采后立即摘除下部 1/3 的叶子，尽快放入杀菌水中。切下的花枝应进行分级包装，包装用柔质塑料。包装后贮于 -0.5 ℃处。

12.1.5　一品红设施栽培

一品红又名圣诞花，猩猩木，象牙红，老来娇，为大戟科大戟属落叶亚灌木花卉。原产于墨西哥、中美洲一带，后传到欧洲、亚洲和非洲，20 世纪初传到我国，现在世界各国均有栽培。一品红观赏的不是花，而是紧靠在花朵下部的几十枚色彩艳丽的苞叶，苞叶有白色、黄色、粉红和红色 4 种颜色，其中以大红重瓣的苞叶为上品。通过花期调控，一品红可以在国庆、圣诞、元旦、春节 4 大节日上市，成为我国盆花发展最快的种类。

1）设施选择

一品红在设施内主要进行盆花周年生产，栽培设施有现代温室，日光温室和塑料大棚。在我国南方可露地栽培，华东、西北等地区可进行温室生产，是冬季重要的观赏花卉，适宜于温暖、阳光充足、疏松、肥沃、湿润的土壤中生长。

2）栽培原理

一品红为多年生常绿或半常绿落叶亚灌木，盆栽时株高 0.5 ~ 2 m，在亚热带地区可长到 6 m 以上。茎直立而光滑，质地松软，髓部中空，全身具乳汁。叶全绿或浅裂，叶长 10 ~ 15 cm 杯状聚伞花序在枝顶陆续形成，每一花序只具一枚雄蕊和一枚雌蕊，下方具一大形鲜红色的花瓣状总苞片，是观赏的主要部分。

一品红喜温怕冷而绝不耐霜冻，属短日照作物，多在温室内栽培。一品红在强光照下生长健壮，在短日条件下能够完成花芽分化，形成花蕾并显色，开花期间应置于较阴凉处，适宜生长的温度为 15 ~ 20 ℃，以便延长花期。在温暖、湿润的气候条件下，侧枝极易萌发，且生长旺盛，开花后适宜温度为 15 ~ 30 ℃。适宜在疏松、肥沃、排水良好的中性至微酸性土壤中生长，生长期间不宜过干或过湿，否则易脱落。

栽培基质目前大部分采用混合基质，基质要求具有良好的透气性和排水性，一般粗粒成分应占 30% 左右，且干净无病菌害虫。目前，基质已向无土化方向发展，常用的原料有泥炭土、蛭石、珍珠岩、沙、木屑和水苔等，可按一定比例进行混合，作为植物生长繁殖的基础。一般常见的配方组合有：泥炭土∶蛭石(1∶1)，泥炭土∶珍珠岩(1∶1)，泥炭土∶蛭石∶珍珠岩(1∶1∶1)，泥炭土∶蛭石∶珍珠岩∶沙(2∶2∶1∶1)。一品红最适宜的 pH 值为 5.5 ~ 6.5，pH 值太高会降低铁、锰、锌等的有效性，pH 值太低，又会降低钙、镁、钼的有效性。当 pH 值不适宜时可用硫土或硫酸铁降低 pH 值，用石灰提高 pH 值。

3)栽培技术要点

(1)品种选择

一品红在品种分类上,以茎的高矮可分为高型(宜做切花)和矮型(宜盆栽)。目前,普遍采用按苞叶的颜色分类,有一品白(总苞片为白色),一品粉(总苞片为粉色),一品黄(总苞片为黄色),一品红(总苞片为红色,矮生)和重瓣一品红(花序瓣化和总苞一起呈重瓣状,大致上分为红苞、粉苞、白苞和重瓣一品红)。目前,生产中的栽培品种有喜庆红(矮生,苞片大,鲜红色),皮托红(苞片宽阔,深红色),胜利红(叶片栎状,苞片红色),橙红利洛(苞片大,橙红色),珍珠(苞片黄白色),皮切艾乔(矮生种,叶深绿色,苞片深红色)。

(2)繁殖

一品红主要采用扦插繁殖,扦插方法如下:

①扦插基质。扦插基质一般是以泥炭为主的混合基质,可加入蛭石、珍珠岩、沙子木屑当中的一种或几种物质作为混合基质,要求混合基质必须是洁净无病虫、保湿又能排水。

②扦插方法。可用苗床育苗或营养钵扦插育苗,苗床扦插的株行距为 5 cm × 5 cm。营养钵育苗时,插条应扦插在高 6 cm、直径 5 cm 的营养钵中,营养土含水量应控制在 200 ~ 300 g/kg,每钵扦插 1 株。

一品红均用绿枝扦插繁殖,一年四季均可进行。首先选择生长健壮无病虫害的植株作为采样的母株,从母株上选取长 6 ~ 8 cm,直径不小于 0.5 cm,具有 5 ~ 6 片叶的侧枝,从茎部剪下,去掉基部的老叶,保留其余叶片,立即将基部蘸草木灰或 ABT 生根粉后,扦入苗床或营养钵中即可。

③扦插后的管理。扦插完毕后覆盖遮阳网,避免强光照射,白天温度控制在 18 ~ 25 ℃,夜间温度不得低于 10 ℃,并使土壤含水保持在 200 ~ 300 g/kg,空气湿度控制在 80% ~ 90%,使扦插后的叶片始终保持鲜嫩,不失水。在此条件下,如果其质透气性良好,插后 20 d 左右即可生根,45 d 则可长成壮苗进行盆栽,成活率可达 95% 以上,实践表明,保持土壤湿度低,空气湿度高,是提高扦插成活的关键所在。

(3)定植上盆

壮苗的定植采用一盆一苗,用 1∶1 泥炭土和田园土加少量的牛粪、鸡粪等有机肥配制成质地疏松的、肥沃的栽培基质进行定植,定植后立即浇 1 次透水,注意盆内不能积水。扦插苗成活后即可上盆定植,定植用花盆规格以盆高 15 ~ 20 cm、口径 16 ~ 18 cm 为宜。先在盆花内装入基质,然后用手在盆中间挖一个能够放下一株一品红苗的孔，再轻轻把一品红苗放入即可。注意：定植时不能用力压根部，以免伤根或把根压断。不能栽得太深，以定植后浇水不露根为准，栽得太深容易引起茎腐病。

(4)定植后的管理

①温度管理。一品红喜温暖，但不耐寒。定植后要覆盖遮阳网，避免强光照射，适宜温度为18～28 ℃，超过30 ℃，生长不良，高温季节可采用在花盆四周勤洒水，及时通风等措施降低温度，冬季室内必须有增温和保温设施，以保证温度不低于8 ℃，以免影响幼苗生长。

②水肥管理。一品红不耐干旱也不耐水，因而浇水要均匀，防止过干或过湿。盆土过干或遇烈日，叶片会枯焦而卷曲；水多会引起根部腐烂，因此，浇水要根据天气、植株生长情况、盆土干湿情况、植株生长发育时期等因素灵活掌握。施肥的原则是勤施肥，施氮肥，除施用迟效性基肥外，每隔半个月施1次经过腐熟的饼肥水或油水，每隔7 d叶面喷施1次磷酸二氢钾，促使植株叶面浓绿，生长健壮，开花后花色艳丽，花瓣硕大。

③整枝。一品红生长较快，生产上要整枝控制株型。定植后30 d当植株长到7～8片叶时进行第一次摘心，整株保留4～7个芽即可，其余新芽全部抹去，以促进发新枝。每年长出3～4个侧枝，作为多年生老枝，每个侧枝的基部留1～2个芽，将其上部的枝条全剪去，以集中营养，促使新枝生长健壮。

④花期控制调节。一品红是典型的短日照花卉，在自然光照条件下，一品红一般在每年的11—12月开花。如果要求一品红在特定时间开花，就要通过人工控光来调整花期。如要想一品红在国庆节开花，就要控制自然条件下的长日照，配合适宜的栽培技术。应在2月初扦插育苗，此时正值冬季，昼短夜长，为促进营养生长，防止花蕾分化，每天应补光4 h。7月至8月中旬正值高温季节，昼长夜短，此时花芽分化，是花蕾形成的关键时期，应采取遮光措施，控制光照时间，遮光应从当日下午5:00—6:00到次日上午8:00左右，遮光程度以伸手不见五指为宜。遮光后夜间温度不能超过23 ℃。可在深夜通风3～5 h，以降低温度。一品红是喜光植物，长期缺光时，常花开而不艳，所以白天要保证充足光照，上午要有较好的直射光，以满足光合作用所需，以利于花芽分化和花蕾形成。遮光后，盆花的摆放密度要合理，每盆花最外围叶片间距应达到10 cm左右，以利于通风和下层时进行光合作用，可有效防止叶片脱落。通过以上的栽培管理措施，经过45～50 d，到9月中旬便可显花，供应国庆节市场需要。

⑤病虫害防治。一品红设施栽培的主要病害有灰霉病和白粉病，虫害有白粉虱和红蜘蛛。生产中要注意经常通风透光，降低设施内的空气湿度，减轻病害的发生。发生灰霉病后可选用80%代森锌可湿性粉剂500倍液或75%百菌清可湿性粉剂500倍液，每隔7天喷1次，防治效果理想。

温室栽植一品红时其主要虫害有白粉虱和红蜘蛛。白粉虱可选用40%氧化乐果乳油1 000倍液或25%溴菊酯乳油2 000倍液叶片喷雾防治,益达胺、灭扫利、布芬净等药剂也有较好的防治效果。白粉虱对黄色敏感,有强烈趋性,可采用黄板诱杀,在设施内每1～2 m^2 张挂一张黄板诱杀成虫。红蜘蛛发生危害时用克螨特、螨效等药剂每隔7～10 d施药1次,连喷2次,有良好防治效果。

⑥盆花上市。植株株型丰满,花开始显色时即可上市。

12.1.6　蝴蝶兰设施栽培

蝴蝶兰又称蝶兰,是兰科蝴蝶兰属多年生常绿附生性草本植物。原产亚热带地区,1750年发现,迄今已发现20个原生种,大多数产于潮湿地区。在中国台湾地区和泰国、菲律宾、马来西亚、印度尼西亚等地都有分布,其中以中国台湾地区出产最多。蝴蝶兰是单茎性附生兰,茎短,叶大,花茎一至数枚,花大,因花形似蝶得名。蝴蝶兰花色艳丽,色泽丰富,花型美丽奇特,深受世界各国消费者的喜爱,是热带兰中的珍品,素有"兰中皇后"之美誉。随着经济的发展,我国近年来兰花业发展迅速,目前蝴蝶兰已成为一种重要的年宵花卉,可以进行盆花观赏,也是一种高档的切花。

1)设施选择

蝴蝶兰是一种高温温室花卉,对环境条件的要求比较严格,不适宜的环境条件会直接影响蝴蝶兰的花期甚至造成全株死亡。因此,大规模栽培蝴蝶兰的设施应具有良好的调节温度、湿度、光照的功能,而大型现代温室是蝴蝶兰生产的最佳设施。

2)栽培原理

蝴蝶兰茎短,常被叶鞘所包,叶片有椭圆形、长圆形和矩圆形,叶肉质,较厚,常3～4枚或更多,叶面绿色,背面紫色,长10～20 cm,宽3～6 cm,先端锐尖或钝,基部楔形或有时歪斜。茎顶部为生长点,每年生长时新叶片、下部老叶变枯黄脱落。花序侧生于茎的基部,长达50 cm,不分枝或时有分枝,花序柄绿色,粗4～5 mm,花序轴紫绿色,常具10～15朵由基部向顶端逐朵开放的花。花似蝴蝶,有白色、黄色、粉红色等,花型美丽,花期长。根系发达,气生根从茎节部生出。

蝴蝶兰喜欢高温高湿、通风透气、极度不耐涝、耐半阴环境,忌烈日直射。生长期最适温度白天为25～28 ℃,夜间为18～20 ℃,幼苗夜间应提高到23 ℃左右。在这样的温度环境中,蝴蝶兰几乎全年都可处于生长状态。蝴蝶兰对低温十分敏感,长时间处于平均温度15 ℃时则停止生长,在15 ℃以下,蝴蝶兰根部停止吸收水分,造成植株的生理性缺水,老叶变黄脱落或叶片上出现坏死性黑斑,而后脱落,再久则全株叶片脱光,植株死亡。

蝴蝶兰最适宜的相对湿度范围为60%～80%。在高温低湿环境下需要增加相对湿度。适用的设备系统包括在温室上方以高压喷雾设备增加雾粒，在植床下方洒水，使用水墙与风扇等，但要避免造成作物潮湿。

蝴蝶兰忌烈日直射，否则会大面积叶片灼伤，也不耐室内过阴，会导致生长缓慢不利于养分存储和开花。蝴蝶兰不同苗龄对光照强度的需求不同，刚出瓶的小苗软弱，光照最好控制在10 000 lux以下，并保持良好的通风条件；中大苗的光照可提高到15 000 lux左右；成株的最强光照（尤其在冬天）可提高到20 000 lux。调整光照强度的方法一般是遮阳，选择遮光适宜的遮阳网。

3）栽培技术要点

（1）品种选择

蝴蝶兰属植物约有20个原生种，但原生种大多花小不艳，作为商品栽培的蝴蝶兰多是人工杂交选育品种。栽培中常见的蝴蝶兰品种分为粉红花系、白色花系、条花系、黄色花系、点花系5个系列。

（2）繁殖方式

蝴蝶兰可用无菌播种、分株和组织培养等方法繁殖，目前生产中蝴蝶兰均采用组培快繁的方式生产幼苗。组培快繁采用叶片和茎尖为外植体，通过外植体产生愈伤组织、愈伤组织分成原球茎、球茎增殖分化和幼苗生长4个步骤形成无菌幼苗。

（3）基质选择

蝴蝶兰栽培基质要具有良好的吸水性、排水性、通气好、耐腐烂、获取方便、价格便宜等特点。常用基质有：水苔、泥炭苔、木炭、椰子纤维、蛭石、珍珠岩等。

（4）上盆与换盆

蝴蝶兰从小苗到开花大约需要2年的时间，组培瓶苗出瓶最适期为4至5月份。栽培基质常选用水苔，上盆前先将水苔用自来水充分浸泡，然后脱水甩干备用。栽植时，先洗净组培苗根部的培养基，然后分级种植在合适的培养盆中。移栽时注意不要包裹住心叶，在小苗的根系之间垫放少量水草，包裹的水草松紧度要适宜，以防损坏根系，影响组培苗的成活。随着蝴蝶兰植株的生长，水草会酸化腐败，因此，必须及时更换水苔并换大盆。正常情况下，从小苗到开花需换盆3~4次。

换盆是一项重要的栽培管理工作，长期不换盆会造成栽培基质老化，水苔腐烂，透气性差，致使根系向盆外生长，严重时引起根系腐烂，导致全株死亡。换盆时要保持小苗垂直，放置在盆中央，深度适宜。生长点如果太深则容易感染病害，如果栽植太浅，则支撑不良。移植后软盆的排列十分重要。生长良好的幼苗可4~6个月换盆1次，新换盆的小苗在2周内需放置在荫蔽处，这期间不能施肥，只能适当浇水。成苗蝴蝶兰盆栽1年以上需换盆，首先将兰苗轻轻从盆中扣出，用镊子将根部周围的旧盆基质去掉,要避免伤根,然后用剪刀将已枯死的老根剪去,再用盆栽基质将根包起来,注意要使根均匀地分散开。如完全用水苔盆栽,应将浸透水的水苔挤干,松散地包在兰苗的根下部,轻压,但不可将苔藓压得过紧,以免造成根部腐烂。

(5)浇水

浇水是养好盆栽蝴蝶兰的条件,蝴蝶兰的根部忌积水,喜通风和干燥,如果水分过多,容易引起根系腐烂。盆栽基质不同,浇水的时间间隔不同。水苔吸水量大,隔数日浇水1次,蕨根、树皮块等保水能力差,可每日浇水1次。当看到盆内栽培基质表面变干,盆面呈白色时浇水;生长旺盛时期需水量大,要多浇水,休眠期要少浇水;温度高,植株蒸发水分快,要多浇水,温度低要少浇水;花后休眠期要少浇水;温度降至15 ℃以下时严格控制浇水,保持根部稍干;刚换盆或新栽植的植株,要保持盆栽基质相对稍干,少浇水,以促进新根萌发;冬季是花芽生长的时期,需水量较多,只要室温不太低,一旦看到盆栽基质表面变白、变干燥,就应及时浇水。

(6)施肥

蝴蝶兰要全年施肥,常用的方法是液体肥料结合浇水施用,原则是少施肥、施淡肥。冬天为蝴蝶兰的花芽分化期,适当追施磷钾肥;春夏期间为生长期,每7~10 d轻施1次有机液肥,最好施用蝴蝶兰专用营养液;出现落蕾时停止施肥,否则容易出现落蕾落花;花后可追施氮肥和钾肥。营养生长期以氮肥为主,进入生殖生长期后,则以磷钾为主。施肥的时间应在16:00浇水以后进行。

(7)病虫害防治

蝴蝶兰常见的病害有软腐病、褐斑病、炭疽病和灰斑病,如白绢病、灰霉病、镰刀菌病害。软腐病和褐斑病的防治可用75%百菌清600~800倍液或农用链霉素200 ml/m^3 喷洒,炭疽病的防治采用70%的甲基托布津800倍液或50%多菌灵800倍液喷洒。灰斑病出现在花期,主要以预防为主,在花期不要将肥水直接喷在花瓣上就能很好地预防此病的发生。

蝴蝶兰常见害虫主要有介壳虫、红蜘蛛、蜗牛等。介壳虫可用速介克1 500倍液喷杀;红蜘蛛可用霸螨清3 000倍液喷杀;蜗牛可用乙醛诱杀。

12.2　实训内容

12.2.1　香石竹摘心

1)实训目的

通过实训,使学生熟悉香石竹生长发育规律,掌握香石竹摘心、抹蕾操作技术。

2)实训材料和用具

香石竹生产苗床,喷雾器,杀菌剂。

3)实训方法步骤

全班学生分为若干个小组,每组2~4人,以小组为单位,在老师或技术人员的指导下,分组选定苗床,按香石竹摘心和抹蕾技术要求进行摘心操作,根据香石竹植株生长情况采取第一次摘心或第二次摘心。

(1)第一次摘心

对幼苗植株主茎第一次摘心,留植株基部4~6节,摘除主茎茎尖(摘心)。摘心时用左手握住主茎上要保留的最后一节,另一只手捏住茎尖摘去,不能提苗。注意要摘掉幼苗茎尖生长点,不是茎尖叶片,初学者往往会出现掐掉茎尖叶片而保留了生长点的现象。

(2)第二次摘心

第一次主茎摘心后,当侧枝生长至有5节左右时,对全部侧枝再进行一次摘心,使单株形成的花枝树达到6~8枝。摘心的方法和第一次相同。

(3)喷药防病

香石竹摘心后留有伤口,易感染病害,及时喷洒杀菌剂防病。

4)实训作业

通过实际操作,总结香石竹摘心方法,分析摘心技术操作不当容易产生的问题和解决的措施。

12.2.2 百合种球播种

1)实训目的

使学生掌握百合种球处理和播种方法。

2)实训材料

栽培设施、百合种球、消毒药品、播种基质、肥料、农药。

3)实训用具

浸种消毒大容器、喷壶、铁锹、筛子、小铁铲等。

4)方法步骤

全班学生分为若干个小组,每组3人,以小组为单位,在老师或技术人员的指导下,每组按实训内容要求进行操作。每组播种2行,1人挖播种沟,1人摆放种球,1人覆盖基质。

(1)整地作畦

选择疏松肥沃、排水良好、富含有机质的沙壤土,消毒后深翻30~35 cm,碎土整平,按畦面宽100~120 m,高20 cm,走道宽50 cm做畦,畦面要平整。

(2)开沟

在做好的畦面上按20 cm的行距画线开播种沟,沟宽15~20 cm,沟的深度为种球高度的3倍,并锄松沟底土壤,准备播种。

(3)播种

在开好的播种沟内按10 cm的株距栽下预先处理好的种球,鳞茎尖一定要朝上。在种球周围填入细土,将种球固定,最后用土将沟填满。如果是夏天播种覆土厚度为8~10 cm,冬天为6~8 cm。播种后及时浇水,浇水后在畦面用谷壳或锯末覆盖,厚度0.5~1 cm,使表土保持湿润。

5)实训作业

写出实训报告,总结百合播种方法,分析播种深度不当容易引起的问题和解决的方法。

12.2.3　菊花扦插

1)实训目的

通过实训,使学生掌握菊花枝插、芽插的插穗选择与剪接、扦插技术及扦插后的管理。

2)实训材料

育苗设施、苗床、扦插基质、菊花扦插材料、生根粉等。

3)实训用具

刀片、花剪、喷壶、杀菌剂、竹签等。

4)方法步骤

①根据选用扦插材料的特性,考虑实际生产需要,选择合适的扦插季节,有条件的话,可在不同季节多次进行,观察不同时期扦插成苗率。

②插穗的选取和采集。在生长健壮的母株上选择植株外围的枝条做扦插材料,用花剪剪取插穗,注意剪口要光滑,以利于愈合。

③插穗的剪截与处理。在新梢上截取 7 ~ 8 cm 的顶梢为插穗，在基部叶片下 0.2 cm处修成马蹄形，除去基部叶片，仅保留上部的 2 ~ 3 个叶，并将大叶剪去一半。剪好的插穗立即放入清水中，避免在空气当中长时间暴露。插穗前用 100 ~ 200 mg/L 萘乙酸或 50 mg/L 生根粉速蘸处理。

④扦插。枝插在 4 月中旬及 5 月上旬扦插。扦插时先用竹签将床面戳上小洞，插入插条，深约为插条的 1/3 ~ 1/2，行距 8 ~ 10 cm，株距 2 ~ 3 cm，插后按实、浇水。

菊花扦插也可用芽插，可供扦插的有脚芽、腋芽两种，脚芽是指根际萌生的芽，一般开花时产生。挖取脚芽后剥下芽下部的 2 ~ 4 片叶插入浅盆或繁殖箱中，深约 2 cm，生根后置于冷室或阳畦中保存。次年 3 月中、下旬定植。芽插适用于枝插难以成活的品种。

⑤扦插后管理。插后及时喷水、遮阳、加盖小拱棚、喷洒消毒药等。注意协调基质中的水汽关系。

5）实训作业

写出实训报告，总结菊花扦插技术操作步骤。

12.3 考证提示

设施切花栽培张网技术要点；设施切花栽培的水肥管理要点；设施花卉促成和抑制栽培的意义；设施栽培花卉整形修剪技术及植株管理技术要点；切花保鲜等。在技能鉴定辅导复习时应重点掌握。

任务后

考证练习题

1. 选择题

(1)在花卉设施栽培中，灌溉和施肥设备，通常不包括(　　)。

A. 储水和供水设备　　B. 水处理设备

C. 肥水回收装置　　D. 灌水器

(2)露地花卉与温室花卉相比，具有(　　)的特点。

A. 抗逆性弱　　B. 抗逆性强

C. 栽培措施精细　　D. 栽培成本较高

(3)下列选项中,(　　)可以延长光照时间来延缓开花。

A.菊花　B.唐菖蒲　C.矮牵牛　D.旱金莲

(4)一品红扦插床常用细沙土,扦插的深度一般为(　　)cm。

A.1~2　B.4~5　C.10~12　D.15~17

(5)蝴蝶兰的栽培基质一般选用(　　)。

A.泥土　B.珍珠岩　C.水苔　D.砻糠灰

(6)在切花生产中,香石竹植株长高后,要(　　)使其直立生长。

A.喷施生长调节剂　B.控制水

C.支杆　D.架设网格固定

(7)切花菊采收的适期是(　　)。

A.花蕾半开　B.花蕾全开　C.花蕾七分开　D.含苞待放

(8)切花月季枝条较长,节间数多,标准开花枝有叶(　　)节以上。

A.3~5　B.5~10　C.10~14　D.14~20

(9)百合花芽分化的最适温度是(　　)℃。

A.10~15　B.15~20　C.20~25　D.25~30

(10)菊花对日照长度的要求是(　　)。

A.长日照　B.短日照　C.中性日照　D.没有要求

(11)将枝条的一部分剪除,以促进侧芽发育的方法,称为(　　)。

A.摘心　B.短截　C.摘蕾　D.疏剪

(12)摘心一般不用于(　　)的目的。

A.调节开花期　B.控制植株高度

C.促进分枝　D.改善植株通风透光

2.判断题

(1)月季生产中主要适用组培苗。(　　)

(2)菊花喜湿怕涝,应本着见干见湿的原则浇水。(　　)

(3)蝴蝶兰要全年施肥,常用的方法是液体肥料结合浇水施用。(　　)

(4)一品红在日照长度10 h左右,温度高于18 ℃的条件下开花。(　　)

(5)球根花卉中重要的切花花卉为唐菖蒲、郁金香、百合等。(　　)

(6)摘心的作用可有效控制植株高度,促使植株矮化、促进侧枝萌发,增加花枝数目、延迟开花期,确保开花整齐一致等。(　　)

(7)设施花卉栽培病虫害的防治应该采用“预防为主”的原则。(　　)

(8)亚洲系百合品种种植密度一般为20~25个/m^2。(　　)

(9)容器育苗所有播种基质都应经过消毒。(　　)

(10)香石竹第一次摘心在定植后60天左右。 ( )

3. 问答题

(1)用做切花栽培的月季对品种有什么要求?

(2)香石竹幼苗定植后如何进行水肥管理?

(3)用于切花栽培的百合分几类? 各有何特点?

(4)蝴蝶兰生长发育对环境条件有何要求?

(5)一品红如何整枝?

任务13　掌握主要蔬菜设施栽培技术

任务目标

知识目标：掌握蔬菜设施栽培的概念及主要设施栽培类型；掌握环境条件与蔬菜生长发育的关系；掌握设施栽培蔬菜的育苗方法与条件；掌握各种蔬菜对设施环境的要求及设施环境调控的方法技术；掌握主要蔬菜设施栽培的常规管理技术，为蔬菜的设施生产栽培打下基础。

能力目标：掌握各种蔬菜育苗方法特别是嫁接育苗方法和适龄壮苗的培育方法；掌握各种蔬菜设施栽培环境调控技术；掌握各种蔬菜肥水特点及肥水管理技术；掌握各种蔬菜在设施栽培条件下病虫害类型及防治方法。

13.1 基础知识要点

我国蔬菜设施栽培起步早,发展慢。进入20世纪90年代,蔬菜设施栽培才开始迅速发展。随着农业新技术的发展和应用,蔬菜设施栽培的面积、产量、质量有了大幅度的提升。目前,蔬菜的栽培设施逐渐向美观、宽敞、明亮、操作管理现代化的方向发展。在蔬菜设施栽培中,各种新技术的应用,如夏季遮阴降温技术设备的改善、设施环境和肥水调控技术的优化、有机生态型无土栽培技术和人工授粉技术的应用、病虫害预测预报及防治等,使蔬菜设施栽培的经济效益和社会效益不断提高,达到了蔬菜栽培调节市场和周年供应的目的。

13.1.1 黄瓜设施栽培技术

黄瓜别名王瓜、胡瓜,起源于喜马拉雅山南麓的热带雨林地区,为葫芦科黄瓜属1年生蔓性草本栽培植物,是我国的主栽蔬菜作物之一。黄瓜生食多汁味甘,食用方便,富含维生素A、维生素C以及多种有益矿物质,具有独特的清香味,能解渴疗饥、生津。黄瓜具有清热利水之功,汁液具养颜之效。

1)设施选择

黄瓜栽培设施我国北方主要以塑料大棚、温室保温栽培为主,南方以遮阳防雨棚降温栽培为主。

2)栽培原理

(1)温度

黄瓜为喜温作物,要求较高的温度。健壮植株冻死温度为0 ℃,如不经锻炼,3 ℃即可冻死。低于10~12 ℃可导致生理失调。生育适温为白天25~32 ℃,夜间13~15 ℃,昼夜温差10~17 ℃。地温以20~25 ℃为宜。种子发芽适温28~32 ℃,幼苗期适温为白天20~30 ℃,晚上10~15 ℃。

(2)湿度

黄瓜喜湿不耐旱,要求土壤湿度85%~95%,空气湿度白天60%~80%,夜间90%,喜湿不耐涝。

(3)光照

最适光强为40 000~60 000 lux,黄瓜喜强光又耐弱光。苗期的短日照能促进花芽分化成雌花。

(4)土壤及其营养

黄瓜要求富含有机质、通透性良好、保肥保水的土壤。适宜的土壤 pH 值为5.7～7.2;黄瓜需氮素较多,需钾素最多,但磷素也很重要,初期施磷肥,最迟在播后 20 d 施,效果好。黄瓜吸收氮、磷、钾、钙、镁的比例为100∶35∶170∶120∶32,每吨产品约吸收氮4.8 kg、五氧化二磷 18 kg、氧化钾 8 kg、氧化钙 7 kg、氧化镁 1.6 kg。

3)栽培技术要点

(1)茬口安排

黄瓜设施栽培茬口安排应以周年供应为目标,露地和设施栽培配套进行。根据各种保护设施的性能特点,安排生产茬口,合理轮作倒茬,减轻病虫害的发生和蔓延,提高产品产量和质量。北方设施黄瓜栽培茬口主要有:

①日光温室秋冬茬。8 月下旬至 9 月上旬播种,盛果期在 10 月中下旬,以冬季和元旦供应市场为目的。

②日光温室冬春茬。10 月中、下旬至 11 月上旬播种,11 月下旬至 12 月上旬定植,1 月中旬开始采收,盛果期在 2—3 月,5—6 月采收结束。

③日光温室早春茬。12 月中旬至 1 月下旬播种,2 月上、中旬定植,3 月下旬至 5 月中旬采收。

④塑料大棚春茬。2 月上旬播种,3 月下旬定植,4 月中旬至 7 月下旬采收。

⑤塑料大棚秋茬。7 月中、下旬播种,8 月上旬定植,9 月上旬至 11 月上旬采收。

(2)品种选择

目前我国栽培的黄瓜品种主要有 3 大类(图 13.1):

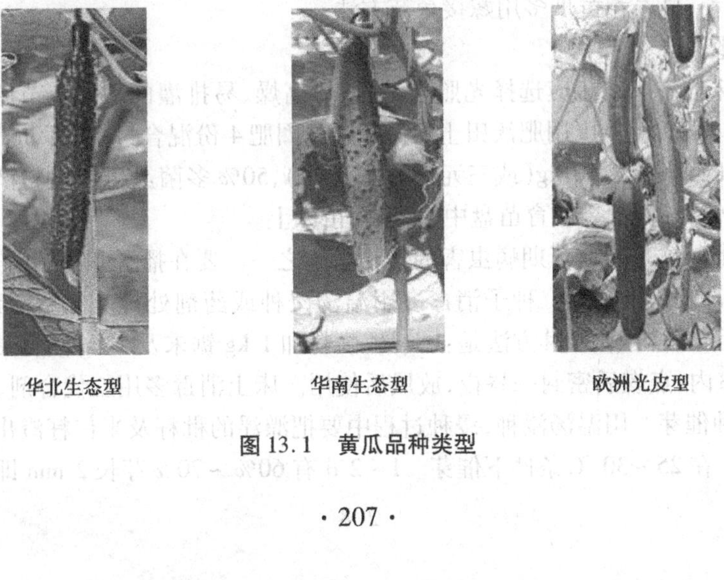

华北生态型　　华南生态型　　欧洲光皮型

图 13.1　黄瓜品种类型

①华北生态型。刺瘤较多,瓜把较长,瓜形较大,30 cm 以上。

②华南生态型。刺瘤较少,基本无瓜把,瓜型较短小,25 cm 左右。日本、韩国的品种多属此类型。

③欧洲光皮类型。无刺无瘤,表面光滑。有短瓜类型(迷你型)及长瓜类型。"迷你"黄瓜,甜脆爽口,适宜鲜食,瓜型短小,表面光滑无刺,适于清洗包装,因此被称为高档黄瓜新品种。

我国设施栽培的黄瓜品种以华北生态型为主,占黄瓜市场的80%以上,寡刺瘤型的品种相对较少。但华北类型黄瓜由于果实刺瘤较密,不适于包装运输,清洗也极不方便,农药的残留量较重。寡刺瘤类型(华南型及欧洲光皮型)与华北类型黄瓜相比,易清洗包装,农药残留低,符合消费趋势及出口要求。

华北黄瓜经长期选育形成了春黄瓜、夏黄瓜、秋黄瓜 3 个生态型:春黄瓜,如长春密刺(新泰小八杈)、北京大刺瓜、津研 6 号、津春系列黄瓜等;夏黄瓜,如津研 2 号、津研 7 号等;秋黄瓜,如唐山秋瓜、九月青等。选用抗旱耐热、早熟高产、抗病、生长势强、回头瓜多、较耐弱光的品种。以前一般用长春密刺,现在多用中农系列、津春系列、津杂系列、津优系列与津绿系列等。

(3)育苗

培育适龄壮苗是设施黄瓜早熟丰产的前提条件。适龄壮苗的生态指标是:株高 20 cm 左右,有 6 片左右真叶,总叶面积不少于 500 cm^2,叶色浓绿、叶片较厚,节间较短而均匀,茎粗壮,根系多而密集、颜色白,并已现出雌花。一般早春育苗苗龄 50 ~ 60 d,这样的苗定植后缓苗快、座瓜早,抗逆性强。

黄瓜设施栽培因茬口不同,育苗方法不同。秋冬茬黄瓜有直播或育苗移栽两种方法;冬春茬、早春茬黄瓜多用嫁接育苗方法。

①直播育苗。

A. 苗床准备。苗床应选择光照充足、地势高燥、易排灌的地块。苗床为平畦,宽 1.2 m、深 10 cm,营养土用肥沃田土 6 份和腐熟圈肥 4 份混合过筛。1 m^3 营养土加腐熟碎粪 15 kg,草木灰 10 kg(或三元复合肥 3 kg),50% 多菌灵可湿性粉济 80 g,均匀混合,装入营养钵、纸袋或育苗盘中,安排在苗床上。

B. 消毒。这是防治苗期病虫害的重要措施之一。要在播种和移植时进行种子消毒、温室消毒及床土消毒。种子消毒多用温汤浸种或药剂处理。温室消毒可在播种或移植前用硫磺粉熏烟,其方法是:1 kg 硫磺粉加 1 kg 锯末及 1 kg 敌百虫,混匀后分堆放于温室内,点燃后密封一昼夜,放风后使用。床土消毒多用五代合剂、多菌灵等。

C. 浸种催芽。用温汤浸种,浸种过程中要把漂浮的秕籽及半仁籽澄出去,选用饱满的种子。在 25 ~ 30 ℃条件下催芽。1 ~ 2 d 有 60% ~ 70% 芽长 2 mm 即可播种。

D.播种。有撒播、点播或条播3种方法。播种量每亩需150～200 g,每平方米播10～15 g。

E.苗期管理。用播种盘、床育苗的,待出土6～8 d,即子叶展平时进行移植。移植时一定要使根系舒展,特别是用土方育苗的,需注意。移苗营养面积8×(8～10 cm)×10 cm。

a.温度管理。

播种到出苗:保持25～30 ℃;

齐苗后要降温:白天20～25 ℃,夜温15～18 ℃降至13～15 ℃,防止徒长;

移苗后:白天25～28 ℃,夜间22～25 ℃,保持5～7 d,利于缓苗;

缓苗后:白天20～25 ℃,夜温13～18 ℃,地温16～20 ℃;

定植前:白天15～20 ℃,夜间8～10 ℃。到定植前,夜温至5～10 ℃。

b.水分管理。春黄瓜苗期长,温度控制严格,因此应保证水分供应。如果控温又控水,必然造成小老苗、花打顶现象。在播种及移植时要浇透水。苗期生长期间幼苗叶片浓绿,龙头卷曲,中午打蔫时间过长,土方上部有裂口、发白,表明缺水。可用小喷壶打水,不可漫灌,以免沤根。浇水要选在晴天上午。

c.加强光照。低温短日照有利于雌花的形成,但也要保证充足的阳光,特别是在阴雪天,要揭帘见光。

d.增加雌花。春季育苗一般在温度、光照掌握好的情况下,不必采用特别措施。若需增加雌花,办法是在2～3叶期叶面喷施150～200 mg/L的乙烯利溶液。

②嫁接育苗。嫁接育苗是防止土传病害、克服设施土壤连作障碍的最有效措施。此外,嫁接苗与自根苗相比,抗逆性增强,生长旺盛,产量增加,尤其是在日光温室冬春茬黄瓜栽培中地温较低的情况下,增产效果突出。嫁接方法见13.2.1黄瓜嫁接育苗。

(4)定植

①整地施肥。定植前要深翻晒垡,前施足底肥,每666.7 m^2每亩施优质腐熟有机肥5 000～10 000 kg,然后做成畦或垄。

②定植时间。苗龄35～40 d,三叶一心时定植。在不受冻害的情况下,早栽为好。具体日期依10 cm土温和气温确定,土温达12 ℃并稳定,外界最低气温6～8 ℃时为安全定植期。定植较早的要备有防寒保温措施,以免发生意外。定植要在晴天进行,“阴天不栽晴天栽,寒头不栽寒尾栽”,一天可从早晨栽至下午3:00。

③定植密度。一般每666.7 m^2保苗4 000株左右,可用畦栽或垄栽。1.2 m栽两行,株距25 cm,或80 cm单行17～20 cm株距,或用主副行的办法。还有1 m畦栽双行,隔畦定植间套种叶菜的,以及1 m畦主副行的。

④定植方法。有沟栽和穴栽两种，又分为上坨、下坨及半坨法。依温度和水分而定。地下水位高，地温低的宜用上坨，反之可用下坨。

(5)定植后的管理

①施肥。黄瓜是喜肥作物，要有充足的肥料供应，特别是在开花结果期。基肥充足的温室，一般要在2月上中旬开始追肥，以硝酸铵、磷酸二铵、尿素等交替使用。生长前期每亩施10~15 kg，结果期每次每亩(即每666.7 m^2)施15~20 kg。前期肥料溶于水中，随水浇于小行垄沟内。结果期开始明沟追肥。先松土，然后追肥，并与暗沟交替进行。追肥必须结合灌水进行。此外，盛瓜期还可进行叶面喷肥，采用0.2%磷酸二氢钾+0.5%尿素+500倍食醋混合喷洒。据研究报道，增施二氧化碳对黄瓜丰产潜力很大，日光温室黄瓜增施二氧化碳，浓度以1 500~2 000 ppm为好。晴天半阴天清晨日出后30 min开始施用，施肥30~40 min，停止20 min，再施放20~25 min，间隙15 min后再施放15~20 min。苗期定植后施用二氧化碳能增产10%~30%，开花结果期继续施用，黄瓜早期产量可增加40%。

②浇水。浇水较为复杂细致。既要看土壤的干湿，又要看施肥多少，还要看秧苗的长相和天气情况。定植水要足、匀，扎根水要及时，在定植后7 d左右选好天浇灌，这次水很关键，晚了根放不开，扎不下去，秧不长，瓜条短小；早了地温低，不利于缓苗。浇后要松土，以后要根据情况浇水。黏土疏浇，沙土勤浇，天气不好宁肯缺水也不能浇。浇水要在早晨进行。一般根瓜前后浇2次，盛瓜期浇5~6次，5~7 d浇1次，后期约5次，3~4 d浇1次。定植后浇水12~16次。

③植株调整。主蔓结瓜为主的品种，单干整枝，苗高25~30 cm时及时吊蔓，一般6片真叶以下的侧枝和花全部去掉，中部每节可留1~2条瓜，疏掉多余花。结瓜盛期，植株生长速度快，必须及时落蔓，每株保留15~16片绿色功能叶，地面茎蔓要均匀盘在畦面上，落蔓时应摘除卷须及化瓜，以减少养分消耗。为改善植株下部的通风透光条件，减少养分消耗和各种病害的发生，要及时清除老、黄、病叶。

④采收。黄瓜属于嫩瓜采收。一般根瓜应及早采收，以免影响后续瓜和茎叶生长。结瓜初期2~3 d采收1次，结瓜盛期1~2 d采收1次，勤采多采，有利于延长结瓜期，提高产量。

⑤病虫害防治。黄瓜设施栽培温度高湿度大，病虫害较为严重。主要病害有霜霉病、白粉病、立枯病、炭疽病、细菌性角斑病、疫病等。霜霉病用70%已锰可湿性粉剂500倍液，40%已磷铝可湿性粉剂200倍液，90%已磷铝可湿性粉剂300倍液，50%甲霜铜可湿性粉剂300倍液。白粉病用20%粉锈宁可湿性粉剂1 000~1 500倍液，70%甲基托布津可湿性粉剂600倍液。

虫害有蚜虫类、白粉虱、红蜘蛛等。蚜虫类可用40%乐果乳油1 000~1 500倍，

50%抗蚜威可湿性粉剂2 000～3 000倍防治。红蜘蛛用73%克螨特乳油1 200倍液或20%三氯杀螨醇1 000倍液。白粉虱用25%溴氯菊酯乳油2 000～3 000倍或20%速灭杀丁乳油2 000～3 000倍液防治。

喷药应在发病初期进行,以后每隔7～10 d喷1次,连喷2～3次可较好地控制病害。黄瓜霜霉病流行速度较快,发病前即应喷药预防,药剂尽量选用烟雾剂或粉尘剂,以减低棚内湿度,喷药应于晴天上午进行,喷后加强通风排湿。

(6)环境调控

①温度、湿度。

A.苗期。定植后7～10 d为缓苗期,高温高湿有利于缓苗,此期要紧闭通风口,尽量提高棚温,以气温影响地温。苗期床温低于5 ℃,根易发生沤根,长期在15 ℃以下,容易诱发猝倒病,而温度过高,幼苗极易徒长。适宜温度为白天25～30 ℃,夜间13～15 ℃。

B.初花期。以促根拉秧为中心,加大昼夜温差,实行变温管理。严格控制水分,不发生干旱不浇水,使根系向深层发展。白天超过30 ℃时由顶部放风,20 ℃左右闭风,降至15 ℃左右覆盖草帘,在植株不能直立生长前,就应及时上架,架式以塑料绳吊蔓。

C.结果期。结果期温度仍采用变温管理,由于日照时数增加,光照由弱转强,室温可适当提高。保持白天25～30 ℃,前半夜15～20 ℃,后半夜13～15 ℃。结果期黄瓜对水分、养分的消耗量大,应采用大水大肥的措施。此期是肥水管理的关键时期,一般来说,为采收初期到盛果期,含水量宜为23%以上,10～20 d浇1次水,到了结果中后期,外温高,放风量也大,水分蒸发也快,5～10 d浇1次水。

②光照。黄瓜喜光,又有一定的耐弱光能力,其光饱和点为55 000 lux,补偿点为2 000 lux。增强光照,对提高黄瓜产量有明显的影响。设施采光面要经常保持清洁,棚室内要张挂反光膜。冬季设施生产要选用透光性能好、防尘、抗老化、无滴透明膜作为覆盖材料,大棚膜最好采用新的醋酸乙烯膜。尽量延长光照时间,冬季在不降低温度的前提下,白天要尽可能对多层覆盖早揭迟盖,尤其是草帘。采用人工补光,冬季如遇上连续阴雨天气,可用白炽灯、钠灯等进行人工补光,既可弥补光照不足,又能增加棚内温度。及时进行植株调整,冬季在棚内生产的果菜类蔬菜,在生长过程中要注意及时摘除植株中下部的老叶和黄叶,改善植株中下部的光照条件。

③湿度。黄瓜根系浅,叶片大,地上部消耗水分多,对空气湿度、土壤水分要求都比较高。适宜的土壤相对湿度为85%～90%,空气相对湿度为70%～90%。在生产上,空气湿度适宜,土壤水分比较充足,对生育是有利的。在土壤水分充足的情况下,降低空气湿度,能减少病害发生,延长生育期,获得高产。在保证温度的前提下,适时

通风换气,降低湿度,对黄瓜生长有利。采用地膜覆盖可以将土壤蒸发的水分控制在地膜以内。改进灌溉方式,采用滴灌、膜下暗灌等方式,可以有效降低土壤湿度。

④气体。主要是补充二氧化碳,可以通过通风换气、施放二氧化碳气肥或化学反应产生二氧化碳来实现。

13.1.2 西葫芦设施栽培

西葫芦又叫美洲南瓜,原产北美洲,为葫芦科南瓜属一年生草质藤本喜温性作物,其营养丰富,果胶含量高,含糖量低,风味独特,是老百姓所喜爱的主要瓜类蔬菜。

1)设施选择

西葫芦的耐寒性和适应性比较强,且耐潮湿,适宜塑料大、中、小棚和日光温室等各种设施栽培。

2)栽培原理

西葫芦喜温,对温度有较强的适应能力,生长发育适宜温度为22~25 ℃,11 ℃以下低温和40 ℃以上高温停止生长,果实发育适温为22~23 ℃,根系伸长最低温度为6 ℃,根毛发生最低温度为12 ℃。西葫芦对光照要求比黄瓜高,冬季光照弱,开花延迟。育苗期间给予短日照(8~10 h),对雌花分化和发育有利,而且花瓣和子房都较肥大,但过短日照对坐果不利。西葫芦不具有单性结实特性,开花期必须授粉受精或激素处理后才能结瓜。

西葫芦根系强大,具有较强的吸水能力和耐旱能力。对土壤要求不严格,但为获得优质高产,选含有机质丰富的沙质壤土或壤土栽培为宜。西葫芦的吸肥能力较强,对大量元素吸收以钾为最多,氮次之,前期吸收量少,盛果期为吸收高峰期。

3)栽培技术要点

(1)茬口安排

①日光温室冬春茬栽培。10月中下旬温室播种,嫁接育苗,11月中下旬定植,1月上中旬采收,5月中旬采收结束。生长期210 d。

②日光温室早春茬栽培。12月中下旬至1月上旬温室电热温床育苗,2月上旬定植,3月上旬开始采收,5月下旬采收结束。生长期150 d。

③塑料大棚春早熟栽培。2月中下旬温室播种育苗,3月下旬定植,4月上中旬开始采收,6月下旬采收结束。生长期100~120 d。

(2)品种选择

西葫芦有矮生、半蔓生、蔓生3大品系。多数品种主蔓优势明显,侧蔓少而弱。

矮生品种节间短，蔓长通常在50 cm以下，在日光温室中有时可达1 m，半蔓生品种一般约80 cm，蔓生品种一般长达数米。西葫芦的耐寒性比较强，栽培的大多为矮生类型品种，适应在气候干燥条件下生长，又比较耐潮湿，因此，适宜塑料大、中、小棚及日光温室等各种设施栽培。

西葫芦设施栽培应选择生长势强、植株矮小，株型紧凑，雌花节位低，叶片较小，耐寒性较强的早熟品种。目前生产上一般以选用早青一代、奇山2号为好，也可选用金皮西葫芦。

(3)育苗

西葫芦壮苗标准是株高10 cm左右，茎粗0.5 cm左右，叶片3～4片，叶片浓绿，苗龄约25 d。

西葫芦多在温室或阳畦内用营养钵育苗，北方寒冷季节采用电热温床育苗。在播种前半月，将前屋面无滴膜盖好，并且密封，高温闷棚10 d左右，以杀灭苗床病菌。

然后将种子用55 ℃(恒温)温水浸种15 min，加入凉水降至30 ℃，再继续浸种4 h即可播种，适期播种不需催芽。苗床提前准备好，播时先灌足底水，水渗完后，按10 cm×10 cm划成方格，每方格点饱满种子1粒，点后覆土厚2 cm。也可以用营养钵育苗，每亩(每666.7 m^2)需种子250～300 g。一般苗龄25～30 d左右，苗高8～10 cm，具有3～4片真叶即可定植。

苗期管理主要掌握好温度，播种后，室内白天温度保持在20～25 ℃，夜间10～15 ℃，地温15～20 ℃。幼苗期适当控制灌水，加强通风排湿，防止徒长，定植前低温炼苗，白天温度降至20 ℃，夜间8 ℃。

(4)定植

西葫芦根系发达，在土壤中分布较深，生长快，产量高，定植前施足基肥，一般深翻30～40 cm，每666.7 m^2(每亩)施充分腐熟有机肥5 000 kg，过磷酸钙50～100 kg，尿素20 kg，其中定植沟施基肥1/3，其余2/3在翻地时撒施。碎土整平后按100 cm、80 cm的大小行开沟起垄或作畦，并覆盖地膜，高畦定植2行，高垄定植1行，株距45～50 cm，三角形定植，每666.7 m^2 定植1 500株左右。

定植选择阴天或晴天上午进行。栽苗时适当深栽，定植后及时浇定植水，水量不宜过多，以湿透土坨为宜。

(5)定植后的管理

①水肥管理。定植后浇足定植水，缓苗后浇缓苗水，开花坐果时不浇水追肥。适当中耕控水，增强土壤通透性，促进根系生长，使植株粗壮。当根瓜坐果后，灌催瓜水，结合灌水每亩(每666.7 m^2)追施磷酸二铵或硫酸钾15 kg，以后视瓜秧和天气情

况追肥灌水，一般 7 ~ 10 d 浇 1 次水，施肥原则少量多餐次，保持营养生长和生殖生长平衡。

②植株调整。西葫芦以主蔓结瓜为主，为防止消耗营养，应及早摘除侧芽和雄花以及下部老叶；植株封垄前，随顶芽生长进行培土压蔓；茎蔓较长影响生长和果实发育时进行吊蔓。

③花果管理。西葫芦进入结瓜期，雌花和雄花非常多，要疏掉部分雌花和全部雄花，必要时疏除部分小瓜，以减少养分的消耗。由于西葫芦单性结实能力差，冬春茬在温室内花期昆虫活动少，授粉困难，因此，开花后每天要进行人工授粉，授粉应在早晨揭帘后进行。方法是：摘下雄花，去掉花瓣，用雄蕊花药涂抹雌蕊柱头。利用 2,4-D 激素处理也是保花保果的有效措施，一般在早晨 8:00 ~ 9:00 用毛笔蘸上配好的 2,4-D 溶液，涂抹在柱头或瓜柄处均可，浓度冬季低温季节为 80 ~ 100 ppm，春季为 25 ~ 40 ppm。

④病虫害防治。西葫芦设施栽培，因温度高湿度大，病虫害较为严重，主要病害有霜霉病、白粉病、立枯病等。霜霉病用 70% 已锰可湿性粉剂 500 倍液防治。白粉病用 20% 粉锈宁可湿性粉剂 1 000 ~ 1 500 倍液或 70% 甲基托布津可湿性粉剂 600 倍液防治。

虫害有蚜虫类、白粉虱、红蜘蛛等。蚜虫类可用 40% 乐果乳油 1 000 ~ 1 500 倍或 50% 抗蚜威可湿性粉剂 2 000 ~ 3 000 倍防治。喷药应在发病初期进行，以后每隔 7 ~ 10 d 喷 1 次，连喷 2 ~ 3 次可较好地控制病害。

⑤采收。西葫芦主要以嫩瓜上市供食，应适时采收，促进后续坐瓜和果实生长。一般根瓜 0.25 ~ 0.5 kg 时采摘，结瓜中后期单瓜重 0.5 ~ 1.0 kg 时采摘，后期食用老瓜，瓜重 1.0 ~ 2.0 kg 时采摘。

(6)环境调节

①温度调控。西葫芦定植后保持较高温度，不超过 30 ℃不放风。白天温度控制在 25 ~ 30 ℃，夜间 18 ~ 20 ℃，以促进缓苗。缓苗后适当降温，白天温度保持在 20 ~ 25 ℃，夜间最低 10 ~ 15 ℃，注意通风降温，以防幼苗徒长。结果期白天温度保持在 25 ~ 28 ℃，夜间最低 15 ~ 18 ℃。冬季白天温度保持在 23 ~ 25 ℃，夜间最低 10 ~ 12 ℃，在下午气温降至 18 ℃时盖帘保温。早晨揭帘前室温不低于 8 ℃。严冬过后白天温度保持在 25 ~ 28 ℃，夜间最低 15 ~ 18 ℃为宜。随着外界温度升高，逐步加大通风量，延长放风时间，当外界温度稳定在 12 ℃以上时，要昼夜通风。

②光照调控。西葫芦生长要求较强的光照条件。定植缓苗后，在后墙张挂反光幕，每天清除前屋面遮光物，冬季按时揭盖草帘，延长见光时间，雪天雪停即揭帘见光。瓜秧长到 60 cm 左右时，开始吊蔓。冬季寒冷时期，在满足温度要求的情况下，

尽量增加光照强度和延长光照时间。

③湿度调控。西葫芦对湿度要求不严格，适宜于干燥气候下生长，又比较耐潮湿。一般适宜的空气相对湿度为70%～80%，土壤相对湿度为60%～70%。

④通风换气。冬春茬西葫芦在冬季低温期间，通风少，室内二氧化碳不足，影响光合作用，影响产量，在结瓜期适当加大通风量，必要时进行二氧化碳施肥，以满足光合作用的需要，适宜时间是在晴天揭帘后半小时进行，每次施肥时间不少于2 h。

13.1.3　番茄设施栽培

番茄别名西红柿、番柿、柿子等，茄科番茄属多年生或一年生植物，原产于南美的秘鲁、厄瓜多尔、玻利维亚一带。番茄果实营养丰富，具特殊风味，可以生食、熟食、加工制成番茄酱、汁或整果罐藏。番茄是全世界栽培最为普遍的果菜之一，在欧美、中国、日本有大面积的设施栽培。

1）设施选择

北方地区番茄设施栽培以塑料大棚和日光温室栽培为主。塑料大棚主要进行春季早熟栽培和秋季延后栽培；日光温室在生产中主要进行冬春茬、早春茬、秋冬茬栽培。也有用阳畦进行早熟栽培的，阳畦均东西向、坐北朝南设置，以接受阳光和阻挡北风。长江中下游地区利用大棚、中棚和小拱棚等保护设施，达到早定植、早上市的栽培目的；南方地区采用遮阳设施实现夏季降温栽培。

2）栽培原理

（1）温度

番茄为喜温蔬菜，但在果菜类中又较耐低温。其生长发育适宜温度为白天20～25 ℃、夜间12～15 ℃，但不同时期有差异。种子发芽适温为28～30 ℃，最低12 ℃；育苗期间白天20～25 ℃、夜间12～15 ℃为宜；花芽分化期间，长期10～12 ℃以下的低温会导致异常发育，产生畸形花果。开花授粉和果实发育的适温为20～25 ℃。18～21 ℃以下虽能开花、结实，但落花率高，25～28 ℃可以开花，但落果率高，已座住的果实可以正常生长；32 ℃以上落花蕾均严重。果实中的茄红素在20～25 ℃条件下生成顺利，低于16～20 ℃或高于26～30 ℃，很难生成。低温季节可采用加温处理，使其着色。根系生长适温为20～22 ℃。

（2）光照

番茄喜光，要求充足的光照，光饱和点为70 000 lux。光照不足，明显抑制干物质生产，徒长，落花落果及感病。因此，不宜与遮荫植物相邻种植。番茄为中光性植物。

(3)水分

番茄蒸腾作用较强，但其根系比较发达，吸水力强，为半耐旱性蔬菜，即需水较多，但又不宜经常大量灌溉，对湿度要求较低(45%~50%)。幼苗期土壤湿度60%~70%为宜，结果期土壤湿度70%~80%为宜。第一花序坐果前，土壤水分多易引起徒长，根系发育不良，落花。水分的供给也不可忽多忽少，应均匀，以防裂果。

(4)土壤及营养

番茄对土壤要求不严，适应性强，但以土层深厚，排水良好，有机质含量高的壤土、砂壤土为宜。适宜的pH为6.2~7.2，以6.4为最好。

番茄枝叶繁茂，结果期长，因而要求土壤肥力高，是一种需肥多又耐肥的作物。吸收营养元素量钾第一位、氮次之，磷最少；但磷具有特殊地位，其总吸收量的94%用于果实。一般亩产5 000 kg的番茄，需吸收氮12.5~15 kg、磷1.5~2.5 kg、钾18~22 kg。

3)栽培技术要点

(1)茬口安排

①塑料大棚春早熟栽培。1月中下旬育苗，3月下旬定植，5月上中旬开始采收。

②塑料大棚秋延后栽培。7月上中旬育苗，8月上旬定植，9月下中旬开始采收。

③日光温室冬春茬栽培。9月下旬育苗，11月上中旬定植，1月上中旬开始采收。

④日光温室早春茬栽培。10月下旬育苗，竖年1月下旬定植，3月中旬开始采收。

⑤日光温室秋冬茬栽培。7月下旬育苗，9月上旬定植，11月下旬开始采收。

(2)品种选择

适合于设施栽培的番茄品种，应具有比较耐低温、耐阴、早熟、品质好、抗病等特点。栽培番茄品种可分为两个生长类型，即有限生长类型和无限生长类型。有限生长类型植株主茎生长到一定节位后，花序封顶，主茎上果穗数的增加受到限制，植株矮小，结果较集中，多为早熟品种。它们有较高的结实力及速熟性，发育快，光合强度高，生长期短。根据果色分为3个品种群：①红果品种群，如北京早红等；②粉红果品种群，如北京早粉、早粉2号等；③黄果品种群，如兰黄1号等。无限生长类型主茎顶端着生花序后，不断由侧芽代替主茎继续生长、结果、不封顶。这类品种生长期较长，植株高大，果形也多较大，多为中晚熟品种。产量高，品质好。根据果色可分为以下2个品种群：①红果品种，如纳普拉斯、红宝101等；②粉红果品种，如中研958、中研968、毛粉802等。另外，还有黄果品种类型与白果品种类型。

(3)育苗

培育健壮的番茄幼苗,是促进早熟及稳产高产的基础。壮苗的标准是:日历苗龄70~80 d,生理苗龄为株高25~30 cm,8~9片真叶,茎粗短,紫色带绒毛,80%~90%以上的植株带有花蕾。

浸种催芽:每666.7 m^2 生产田用种量40~50 g。优选的种子用温汤浸种后,再一般浸泡6~8 h,之后放在25~30 ℃的地方进行催芽。

(4)床土配制与苗床准备

①床土配制。最好利用比较肥沃、没有种过茄果类、瓜类和十字花科蔬菜的大田土壤、前茬为豆类或葱蒜类的园田土4~5份,加上4~5份优质有机肥、过筛掺匀播种或分苗用,每立方米的床土可加磷酸二铵1~1.5 kg。为防止番茄苗期病害,在配制床土的同时,用50%的多菌灵进行床土消毒。

②苗床准备。为了使番茄早收获、早上市,提高产量和经济效益,早春番茄都需进行育苗移栽。育苗方式有多种,常用的有温室育苗、温床育苗及冷床育苗3种形式,可根据具备的设施条件选择具体的育苗方式。一般在日光温室内选择温度、光照较好的部位,搭建架床。

③播种。播种主要是播种时期和播种技术。播种时期一般先根据栽培方式、供应期的早晚确定定植期,再根据育苗的方式、移苗的设施确定苗龄,用定植期减去苗龄即可推算出播种期;播种应选择晴天中午进行。采用撒播、条播或点播,播后覆盖3~4 cm过筛后的细土。一般每10 cm^2 播种面积应有3~4粒有芽的种子。播种之后,扣上小拱棚增温保湿,以利于幼苗出土。

④移植。又叫分苗。番茄幼苗一般在2~4片真叶时开始花芽分化,而且花芽分化是连续性的,如分苗时期不当则影响花芽分化正常进行,故应在花芽分化前进行移植,一般在二叶一心之前进行为宜。分苗时要选择晴天进行,分苗后要有几个晴天以利于缓苗。分苗的株行距以(7~10) cm×(7~10) cm为宜,最好选用直径为8~10 cm的塑料营养钵为分苗容器。

⑤苗期管理。育苗期管理的主要目的是为番茄幼苗创造适宜的温度、湿度等环境条件,以培育整齐、健壮、抗逆性强的幼苗。

A.温度管理。番茄苗期一般需积温1 000~1 500 ℃。播种后室温控制在25~28 ℃。出苗达70%时,将室温降至白天20 ℃,夜间15 ℃左右防止幼苗徒长。待幼苗长到二叶一心时应及时分苗,分苗后应及时扣上小拱棚,增温,促进缓苗,白天温度可控制在25 ℃左右,土温控制在20 ℃左右。缓苗后夜间温度要逐渐降低,白天温度也要逐渐降低以锻炼幼苗。一般白天20 ℃左右、夜间前半夜14~16 ℃,后半夜11~13 ℃,地温维持在15 ℃。在定植前7~10 d应加强对番茄幼苗的低温锻炼,以适应定植后日光温室的环境条件,这时白天应适当通风,温度保持在 16 ~ 18 ℃,夜温控制在 7 ~ 10 ℃。以利于植株体内干物质积累,培育出茎秆粗壮而节间短的健壮幼苗。

B. 水分管理。番茄苗期要求一定的湿度,其管理特点是在保证幼苗正常生长的情况下,控制灌水。为此播种前要浇足底水,分苗前只需分次覆盖过筛的潮湿的细土保墒,而不进行灌水。

C. 增加光照。番茄苗期要求始终保持良好的光照条件。光照不足,花芽分化不良;而光照充足,能使花芽提早分化,花粉增加,落花率减少。因此,苗期管理上一定要充分利用自然光照条件,在保证日光温室内温度够用的条件下,白天尽量打开所扣的小拱棚,夜间盖上,尽量增加光照。

D. 营养条件。番茄苗期要求有良好的营养条件,其中氮和磷对花芽分化及发育的影响最为显著。氮、磷供应充足,幼苗生长健壮,花芽分化早、节位低,因此,育苗床土要求深厚、疏松,有机质含量高。在幼苗生长过程中,底肥充足,幼苗生长健壮可不追肥;如底肥不足、幼苗生长细弱,可结合浇缓苗水施入少量化肥,或用 0.2% 尿素和 0.1% ~0.2% 磷酸二氢钾溶液进行根外追肥。

E. 特殊天气的管理。分苗或幼苗生长期间遇到连续阴天时,在保证幼苗不受冻害的前提下,要尽量降低苗床温度和湿度,以减少因呼吸作用而消耗的养分;如遇连续阴雪天气,要在雪后及时清除积雪,防止雪水渗漏到苗床内,但不可连续几天不通风,此时通风时间要短,以透气,接受短时间散射光为好。

(5)定植

①整地施肥。定植前要深翻土壤、平整地面,每 666.7 m^2 施优质腐熟有机肥 5 000 ~8 000 kg,草木灰 100 ~200 kg。将其 2/3 撒施于地面,深翻耙平,做成宽 100 ~120 cm 的平畦或高畦。在畦中间开沟,把剩余的 1/3 有机肥施于沟中,搂平。

②提早覆盖,多层覆盖,增温保温。定植前 10 d 覆盖地膜,提高地温。定植后在温室内扣小拱棚,使棚内的最低气温达到 8 ~ 10 ℃以上,当地温稳定通过 8 ℃以上时,选择坏天气刚过、好天气刚刚开始的晴天上午进行定植。

③定植密度。早熟品种每 666.7 m^2 种 3 000 ~3 500 株,中晚熟品种每 666.7 m^2 可种 2 500 株。即早、中熟品种以株行距为 40 cm × 50 cm 为宜,中熟或中晚熟品种以株行距为 50 cm × 80 cm 为宜。定植时,先将地膜按行株距打孔取土,将土放在畦的中央,然后施入口肥,拌匀,将育好的苗子去钵后栽苗,浇足定植水,每株需水 3 ~4 kg,待水渗下后封穴,使畦面干净。

(6)定植后的管理

①促进缓苗。定植后正处于寒冷季节,保温防寒是关键技术措施。定植后在畦

面上扣小拱棚,灾害性天气出现时,小拱棚上还可以加防寒层如纸被等,也可在日光温室内加上天幕。晴天可揭掉小拱棚上的所有覆盖物,让阳光进入,夜间再盖上,防寒保温,促进缓苗。

②肥水管理。设施栽培番茄的水分管理应根据番茄定植后生长发育规律及设施的温度、湿度变化来灵活掌握。定植后,外界气温低,室内不仅空气温度易偏低,而且地温也低,浇水次数过多或水量过大均易引起徒长,造成落花,甚至不开花。但也不能控制过狠,如土壤湿度过低,叶片容易蜷缩,降低同化作用。结果期间适宜的土壤湿度为80%左右,空气湿度为45%～55%。

定植到开花前应保持适当的土壤湿度,一般定植时浇一次定植水。隔7～10 d,再浇一次缓苗水,在晴天时浇水量可稍大,阴天时水量要小,遇连阴天暂时不浇水。从开花到坐果,原则上不浇水,即进入蹲苗时期。如果不采用地膜覆盖进行栽培的浇过缓苗水即进行中耕,进行蹲苗,以利于根系健壮生长,控制地上茎叶生长。这一阶段,主要是通过中耕保墒,控制浇水。结果期为保证植株正常生长和果实膨大所需的水分,浇水次数和浇水量都要增加。但结果期如较早,正值春季,则日照强,气温高,蒸发量大,浇水间隔可短一些,一般7～10 d浇1次水。如果墒情好,第二水可推迟到果实开始由青变白时再浇。

番茄在结果期需肥较多。应做到合理追肥,当第一穗果和第二穗果膨大时,结合灌水,分别施尿素20 kg/666.7 m^2。座果后每隔10 d左右,交替喷施0.2%磷酸二氢钾和2%的过磷酸钙的浸出液。

③科学通风,合理控制温度,实行变温管理。番茄定植以后,根据各生育期进行变温管理,见表13.1。

表13.1　温室番茄各生育期的适宜温度

生育期	缓苗期	缓苗—开花期	结果期	果实膨大—成熟期
白天上午	35 ℃以下	25～27 ℃	25～28 ℃	27～30 ℃
白天下午	35 ℃以下	22～24 ℃	20～25 ℃	22～28 ℃
前半夜	尽可能保温	17～18 ℃	14～17 ℃	16～18 ℃
后半夜	尽可能保温	15～16 ℃	12～13 ℃	14～15 ℃

④植株调整。

A.插架吊蔓。当植株高达30～40 cm时,应及时用竹竿插架,绑蔓,或采用尼龙绳吊蔓。打掉第一花序以下各叶节萌发出的腋芽,采用单干或双干整枝。

B.整枝。番茄生育期长,分枝力强,茎叶繁茂,易落花落果,一般留9～12穗果摘心。在生产上常采用整枝的方法达到早熟和高产的目的。整枝的方法主要包括打杈、打顶、打老叶、疏花疏果等。整枝方式有以下几种整枝：

a. 单干整枝。单干整枝就是每株只留一个主干，把所有的侧枝都陆续摘除。一般每株留12穗果时摘心。摘心时，一般在最后一穗果上部留2~3片叶。

b. 上部换头整枝。单干整枝，在第三穗果上留2片叶摘心，其余侧枝全部打掉。待第一穗果采收前，把第三穗果上发出的侧枝留1个作为结果枝，仍采用单干整枝，也留3穗果摘心，再发出的侧枝仍留1个作为结果枝，每株结9穗果。

c. 中部换头整枝。单干整枝，当番茄长出3~4个花穗时，在其上面留2片叶摘心。选留植株第二和第三花序下两片叶腋内的侧枝进行培养，连续摘心，即当两侧枝长出1片叶时摘心，当侧枝的腋芽萌发长出侧枝时，再各留一叶摘心。如此反复进行，直到主枝上的果实50%~60%采收后，两侧枝不再进行摘心，放开生长，让其尽快开花结果。两侧枝留4~5个果穗摘心，其余侧枝全部去掉。

番茄地上部和根系有着相互促进的关系，过早整枝会影响根系生长，因此，打杈不宜过早。采用单干连续整枝时，首先要保证肥水充足，注意上部侧枝的选留和培养，防止造成下部无侧枝，上部侧枝培养不出。打杈时，不要留桩，不要带掉主枝上过多的皮，尽可能减少伤面，一般不用剪刀等工具，因剪刀容易传染病毒。整枝、打杈应在晴天上午10:00至下午3:00进行，这时温度高，伤口易愈合。

日光温室越冬茬、冬春茬栽培常采用普通单干整枝，即早熟品种密植（7 000~8 000株/666.7 m^2）时，每株留一穗果；中晚熟品种，每株留4~6穗果，每穗结果2~3个。日光温室秋冬茬、大棚春茬栽培中，常采用连续单干整枝和连续摘心整枝法。这两种整枝时，一定要重视疏花疏果。一般单株留果5~10穗，每穗留2~3个果。

⑤保花保果与留果。留3~4穗果掐尖，每穗花保留3~4个果，其余连花带果摘除。早春温室内温度是白天高，夜间很低，光照弱，湿度大，往往第一花序花朵授粉、受精不良，造成落花，即使坐果，也易出现畸形果。可采用生长调节剂保花保果。用10~15 ppm的2,4-D溶液蘸花或用番茄灵25~35 ppm喷花，每个花序上开花2~3朵时，在当日上午10:00，一次蘸花或喷雾。

（7）病虫害防治

番茄病虫害主要有病毒病、晚疫病、灰霉病、叶霉病、早疫病、蚜虫、白粉虱等。应采取预防为主、综合防治的方法进行防治。

①选用抗病品种：抗TMV病毒比较好的品种有佳粉、强丰等。

②种子消毒：用10%的磷酸三钠浸种20 min，或用高锰酸钾200倍或用福尔马林200倍浸种。

③实行轮作：3~5年的轮作。

④温室消毒:药剂熏蒸,高温消毒。

⑤加强通风管理:早上放风,中午、下午加强放风、降低湿度,晚上保持棚温,降低湿度,可减轻病害的发生。

⑥药剂防治:针对各种病害的发生情况,选择相应的无毒、低毒药剂。

(8)生理病害的防治

①空洞果。这种果外形有棱、果肉少、味淡、品质差。主要原因是:开花授粉期温度过高或过低,光照不足,授粉不良,导致果实发育不充分。用植物生长调节剂处理后水肥跟不上、浓度过高、过早、后期早衰、氮肥过多、植株生长过旺,也会发生果实空洞。

②僵果。坐果后不发育,其原因是:授粉不良,夜间温度过高,生长素浓度过高等。

③畸形果。主要原因是:花芽分化时环境不良造成的,激素浓度过高也易形成畸形果,土壤过干过湿也可产生。

④脐腐病。果顶变成油浸状,进而变褐凹陷,早红。其原因是:缺钙,造成草酸中毒。

⑤裂果。有多种形状,不同品种抗裂性有区别。主要是由于果实膨大前期干旱、高温、强光直射,造成老化,以后大量降水或浇水,果实迅速膨大造成。预防上应避免强光直射果实,水分均匀。还有筋腐病,由于环境条件不适造成。

⑥卷叶。与品种有关,也与栽培技术有关。如坐果多、养分消耗大、氮过多、土壤过干、过湿等,土中缺锰也会卷叶。

⑦顶叶黄化。主要是土壤湿度过大或夜温偏低,引起对硼、钙吸收不良所致。

(9)环境调节

①日光温室冬春茬番茄。管理上以加强保温、增强光照为主。定植后在高温、高湿下促进缓苗,缓苗期间不超过32 ℃不要放风,如温度过高可从顶部放风。缓苗后白天保持在20~25 ℃,夜间10~15 ℃,高于25 ℃通风,降到20 ℃时关闭通风口。进入结果期后,白天保持25 ℃,前半夜15 ℃,后半夜10 ℃,凌晨7~8 ℃。11月下旬以后,在温室后墙张挂反光膜,每天揭开草帘后清洁薄膜,以增强室内光照。

②早春茬和大中棚春茬番茄。缓苗期间控制高温,不超过35 ℃不要通风。缓苗后白天尽量延长25 ℃的时间,前半夜13~15 ℃,后半夜8~10 ℃,凌晨7 ℃。此时日照时数逐渐增加,光照强度不断提高,光照已经不成问题,关键是调节好温度就会正常生长发育。

③秋冬茬和秋茬番茄。定植初期温度高、光照强、昼夜温差小,此时需要遮光降温,温室卷起前底脚围裙,大、中棚揭开底脚薄膜,昼夜放风。如有条件,最好覆盖遮

阳网，进入 9 月份后，光照减弱撤下遮阳网。外界温度降低到 10 ℃左右时，改为白天放风。日光温室在密闭条件下温度降到 7 ℃左右时，夜间覆盖草帘。大、中棚后期夜间密闭保温，白天温度超过 27 ℃放风，午后低于 25 ℃闭风，尽量延长高温时间，缩短低温时间，延长采收期。

④小拱棚短期覆盖栽培。小棚空间小，热容量少，白天保持较高温度，气温超过 25 ℃时通风。先从两端放风，随着外界温度升高，再从两侧通风，无风晴天揭开薄膜通风。经过通风锻炼，在外界温度条件适合番茄生长发育时，早晨、傍晚或阴雨天，撤除拱棚，转为露地栽培。

13.1.4 辣椒设施栽培

辣椒，别名海椒、辣子、辣角、番椒等。茄科辣椒属多年生或一年生植物。辣椒原产中南美洲热带地区，16 世纪传入欧洲，目前已遍及世界各国。地处冷凉国家以栽培甜椒为主，地处热带、亚热带的国家以栽培辣椒为主。自北非经阿拉伯、中亚到东南亚各国及我国的西北、西南、华南各省，盛行栽培辛辣味强的辣椒，形成世界有名的“辣带”。

辣椒的营养价值较高，维生素 C 含量在蔬菜中名列前茅，且味辣，是我国人民喜食的鲜菜酱菜及调味品，特别是西北的甘肃、陕西，西南的四川、重庆、贵州、云南，中南的湖南、江西等省，几乎每餐必备。辣椒果内含有辣椒素和辣椒红素，有促进食欲，帮助消化等功效。我国产的辣椒干、辣椒粉远销新加坡、菲律宾、日本、美国等地。

1）设施选择

辣椒栽培设施以温室和塑料大棚栽培为主。温室辣椒栽培主要有冬春茬、早春茬、秋延后 3 种类型。塑料大棚、中棚有越夏连秋栽培，塑料小拱棚短期覆盖栽培。

2）栽培原理

（1）温度

辣椒为喜温性蔬菜，生长发育要求温暖的气候条件。种子发芽适温为 25 ~ 30 ℃，低于 15 ℃不易发芽。种子发芽后，随着幼苗长大，耐低温能力渐强。具 3 片真叶以上的秧苗能在 0 ℃以上不受冻。幼苗期生长及花芽分化以白天 20 ~ 25 ℃，夜间 15 ~ 20 ℃为宜。初花期白天 20 ~ 25 ℃，夜间 15 ~ 20 ℃才能较好地生长结实，低于 15 ℃易落花，高于 25 ℃也不利。

（2）光照

辣椒为中光性蔬菜，对日光反应不敏感。但在较短日照、中等光强下开花结实快。种子在黑暗条件下容易发芽,幼苗期需良好的光照。甜椒的光饱和点为30 000 lux,补偿点为1 500 lux。

(3)水分

辣椒对水分要求很严,不耐旱,也不耐涝,淹水几小时即会发生萎蔫。果实膨大期要求有较充足的水分,水分不足会引起果实皱缩。空气相对湿度也会影响辣椒的生长发育,湿度过高、过低都易发病及落花。因此,辣椒栽培中干旱灌水、湿涝排水是一项重要工作。

(4)土壤与营养

一般辣椒对土壤要求不太严格,但大果型品种要求较高。土壤条件好能大大提高产量。辣椒对氮、磷、钾要求均较高,苗期要求较多的磷、钾肥,花芽分化受氮、磷、钾三要素的影响极为明显,要求三要素齐全。初花期氮素过多,会导致徒长。

辣椒对环境条件的反应是综合性的。有一段时间出现"三落"是影响产量的主要障碍,落花落蕾主要是营养不良所致。春季早期落花多因低温干旱、干风引起;盛果期落花、落果、落叶,除营养条件外,高温干旱、病毒病、水涝等也是主要原因。在高温多雨季节、雨后突晴、骤然升温,更易导致"三落"。另外,在营养不良、夜温过低、日照弱、土壤干旱及密植条件下,果实内种子少,果实肥大受到抑制,往往形成小果或僵果,植株不繁茂也会产生日灼病。

3)栽培技术要点

(1)茬口安排

①越夏连秋栽培。12月下旬至1月上旬播种育苗,3月下旬定植,4月下旬开始采收,9月上旬采收结束。

②冬春茬栽培。9月上旬播种育苗,11月上中旬定植,12月下旬开始采收,6月下旬采收结束。

③早春茬栽培。11月下旬至12月上旬播种育苗,2月下旬至3月上旬定植,4月上旬开始采收,6月下旬采收结束。

④秋延后栽培。6月中下旬播种育苗,7月下中旬定植,10月上旬开始采收,11月下旬采收结束。

(2)品种选择

栽培辣椒有5个变种:

①樱桃椒。植株较小,分枝性强,果实向上或斜生,果扁圆形或圆形。辣味浓,云南、贵州等省有栽培。

②圆锥椒。植株较小,果实圆锥或短圆柱形,向上或向下垂,辣味中等。南方有

栽培。

③簇生椒。又叫朝天椒。植株较大,分枝性不强,果实簇生向上,几个一簇。辣味浓,如四川七星椒。

④长辣椒。株形较大,分枝性强,果实长角形,微弯曲似牛角、羊角、线形,辣味中等或强,产量高,北方栽培普遍。

⑤甜椒。又叫灯笼椒。植株较大,分枝性较弱,叶大,果实大,圆球形、扁圆形或短圆锥形,三室、四棱或多纵沟,肉较厚。不耐热。辣味淡或无,亦称甜椒,南北方均有栽培。

设施中温度变化剧烈,昼夜温差大,应选择比较耐低温又抗热、对光照要求不严、植株强健、果形整齐、抗病耐肥、结果期长、早熟高产的品种。辣椒消费区域性较强,中南、西南、西北地区冬季早春反季节栽培主要用辣味浓的长辣椒,如佳木斯长辣椒、猪大肠、陇椒2号、宁夏羊角椒、沈椒1号、苏椒3号、湘研3号、利生洁春、利生浩月等。东北、华北地区灯笼椒、长辣椒栽培较多。华东、华北地区甜椒栽培较多,绿果品种有双丰甜椒、津椒2号、早丰1号、中椒2号、牟椒1号、海花3号、苏椒5号、甜杂2号、茄门等,彩色椒品种有紫贵人、白公主等。

(3)育苗

辣椒的壮苗标准应具有8~10片真叶,株高20 cm,叶色浓绿,根系好,已现大蕾。日历苗龄80~90 d。一般播种时间根据苗龄、茬口、定植时间确定,育苗方法同露地相似。冬春季育苗,多在日光温室采用电热温床育苗,每666.7 m^2 栽培面积需播种床6~7 m^2,播种量120~150 g。甘肃冬春茬辣椒的适宜定植期是1月上旬,适宜播种期应在10月上旬。秋季采用露地育苗的方式,此时育苗应注意遮荫防雨,以防止病毒病的发生。播种前1~2 d选晴天晒种,晒种是提高发芽率和发芽辅助措施,注意不要烫坏种子。然后对种子进行催芽处理,一般用55~60 ℃温水浸种15 min,再加水浸泡5~7 h,用清水搓洗种皮上的黏质,晾干后用0.1%的高锰酸钾溶液浸泡5 min,清洗后播种。

播种用平畦,播前整地施肥,浇好底水,待水渗下后覆盖3~5 mm厚细土,即可播种。将浸种催芽的种子加入少量干沙轻轻拌匀撒播。播后再盖2 mm细土,并覆盖地膜增温保墒以利于出苗。

(4)定植

①定植前的准备。深翻整地,施足基肥。基肥以有机肥为主,一般666.7 m^2 施腐熟有机肥5 000 kg,氮磷钾复合肥50 kg。定植前5~7 d扣棚,畦面覆盖地膜。

②定植时期。一般根据茬口安排和覆棚时间,在10 cm土层温度稳定在8~

10 ℃以上时进行。

③定植密度。设施栽培的辣椒比露地上生长旺盛，所以密度要适当稀些，可用大垄(1 m)双行，垄内行距40 cm，垄间行距60 cm，株距20～25 cm，666.7 m^2 保苗3 000～4 000株为宜。要因品种而异，也可用50～55 cm的小垄。

④定植方法。采取平地开沟(穴)栽植，以后逐渐起垄的方法。深度以子叶与土表相平。选择晴好天气，在上午10:00前或下午4:00后栽植最好。缓苗后覆盖地膜，掏苗。

(5)定植后的管理

①温度管理。定植后以防寒保温升温为主。缓苗后一般掌握在白天25～30 ℃，夜间18～20 ℃，开花期不低于15 ℃，超过30 ℃时注意通风降温。外温高时，5月到6月要逐渐加大通风量，6月中旬以后可将四周卷起成荫棚。8月下旬以后逐渐缩小四周的通风面积，9月上中旬以后注意夜间保温，白天通风，早霜到来时注意防寒。

②光照管理。每天揭开草帘后清洁前屋面薄膜，增加透光度，在后墙悬挂反光膜，提高后部的光照强度。

③水肥管理。辣椒对水分要求严格，既不耐旱又不耐涝，喜欢干爽的空气条件，由于根系少而浅，单株浇水量要少，但栽培密度大，需要小水勤浇。定植前浇坐底水，定植时浇缓苗水。以后根据生长和天气变化，采取小水勤浇的方法进行浇水。辣椒不宜大小漫灌和旱涝不均。过度干旱骤然浇水会发生落花、落果和落叶。土壤经常保持适当的湿润状态，形成既不缺水，又疏松通气的土壤环境才适合辣椒的生长发育。空气相对湿度保持在60%～80%为宜。

辣椒苗期需肥量不大，主要集中在结果期。追肥应在果实膨大期进行。第一次追肥在门椒长到3 cm左右时结合浇水进行，每666.7 m^2 追施硝酸铵20 kg。以后根据情况每浇2～3水追施1次肥，掌握适量多次的原则。

④植株调整。

A. 整枝：摘除分叉以下侧枝。

B. 拢架：用竹竿、铁丝等拢起。

C. 摘叶：摘除病、老、黄叶与枝。

D. 修整植株：高温季节辣椒处于“歇伏”状态，可在四面斗果实的结果部位以上留两节，缩剪侧枝，剪除徒长枝。剪后追肥灌水，促发新枝，以利于入秋后形成第二个结果高峰。

⑤保花保果。日光温室辣椒开花初期温度低容易落花而造成减产，花期用25～30 ppm番茄灵喷花，保花保果，提高坐果率。也可用1%的防落素20～30 ppm稀释液在盛花期至幼果期喷施，每次间隔15 d，有保花保果的作用。

⑥光呼吸抑制剂的应用。光呼吸可减少养分消耗，使净光合率得到提高，从而达到增产的目的。亚硫酸纳是一种廉价的间接性光呼吸抑制剂。喷洒一次每666.7 m^2用药4～8 g(120～240 ppm)，增产10%～30%。亚硫酸氢钠宜在结果后开始使用，每隔5～7 d喷1次，共喷4次，前期浓度120 ppm，后期240～300 ppm，一般增产20%左右。使用光呼吸抑制剂必须与肥水管理相结合。在辣椒设施栽培上以夏季为适宜。

⑦病虫害防治。辣椒设施栽培病害主要有炭疽病、软腐病、青枯病、疫病、病毒病等。青枯病可用1∶1∶(160～200)倍波尔多液或65%代森锌500倍液进行防治，每隔7天喷1次，连喷2～3次。疫病可用40%的乙磷铝可湿性粉剂600倍液，或25%甲霜灵可湿性粉剂800～1 000倍液，每隔7～10 d喷1次。病毒病主要是通过防蚜避蚜来减少病害发生。

虫害主要有蚜虫、棉铃虫、烟青虫、蜡等。蚜虫用40%乐果乳剂(加酯)1 000倍液喷雾，15天左右喷1次。棉铃虫和烟青虫用2.5%敌杀死乳油或50%锌硫磷乳油2 000～4 000倍液喷治。螨类用20%三氯杀螨醇乳油或40%水胺硫磷乳油1 000倍液喷治。

⑧采收。辣椒的采收不仅是采收果实，而且是一项有效的增产措施。利用不同的采收时期，可以调节植株的生长发育。生长势弱的植株，可提早采收，而对生长旺盛甚至有徒长趋势的植株，可延迟采收，控制茎叶生长。无论是采收青果或红果，都要尽量早摘。产量高峰期1～2 d采收1次。后期延迟收获，要有防寒贮藏设施。

(6)环境调控

播种后出苗前不通风，尽量提高设施内温度，使地温保持在15～20 ℃最好，促进早出苗。出苗后，揭掉地膜。从齐苗到真叶顶心，逐渐增加光照时间，适当通风降温，白天气温最高不超过30 ℃，下午降到20 ℃后盖帘，次日揭帘前将室温保持在15 ℃左右，地温保持在20 ℃左右以促进根系发育，防止地上部徒长。顶心后，为使第一片真叶顺利生长和展开，白天高温可控制在30 ℃左右，夜间可控制在20 ℃，同时，白天开始进行通风锻炼。通风面积午前由小到大，午后再逐渐由大到小，室温降到20 ℃时停止通风。注意严防冷风直接吹入。通风还要看地温，如早晨揭帘时地温接近或低于13 ℃，就应适当推迟通风时间。移栽前2～3 d适当降温，凌晨最低气温在13 ℃以上，其目的在于延缓生长，积累养分，加强锻炼，为移栽后缓苗创造条件。

移栽后缓苗期间(3～5 d)不要通风，给予高温湿环境发根缓苗。缓苗后因幼苗比移栽前适应性增强，通风量的变化和调节温度的节奏加快一些，白天达到22～25 ℃，夜间13～20 ℃，如地温偏低，适当提高中午气温以增加地温。到定植前5～7 d要加大通风量和延长通风时间进行低温炼苗，白天最高温度保持在23 ℃以下，夜间最低温度10～18 ℃。

从移栽到定植这段时间，正是短日照低温天气，温室内的光照时间短，光照强度多在饱和点以下，故应注意改善光照条件，使幼苗的生长发育和花芽分化得以顺利进行。

光照不足植株表现徒长，花器发育不良，形成短花柱花，对产量有不利影响，改善光环境的主要措施是：在优化温室结构、充分合理利用太阳光能的前提下，选用透光性好的长寿无滴薄膜，经常打扫保持膜面干净；在保温许可的范围内，尽量早揭晚盖草帘多见阳光，即遇到阴冷下雪天气也要适当揭帘见光。

13.1.5　茄子设施栽培

茄子为茄科茄属以浆果为产品的一年生草本植物，热带为多年生。茄子原产于东南亚热带地区，茄子虽维生素C含量不高，但含有较多的碳水化合物，蛋白质、钙、磷、铁等，对肝有好处。茄子是我国南北各地栽培最广泛的蔬菜之一，尤其是广大农村，面积更大。其特点是：产量高、适应性强、供应期长，为夏秋季的主要蔬菜。近年来，随着设施园艺的发展，茄子设施栽培有了相当的生产规模。

1）设施选择

茄子栽培设施主要有日光温室、塑料大中小拱棚等，都可以栽培早春茄子，解决北方地区冬季早春的新鲜茄子供应，效益好。在茬口安排上以冬季早春上市为重点。

2）栽培原理

（1）温度

茄子喜温、耐热，发芽的最低温度为15 ℃，适宜温度为25～35 ℃，最高在40 ℃左右；幼苗期生长最适温度为22～30 ℃，能正常发育的最高温度为32～33 ℃，最低温度5～6 ℃；结果期白天温度在20～30 ℃，开花结实正常，低于20 ℃和出现35 ℃左右的高温时受精和果实发育不良，出现结实障碍。夜间最适温度为18～20 ℃，低于15～17 ℃时，生长发育受阻，落花严重；低于13 ℃时，生长基本停止；0～1 ℃时则发生冻害。

（2）光照

茄子喜光，对日照长度和强度的要求较高，长日照下生长旺盛，尤其在苗期，日照延长，花芽分化快，开花早。茄子幼苗的光饱和点为40 000 lux，在果菜类中属光饱和点较低的蔬菜，在光照时间为15～16 h的条件下，幼苗初期生长旺盛；15～16 h的光照条件下花芽分化早，着花节位低；茄子的光补偿点为2 000 lux，饱和点为40 000 lux，光照不足，幼苗发育不良，长柱花减少，产量下降，果实着色不良。

(3)水分

茄子喜水、怕涝,因其枝叶繁茂,蒸腾量大,需水量多,生长期间土壤田间持水量达80%为好,空气相对湿度以70%~80%为宜。若湿度过高,病害严重,尤其是土壤积水,易造成沤根死苗。茄子根系发达,较耐干旱,特别是在坐果以前适当控制水分,进行多次中耕能促进根系发育,防止幼苗徒长,利于花芽分化和坐果。

(4)土壤与养分

茄子喜肥、耐热,对土质的适应性较强,宜选择排水良好、土层深厚、富含有机质的土壤,以利于茄子根系生长,在pH值6.8~7.3生长良好。茄子对钙、镁比较敏感,若土壤中缺镁,其叶脉周围变黄失绿;若土壤缺钙,其叶片的网状叶脉变褐,出现铁锈症状。

3)栽培技术要点

(1)茬口安排

①日光温室秋冬茬栽培。7月中旬露地育苗,9月中下旬定植,12月下旬至翌年1月采收,主要供应元旦和春节市场。

②日光温室冬春茬栽培。9月中旬温室育苗,11月中下旬定植,1月中旬至2月中旬采收,6月上中旬采收结束。如管理得当或进行再生栽培可周年生产。

③日光温室早春茬栽培。10月中旬至11月上旬温室育苗,1月中旬至2月定植,2月下旬至4月开始采收。

④塑料大棚春早熟栽培。1月下旬至2月上中旬温室播种育苗,3月下旬定植,5月上中旬开始采收。

(2)品种选择

设施栽培的茄子应选择耐低温、耐弱光、矮秆、果实发育快、抗病、抗热、高产、优质、开张度小、适于密植、适应性强的早熟品种。如丰研2号、西安绿园、辽茄5号、兰杂2号、94—1早长茄、济南早小长茄、西安绿茄、快圆茄等早熟品种。

(3)育苗

茄子设施栽培密度大,需种量多,一般千粒重4~5 g,发芽率90%,每666.7 m^2(每亩)需种量40~60 g。苗龄一般60~85 d,定植时出现大蕾。

①播种育苗。

A.种子处理。为培育壮苗,播种前用100倍的甲醛溶液浸种10~15 min杀菌消毒,然后用50~55 ℃温水浸种,并不断地搅拌,浸泡10~15 min后,使其在20~30 ℃水中继续浸泡6~10 h,将经过浸种的种子置于26~30 ℃的环境中催芽,5~6 d后有

50%左右种子发芽时即可进行播种。

B.苗床准备。茄子苗龄长,苗期生长缓慢,要求温度高,一般采用塑料大棚套小拱棚保温育苗,也可在温室内用酿热温床或电热温床育苗。播种床内营养土的要求和配置方法参见番茄营养土的配置。

C.播种。根据茬口安排和苗龄确定播种期。播种最好选择温暖的晴天中午进行。将发芽的种子直接撒播于预先准备好的、浇足底水的播种床内,种子力求撒播均匀,播后覆土1 cm左右,一般每平方米播种量5~10 g。营养钵获穴盘育苗,每钵(穴)播种1~2粒发芽种子。

D.移苗假植。当幼苗有2~3片真叶时即可移苗,假植到另一苗床地或营养钵中,移苗时按5~8 cm^2营养面积分苗假植。装钵后的茄苗应摆放在温室内的高畦苗床内,夜间床上扣小棚盖草苫,白天揭去草苫,以增加光照。

E.苗期管理。苗期的温度应掌握前期高、后期低的原则。必要时在苗床上覆盖地膜,加扣小拱棚保温。播种后至出苗温度需保持在28~30 ℃,移植到缓苗前24~28 ℃,出苗后揭去地膜。整个苗期温度管理,白天不超过30 ℃,夜间不低于10 ℃,保持土温16~22 ℃。定植前低温锻炼3~5 d。苗期水分应掌握床土不干不浇水,浇水必须选择晴天上午进行,忌大水漫灌。苗期缺肥可浇水追肥,一般用0.3%磷酸二氢钾或0.3%尿素根外追肥。

②嫁接育苗。

A.砧木的选择及播种。目前茄子抗病砧木主要有赤茄、托鲁巴姆等几个品种。其中托鲁巴姆的抗病能力最强,生长势强,根系发达,是优良的嫁接砧木品种,但幼苗期生育缓慢,3~4叶后才能正常生长,因此,其育苗播种期应比接穗早播20~30天。其他砧木比接穗提早4~5 d播种。托鲁巴姆种子休眠性很强,播种前必须用万分之一至万分之二的赤霉素溶液浸泡24 h,再进行常规浸种2昼夜后方可播种。

B.嫁接时间。插接,当砧木长到3片真叶、接穗长到1~2片真叶时即可进行嫁接;靠接,当砧木长到3~4片真叶、接穗长到3片真叶时进行嫁接;劈接,当砧木长到5~6片真叶,接穗2~3片真叶时进行嫁接。

C.嫁接方法。目前,在生产中应用较多的是劈接法。当砧木长到5~6片真叶,接穗2~3片真叶时,将砧木留3片健壮真叶,从离地面3~5 cm处平切,去掉上部叶片,然后用刀片在茎截面中间向下纵切。切口深0.8~1 cm。接穗保留上部2~4片真叶,在第二片真叶处切断,将切口削成楔形,大小与砧木切口相当(楔长0.6~0.8 cm),随后将接穗插入砧木切口中,对齐后用塑料条绑缚或用嫁接夹固定,然后栽入苗床中。

D.嫁接苗的管理。嫁接苗适宜愈合的温度,白天24~28 ℃,夜间20~22 ℃。冬季在大棚内设小拱棚嫁接育苗,夏季小拱棚上要遮阴降温。为防嫁接后接穗萎蔫,室内空气湿度要保持在90%~98%。接后充分浇水,并扣小拱棚保湿。接后的6~7 d早晚通风,此后逐渐揭开薄膜,9~10 d去掉薄膜。为防止拱棚内温度过高和湿度不稳定,嫁接后的5~7 d遮阴用遮阳网遮光,避免阳光直接照射引起接穗萎蔫。10 d后接口愈合,逐渐撤掉覆盖物,增强光照。

(4)定植

①整地施肥。提前15~30 d扣棚。定植前深翻整地,碎土耙平,施足基肥,每666.7 m^2施有机肥5 000~7 500 kg。按行距55 cm开沟,沟深5~6 cm,沟施基肥1/3,剩余2/3撒施。整地施肥后做成1.2~1.4 m的畦,畦向为南北,并覆地膜。

②定植密度。大、小行种植,大行80 cm,小行50 cm,株距35~40 cm,每666.7 m^2栽苗3 000~3 500株。

③定植时间与方法。当土温稳定在12~13 ℃,气温不低于5 ℃,幼苗有7~8片真叶,株高15~20 cm,并部分幼苗出现花蕾时,选择阴天或晴天下午进行定植。方法为:带坨沟栽或穴栽。按行距55 cm、沟深5~6 cm开沟,将幼苗按株距35~40 cm摆放沟中,培土稳坨,浇足定植水。水渗后埋土封沟,并在行间开沟起垄。起垄时注意接口要高于垄面,防止接穗生根,感染病害。然后覆盖地膜,并在膜上开小孔将苗引出膜外,用土封严膜口。

(5)定植后的管理

①水肥管理。定植7 d后浇1次缓苗水,直到门茄谢花前控制浇水,进行蹲苗。门茄瞪眼后即当门茄长到3~4 cm大时,开始追肥浇水,一般采用膜下暗灌。12月到翌年2月初。茄子因低温生长缓慢,植株可利用畦内底肥生长,一般不追肥浇水,以免地温下降。2月至3月中旬要浇小水,地温到18 ℃时浇1次大水,3月下旬以后每5~6 d浇1次水。第1次追肥后,每隔15 d追1次,每次每666.7 m^2追尿素10~15 kg、磷酸二铵10 kg、硫酸钾5 kg,及时浇水。

②植株调整。由于嫁接茄子生长势强,生长期长,需及时整枝,改善通风透光状况。主要采用双干整枝方法:对茄形成后,去掉两个向外的侧枝,留下两个双干,其他侧枝根据郁闭去掉或选留。在对茄收获后,要及时吊枝,其方法是:在垄的上方拉一道铁丝,然后将尼龙细线绳上端按株距系铁丝,下端系在对生枝上,随着植株的生长不断地向上缠绕。圆茄品种当四门斗茄坐住后摘心,一般每株留5~7个茄子。长茄品种结果数多,不进行摘心。也可采用三干整枝,留两干还是三干就根据茄株长势和密度来定,茄子植株营养生长旺盛,也可在摘除枝杈前,在适当的枝杈上保留一个茄子,然后留2片真叶打顶,适当落秧,并将黄老病叶除去。

门茄采收后,将下部老叶摘除,同时在整个生长过程中,及时摘掉老叶、病叶,除掉砧木上萌发的侧芽,改善通风透光条件,减少养分消耗。

③保花结果。茄子的花有长柱花、中柱花和短柱花之分,长柱花容易受精坐果,而中、短柱花不容易坐果,在营养条件好时长柱花多,中、短柱花少,因此,促进坐果最根本的方法是:提高管理水平,使秧苗长得壮实,多出现长花柱。还可用25%复合型2,4－D20～30 ppm稀释液,在开花前后1～2 d,用毛笔蘸花、涂花柄促进坐果,或用2.5%坐果灵20～50 ppm稀释液,在开花后的第2 d下午4:00后,用手持小喷雾器将稀释液喷洒于花和幼果上,不可喷到植株的顶叶和嫩叶上,每隔5～7 d喷1次。

④病虫害防治。茄子病害主要有猝倒病、立枯病、绵疫病、黄萎病等。用50%多菌灵可湿性粉剂每平方米苗床8～10 g,与细土混匀,播种时下铺上盖,出苗后用75%百菌清可湿性粉剂600倍液喷雾,可防治猝倒病与立枯病;用64%杀毒矾600倍液喷雾可防治棉疫病和褐纹病;嫁接防黄萎病;用50%的速克灵1 500倍液,或50%扑海因1 500倍液防灰霉病。

茄子虫害主要有蚜虫、白粉虱、红蜘蛛、茶黄螨等。苗定植3～4 d,在苗床上用15%哒嗪酮2 500倍液防治茶黄螨,现蕾至结果期再查治1次;白粉虱采用25%阿克泰散粒剂,每亩(每666.7 m^2)2～3 g,兑水30 kg或以青霉素喷药与黄板诱杀的方法结合进行。

⑤采收。一般开花后25 d便可采收。茄子萼片与果实相接处白色或淡绿色环状带即将消失,即可采收。

长茄要及时采摘,早熟品种一般每隔一叶一花序,坐果力强,坐果多,加之严冬气温低,很易在果实坐住后引起植株营养不良,出现“小老株”,因此,门茄要早摘,如市场需要,果实100 g或150 g重时也可采摘,以后随生长量加大,果实可大至200～300 g采摘,甚至达到400 g以上再采收。

(6)环境调节

定植后缓苗期间不通风,为保温可在栽培畦上扣小拱棚,每两畦扣一个,以利缓苗。缓苗后白天气温超过30 ℃时通风,低于25 ℃时缩小通风口或闭风,保持最低温度在20 ℃以上,夜间保持在15 ℃以上。天气转暖适当加大放风量,5月下旬撤去室外薄膜。茄子要求温度较高,冬春茬栽培在弱光低温阶段,尽量延长白天的高温时间,缩短后半夜的低温时间。遇到灾害性低温天气需要补充加温。冬春茬茄子立春前应加大昼夜温差,以促根控秧为主,尽量提高植株的抗逆性。

茄子对光照要求比较严格,为了提高光照强度,应注意改善光照条件,使幼苗的生长发育和花芽分化得以顺利进行。采取的措施有:优化温室结构,充分合理地利用太阳光能;选用透光性好的聚氯乙烯无滴膜;经常清洁前屋面棚膜,保持膜面干净;后墙和东西山墙张挂反光膜，增强室内散射光；在保温许可的范围内，尽量早揭晚盖草帘多见阳光；栽培紫茄子品种覆盖紫色聚氯乙烯无滴膜，促进果实着色。

茄子分枝多，叶面积大，蒸腾旺盛，要求较高的空气湿度和土壤湿度。适宜的空气相对湿度为70%~80%，田间土壤含水量保持在15%~20%。

13.2 实训内容

13.2.1 黄瓜嫁接育苗

1)实训目的

蔬菜嫁接育苗可以有效防止土传病害侵染，提高植株抗性，是现代设施园艺的一项主要技术。通过对黄瓜苗的嫁接操作实训，掌握瓜类蔬菜常用的靠接和插接嫁接方法。

2)实训材料

培育好的黄瓜接穗幼苗(要求有第一片真叶展开的幼苗、子叶平展的幼苗)和砧木幼苗(第一片真叶展开的黑子南瓜幼苗)。

3)实训用具

工具刀片、竹签、酒精棉、塑料夹、小喷雾器、嫁接台等。嫁接场所要求没有阳光直射，空气湿度80%以上。

4)实训方法

(1)实训方式

全班分为6~8组，每组6人，以小组为单位，两人合作。用两种方法各嫁接20株，接后各组按顺序放在温床上。嫁接后每组每天抽一人负责管理，按苗期要求条件管理3 d,15 d后统计成活率。

(2)嫁接操作方法

①嫁接前的准备。

A.接穗和砧木苗的准备。黄瓜嫁接苗一般以黑籽南瓜为砧木，插接法砧木比接穗早播5~7 d,靠接法砧木比接穗迟播3~4 d。种子处理的方法、播种方法和管理等与常规做法一样，要求黑籽南瓜播种在营养钵中，黄瓜播种在育苗穴盘中。等到砧木幼苗长至第一片真叶展开前后可进行嫁接，具体要求如下：插接法嫁接砧木要求下胚轴粗壮，接穗在第一片真叶展开前较适宜；靠接法嫁接接穗比砧木的下胚轴要稍长。

B. 嫁接苗床的准备。采用保湿、保温性能较好的温床或小棚，嫁接前一天浇足底水备用。

②嫁接。嫁接操作前先用酒精棉球擦拭刀片、竹签和手，进行消毒。

A. 插接法嫁接操作。先用竹签去掉砧木的生长点和真叶，用竹签从砧木子叶一侧斜插向另一侧，深达0.5～0.6 cm，注意不要插穿胚轴表皮，暂时不要拔出竹签；然后在接穗黄瓜苗子叶下0.5～1.0 cm处顺子叶方向各侧削一刀，削成楔形，楔面长1 cm左右。切好接穗苗之后，拔出砧木苗上的竹签，立即将削好的接穗苗插入砧木孔内即可，注意砧木与接穗的子叶要呈"十字"形，最后用小喷雾器对嫁接好的幼苗子叶喷雾并马上将其放于嫁接苗床内，嫁接完毕。

B. 靠接法嫁接操作。先用竹签去掉砧木的生长点和真叶，在子叶下0.5～1.0 cm处宽面（子叶正下方是窄面，另外两侧位宽面）下刀，向下斜切，深达胚轴横径1/2左右，刀口长0.7～1.0 cm；再用刀片在接穗子叶下1.5～2.0 cm处宽面下刀，向上斜切，深达胚轴横径3/5～2/3处，刀口长0.7～1.0 cm；最后把砧木和接穗的切口准确接合，用嫁接夹固定，用小喷雾器对嫁接好的幼苗子叶喷雾，并同栽于一营养钵内。栽时注意砧木和接穗的根茎离土1～2 cm，便于断根，两者子叶同向。

(3)愈合期管理

愈合期管理是嫁接苗成活的关键环节。

①嫁接苗床一般要设小拱棚，棚高60～70 cm，长宽视嫁接苗数量多少而定。最好在棚内铺设电热线，有利于增温，保温，保湿。

②温度管理。嫁接后3 d内，要求温度白天25～28 ℃，不低于20 ℃，不超过30 ℃，夜温15～18 ℃，不低于13 ℃，地温保持在25～28 ℃；嫁接后3～7 d降低温度2～3 ℃，7 d以后随着幼苗生长逐渐降温，进入正常管理阶段。

③湿度管理。要求高湿，5 d内保持空气湿度95%～100%。因此，摆放嫁接苗前，苗床要浇透水，摆苗后床四周再灌一次大水，再覆膜，四周压严，保持水分。若发现湿度小，可向苗间或四周灌水，或小喷雾，但要注意不让水流入伤口。成活生长后，可逐渐降湿。

④适当遮阴，防止直射光。扣棚后小棚上盖草帘，几天后可早晚去掉遮阴物，逐渐延长光照时间，到苗见光不萎蔫为止。

⑤拔除砧木芽。发现砧木萌芽，及时摘除。

⑥靠接切根。靠接10～12 d愈合后，于傍晚把黄瓜胚轴切断，如第二天发现萎蔫，要在叶面喷雾，并适当遮阴。

5)实训作业

总结不同嫁接方法及各自的优缺点，统计嫁接成活率并进行评分。

13.2.2 番茄整枝

1)实训目的

通过实训,掌握番茄双杆整枝、换头整枝的方法,学会搭架、引蔓、绑蔓技术以及番茄打顶、摘心技术。

2)实训材料

设施栽培下的番茄植株。

3)实训用具

竹竿、尼龙绳、铁丝、锄头、锹、钢卷尺。

4)实训方法

全班分为6~8组,每组6人,以小组为单位,两人合作。根据番茄习性和栽培类型,选择番茄整枝打杈方法、绑蔓方法、摘心部位,按操作规程每人完成30株番茄的整枝。

(1)整枝方式

采用单干整枝、上部换头整枝和中部换头整枝。

(2)整枝注意事项

番茄地上部和根系有着相互促进的关系,过早整枝会影响根系生长,因此,打杈不宜过早。采用单干连续整枝时,首先要保证肥水充足,注意上部侧枝的选留和培养,防止造成下部无侧枝,上部侧枝培养不出。打杈时,不要留桩,不要带掉主枝上过多的皮,尽可能减少伤面,一般不用剪刀等工具,因剪刀容易传染病毒。整枝、打杈应在晴天上午10:00至下午3:00进行,这时温度高,伤口易愈合。

日光温室越冬茬、冬春茬栽培常采用普通单干整枝,即早熟品种密植(7 000~8 000株/666.7 m^2)时,每株留一穗果;中晚熟品种,每株留4~6穗果,每穗结果2~3个。日光温室秋冬茬、大棚春茬栽培中,常采用连续单干整枝和连续摘心整枝法。这两种整枝时,一定要重视疏花疏果。一般单株留果5~10穗,每穗留2~3个果。

5)实训作业

写出实训报告,总结不同整枝方法的优缺点。

13.3　扩展知识链接

我国蔬菜设施栽培发展现状与存在的问题

1）我国蔬菜设施栽培现状

据联合国粮农组织（FAO）统计，中国蔬菜播种面积和产量分别占世界的43%和49%，均居世界第一。中国蔬菜播种面积2007年达到 1.73×10^7 hm^2，总产量 5.65×10^{11} kg，人均占有量420 kg。加入世界贸易组织后，中国蔬菜出口增长势头强劲。据中国海关统计，2007年中国累计出口蔬菜 $8.175\,9\times10^9$ kg，与2000年相比增长1.55倍。蔬菜已成为增加农民收入的支柱产业，2007年蔬菜生产对全国农民人均纯收入的贡献额为650多元。

全国蔬菜生产面积超过1 000万亩的省有10个，集中在山东、广东、广西、湖南、湖北、河南、河北、江浙和四川，山东达到 2×10^6 hm^2。平均单产的差别也较大，高的亩产在3 000 kg以上，低的仅1 144 kg。

我国蔬菜设施栽培历史悠久，起步早，但长期以来发展缓慢。进入20世纪90年代蔬菜设施栽培才开始迅速发展，随着农业新技术的发展和应用，蔬菜设施栽培的面积迅速扩大，产量、质量有了大幅度的提升，规模总量显著增长，栽培方式日趋多样，栽培设施南北自成特色，蔬菜种类、品种丰富，茬口周年利用合理。目前，蔬菜栽培设施逐渐向美观、宽敞、明亮、操作管理现代化的方向发展。在蔬菜设施栽培中，各种新技术的应用，使蔬菜设施栽培的经济效益和社会效益不断提高，达到了蔬菜栽培调节市场和周年供应的目的。目前，全国的蔬菜设施栽培面积已超过140 hm^2，比10年前增加了12倍，居世界第一。山东、河南、河北、辽宁、陕西、甘肃等省已形成了蔬菜设施栽培的生产基地。但与发达国家相比，人均占有保护地面积，差距甚大。日本是我国的12.5倍，荷兰是我国的13倍，这些数据反映了我国人均蔬菜占有量远远少于发达国家，蔬菜设施栽培具有非常大的潜在的市场需求。

用于蔬菜设施栽培的设施类型多种多样，适合设施栽培的蔬菜种类也很多，主要有：茄果类、瓜类、豆类、葱蒜类、绿叶蔬菜类、芽菜类和食用菌类等。

2）存在的问题

①基础条件较薄弱，设施设备利用率低，新技术引进、应用不到位。由于资金缺少、投入不足，与先进国家相比，我国的蔬菜生产基础条件还显得比较薄弱，设施结构老化，交通条件不便、产后加工储运销售技术低等问题已成为制约我国蔬菜生产的主要因素。

②用于设施栽培的新品种选育、引进滞后，不能满足生产需求，产品质量较差，与市场要求有一定的距离。各生产基地缺乏自身特色和品牌品种，这不仅影响产品销售渠道的开拓，而且影响产品销售价格。特别是在出口方面很难形成优势产品。

③规模化、产业化、集约化程度不高，生产企业带动能力不强。各地蔬菜生产基地规模偏小，布局分散，技术落后，大多数地区以农户自产自销为主。如甘肃全省有省级生产加工龙头企业 18 家，年加工鲜菜只有 210 万吨。产地直销市场刚刚起步，数量少，规模小，经营素质相对较差，需要进一步扶持和规范。这是我国设施蔬菜产业在发展过程中不容忽视的问题。

④重视面积，扩张规模，轻视产品质量，效益不高。一些地方政府为出政绩，设施蔬菜栽培面积发展很快，但因配套服务跟不上，技术落后，产销不畅，导致设施生产效益不佳，广大菜农不满意。为了避免重犯这种错误，各地应切实搞好规划设计，突出地方特色品种，突出区位优势。做好产销衔接，强化技术服务，为当地设施蔬菜发展提供强有力的科技支撑。

⑤栽培设施逐年大型化，生产成本增大，冬季生产抵抗风雪等自然灾害的能力下降，特别是近年来北方各地频繁的雪害、风害使大多数设施受到损坏。各地应根据当地自然条件选择建造适宜的栽培设施，不能盲目追求大型化的设施。

3）发展趋势

我国蔬菜设施栽培虽然起步较晚，但发展势头十分强劲。然而，我国的栽培设施、管理技术等方面，与发达国家相比仍有较大差距，为促进我国设施蔬菜生产持续发展，并取得较高的经济效益，今后在生产上应注意以下发展趋势：

①优化区域布局，建立规模化蔬菜生产大基地。强化科研，推进产业化发展。充分利用现有科技示范园区，突出当地主要蔬菜品种，指导群众搞好蔬菜标准化、无公害化生产，提高蔬菜生产的整体水平。

②加强蔬菜设施栽培研究，开发引进和推广蔬菜生产新技术，提高生产水平，形成标准化生产技术，提高蔬菜产品的科技含量和种植效益。

③加强设施栽培新品种的引进、开发、利用。优化品种结构，培育品牌产品，增强产品的市场竞争力，实施品牌带动战略。

④精细管理，提高质量，提高经济效益。在栽培技术方面要多施有机肥，并辅以二氧化碳施肥和根外施肥；茄果类、瓜类蔬菜加强人工辅助授粉；改善室内光照条件，合理整枝，及时有效防治病虫害，及时预防自然灾害等。只有这样，才能提高设施蔬菜产品的数量和质量。

⑤研究应用设施内温、光、水、气等环境因子的自动化调控技术，建立适合当地气

候条件的、规范高效的、优质高产的蔬菜设施栽培模式。实现产、供、销一条龙，科、工、贸一体化，使设施蔬菜产业可持续发展下去，真正成为地方经济的增长点。

13.4　考证提示

以选择题为主的客观性试题的比重越来越大是近年蔬菜工试题的主要特点，蔬菜设施栽培在试卷中出现较多的是：设施蔬菜栽培张网支架技术要点、设施环境调控方法及技术要点、设施蔬菜栽培的水肥管理要点、设施蔬菜促成和抑制栽培的意义、设施栽培蔬菜整形修剪技术及植株管理技术要点、产品保鲜等，在技能鉴定辅导复习时应重点掌握。

任务后

考证练习题

1. 填空题

(1)北方地区，普通日光温室冬季一般只能栽培(　　)。

A. 耐寒性蔬菜　　B. 半耐寒性蔬菜

C. 根菜类蔬菜　　D. 薯蓣类蔬菜

(2)为保持棚膜良好的透光性，应定期(　　)。

A. 更换棚膜　　B. 修补棚膜

C. 擦洗棚膜　　D. 重压棚膜

(3)化学反应法施用二氧化碳，其反应桶应吊起来桶口高度一般应(　　)。

A. 稍高于设施内作物　　B. 稍低于设施内作物

C. 相平于设施内作物　　D. 在设施内作物根部

(4)以下(　　)不是种子纯度检验的方法。

A. 种植检验　　B. 真实度检验

C. 形态检验　　D. 田间检验

(5)以下(　　)蔬菜属于双子叶无胚乳种子。

A. 大葱　　B. 番茄　　C. 甘蓝　　D. 韭菜

(6)以下(　　)不是蔬菜种子播前处理常用的方式。

A. 浸种催芽　　B. 低温和变温处理

C. 药剂消毒　　D. 紫外线消毒

(7)黄瓜的茎(　　)。

A. 能直立生长,生产中需搭架或吊蔓

B. 蔓生,但能直立生长,生产中需搭架吊蔓

C. 蔓生,不能直立生长,生产中需搭架吊蔓

D. 蔓生,但能直立生长,生产不需搭架吊蔓

(8)番茄根据植株的形态特征和生理变化整个生育期可分为(　　)。

A. 发芽期、幼苗期、开花坐果期、结果期

B. 发芽期、幼苗期、莲坐期、结果期

C. 发芽期、幼苗期、初花期、休眠期

D. 发芽期、幼苗期、结果期、休眠期

(9)茄子根系的特征是(　　),育苗时不可过分控制肥水。

A. 木栓化早,再生力差,易发不定根

B. 木栓化早,再生力差,不易发不定根

C. 木栓化迟,再生力强,不易发不定根

D. 木栓化迟,再生力强,易发不定根

(11)辣椒的花芽分化约在播种后(　　)进行。

A. 45 d,展叶 6 片左右时　　B. 35 d,展叶 4 片左右时

C. 25 d,展叶 2 片左右时　　D. 15 d,展叶 1 片左右时

(12)通过整枝调整(　　)的平衡性。

A. 主根与侧根生长　　B. 茎与叶的生长

C. 营养与生殖生长　　D. 花与果实的生长

(13)黄瓜在(　　)搭架,并且每隔 3 ~4 叶绑一次蔓。

A. 出苗后　　B. 抽蔓后　　C. 结果后　　D. 采收后

(14)能防止徒长,培育壮苗的生长调节剂是(　　)。

A. 青鲜素　　B. 矮壮素　　C. 赤霉素　　D. 防落素

(15)大棚春黄瓜定植密度为(　　)。

A. 50 000 ~54 500 株/公顷　　B. 54 500 ~60 000 株/公顷

C. 62 000 ~67 500 株/公顷　　D. 69 500 ~75 000 株/公顷

(16)西葫芦日光温室的定植密度通常为(　　)。

A. 19 000 ~24 000 株/公顷　　B. 22 000 ~27 500 株/公顷

C. 25 500 ~30 000 株/公顷　　D. 28 500 ~33 000 株/公顷

(17)下列(　　)不是蔬菜育苗常用的方式。

A. 露地育苗　　B. 阳畦育苗　　C. 地膜育苗　　D. 温床育苗

(18) 要使育苗的蔬菜到定植期时刚好达到适龄壮苗的标准，必须要考虑(　　)。

A. 日历苗龄和生理苗龄　　B. 日历苗龄

C. 生理苗龄　　D. 生态苗龄

(19) 浸种是将种子浸泡于水中使其在短时期内吸水膨胀，达到(　　)所需的基本水量。

A. 生长　　B. 出苗　　C. 播种　　D. 萌芽

2. 判断题

(1) 苗床播种必须使用点播的方式进行播种。(　　)

(2) 在寒冷季节育苗期的营养主要依靠根外追肥进行补充。(　　)

(3) 合理施肥的依据是看作物、看品种施肥。(　　)

(4) 日光温室高畦栽培果菜类蔬菜，畦面宽 120 cm，沟宽 40 ~ 50 cm。(　　)

(5) 同一种类的蔬菜早春定植应该比夏季稍深些，有利于早发新根。(　　)

(6) 设施内由于施用未腐熟的有机肥料会产生氯气毒害蔬菜。(　　)

(7) 支架和绑蔓能增加栽植密度，充分利用空间，受光均匀。(　　)

(8) 一般情况下，日出 2 小时后设施内的二氧化碳浓度开始低于 300 ppm。(　　)

(9) 露地育苗是果菜类蔬菜育苗常用的方式。(　　)

(10) 在温室中育苗时苗床应设置在光温条件好的部位。(　　)

(11) 苗床中出现僵苗的主要原因是供水不足和温度过低。(　　)

(12) 立枯病的症状是病苗先倒伏，叶片最后枯死。(　　)

(13) 嫁接育苗时接穗可以选择生产中的资源性优良品种。(　　)

(14) 缺氮植物多茎叶徒长，叶面积增大，叶色浓绿。叶片披散，互相遮阴。(　　)

(15) 蔬菜品质包括营养成分、颜色、质地、大小、形状及风味等。(　　)

任务14　掌握主要果树设施栽培技术

任务目标

知识目标：掌握果树设施栽培的概念；掌握环境条件与果树生长发育的关系；掌握果树设施栽培的整形修剪技术；掌握各种果树对设施环境的要求及设施环境调控的方法；掌握各种果树设施栽培的常规管理技术。

能力目标：掌握主要果树在设施栽培条件下主要树形及整形修剪技术；掌握主要果树设施栽培环境调控技术；掌握主要果树肥水特点及肥水管理技术要点；掌握主要果树在设施栽培条件下病虫害防治方法。

14.1　基础知识要点

果树设施栽培,是指为了提前或延后果实上市时期,在不适合果树生长发育的季节或某些品种不适宜露地栽培的地区,在设施内认为改变或控制果树生长发育的环境条件,进行果树生产的一种独特形式。果树设施栽培是一种高度集约化的栽培管理模式,可充分利用当地的能源和资源,发挥大棚、温室的设备性能,并根据果树不同品种、树种的生物学特性,采取相应的栽培方式和技术进行果品生产的新兴果树种植形式。果树设施栽培是果树栽培方式上的一个变化与更新,它将果树从传统的露地生产转变为在人工控制下的设施内生产,使果树的成熟时期明显提前或延后,延长了果树鲜果的上市供应时期,有效地抵御了各种自然灾害的影响,并使果树果实的品质得到改善与提高,而且也扩大了果树栽培的地方和区域,从而产生与一般露地栽培所无法达到的效果与作用。

14.1.1　葡萄设施栽培

葡萄属葡萄科葡萄属落叶藤本植物,原产欧美和中亚,我国栽培葡萄已有 2 000 多年的历史。目前,我国葡萄栽培区域已从北方扩展到了长江流域及其以南地区,除广东、广西、海南和西藏以外,其他省区均有葡萄栽培。

葡萄露地栽培易受气候影响,存在病害多、品质不高、采收期集中等问题,而进行设施栽培不但可以避免这些问题,还可以拓宽葡萄栽培品种的选择范围,提高葡萄果实品质,调节果实生育期,从而增加经济收益。我国葡萄设施栽培主要分为春提前促成栽培和秋延后栽培两种类型。春提前促成栽培是指利用各种设施条件和栽培技术促使葡萄提前生长发育,使葡萄在 5 月初成熟上市的一种栽培方式;秋延后栽培是指利用各种设施条件和栽培技术推迟葡萄生育期,延长葡萄生长,促使葡萄延后成熟上市的一种栽培方式。

1)设施选择

葡萄春提前促成栽培的设施有玻璃温室、日光温室、塑料拱棚;秋延迟栽培一般多采用塑料大棚、避雨设施和防雹网设施等。日光温室是我国北方葡萄生产的主要设施。避雨设施主要应用在我国南方,因为南方在葡萄生长期降雨量过多,尤其是在 7—9 月,雨量大造成病害严重,品质下降,为防止雨水直接落于葡萄枝叶与果实上,所以在葡萄支架上建与长行走向一致的伞形塑料拱棚,并在高垄上铺设地膜以防止根部多吸水,减少雨水的影响,使南方地区的葡萄生产取得了很好的效果。冰雹是我国北方一种常见的自然灾害,多发生在葡萄生长发育期,严重时造成巨大损失,设立防雹网可有效防止冰雹的为害，一般是在支架上铺设网眼为0.75 cm的尼龙网，既轻又方便架设。

2）栽培原理

葡萄植株蔓性，不能直立，栽培中需要搭架。葡萄枝蔓生长迅速，节间长，年生长量可达1~10 m甚至10 cm以上。葡萄的花芽为混合芽，一般在结果母蔓第3~12节上形成较多，花芽质量以枝蔓中下部的为最好。葡萄的花序为复总状花序，一般着生在结果枝的第3~8节上，一个结果枝一般有2~3个花序。大多数葡萄品种为两性花，能自花授粉结实。葡萄落花落果较严重，在花后3~7 d开始落果，花后9 d左右为落果高峰，前后持续约2周。

葡萄对温度的适应性比较广，年平均温度在15~23.3 ℃都可生长，最适宜的年平均温度为18 ℃。早春气温在10 ℃以上葡萄开始萌芽；开花期最适宜温度为25~30 ℃；生长结果最适宜温度为25~32 ℃；果实成熟期最适宜温度为30~35 ℃，在此条件下，果实成熟快，品质优良，低于20 ℃果实成熟缓慢，品质差。

葡萄是喜光性很强的植物，在充足的光照条件下，生长发育良好，产量高，品质好；光照弱时，生长发育不良，果实色泽差，需要补光。葡萄花芽分化时，白天需13 h左右的长日照和较为充足的光照条件，若日照时间少于12 h，难以形成花芽。

葡萄对水的需要因物候期而异，萌芽期、发枝期、果实膨大初期需要充足的水分；开花期对水分的要求一般，若水分过多或过于干旱都会阻碍正常的开花受精，引起落花落果；果实膨大后期需水量变小，水分过多会发生裂果现象。

葡萄对土壤的适应性极强，以土层深厚、pH值6.5~7.5、肥沃疏松的沙质壤土最好。

3）栽培技术要点

(1)品种选择

葡萄设施栽培应根据不同的栽培方式来选择相应的栽培品种。春提前促成栽培应选择需寒量低、花芽易形成、耐温室高温、高湿条件的早熟或极早熟品种，早熟品种如无核早红、京亚、矢富罗莎、京秀、紫珍香、乍娜、凤凰51、玫瑰牛奶、矢富罗莎、京玉、京优、红双味，极早熟品种如早玫瑰、京可晶、京早晶、早玛瑙等。秋延迟栽培应选择大粒、色艳、质优、耐储运的晚熟品种，如红地球、秋红、秋黑、黑大粒、瑞必尔、泽香、红意大利、玫瑰香、黑奥林等。避雨栽培宜选择在多雨地区感病较轻、品质优良的欧亚种品种，如玫瑰香、意大利、红意大利、玫瑰牛奶、红地球、秋红、秋黑、黑大粒、瑞必尔、京秀、美人指、矢富罗莎等。

(2)栽培模式

葡萄设施栽培一般有一年一栽制和多年一栽制两种栽培模式。一年一栽制是指栽植后的第二年果实采收后将葡萄藤蔓拔掉重新栽植,优点是栽植密度大、产量高,同时避免了隔年结果的障碍;多年一栽制是指栽植一次可以连续生产多年。

(3)架式和行向

葡萄栽培不需要下架防寒,可根据设施结构和栽培品种确定架式。设施内常用架式为篱架和棚架,篱架适合长势中庸的品种,棚架适合宽度较大的设施和生长势较强的品种。日光温室栽培采用篱架式(图14.1)。塑料大棚栽培有两种方式:一种是在大棚中央挖一个宽1~1.5 m的栽植沟,按株距0.5 m栽植两行葡萄苗,在栽植沟两侧栽两排立柱形成篱架;另一种是在大棚内两侧各栽植一行,株距0.5 m,搭成屋脊式棚架。

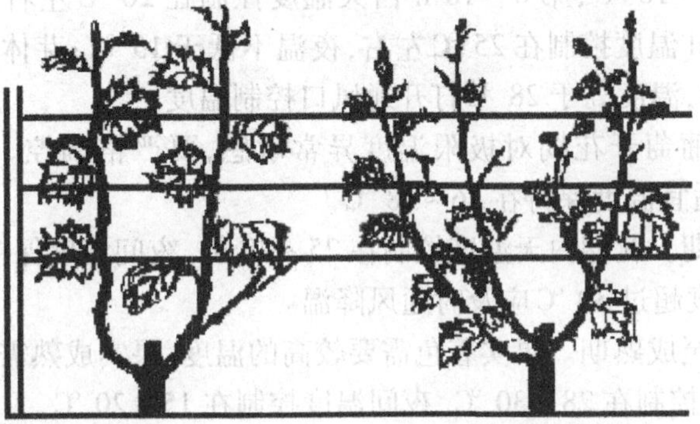

图14.1　篱架示意图

葡萄设施栽培行向多采用南北行向,光照均匀又便于管理,而棚架栽培则选用东西行向。

(4)栽植

①栽植密度。葡萄设施栽培密度目前尚无统一标准,一般依据设施类型、品种特性、架式和整枝方式而定。如篱架栽培株距为0.5~1.0 m,行距为1.5~2.0 m。

②栽植时间。北方地区气候寒冷,日光温室栽培一般在3月下旬至4月中下旬栽植为宜,各地区应根据本地气候情况灵活掌握具体栽植日期。长江以南地区,气候温暖湿润,冬季很短,秋季至来年春季均可栽植。

③挖栽植沟。按设计好的行距南北向挖栽植沟,将沟底生土和熟土分开堆放,在阳光下曝晒3 d,以提高土温。回填时,每666.7 m^2 施入充分腐熟的有机肥3 000~5 000 kg、过磷酸钙150 kg。先回填熟土,后回填生土,然后浇水使沟内土壤沉实。

④栽植。栽植前先高温闷棚 3 d,待土壤温度升高后再栽苗。栽植前将葡萄苗根系放入水中在荫凉处浸泡 6 ~ 12 h,栽植时对根系要进行修剪,主根适当短截,剪掉病虫根,对过长侧根进行短截,剪留长度为 12 ~ 15 cm。根系处理完毕后,在栽植沟内挖长、宽、深为 40 cm × 40 cm × 40 cm 的栽植穴,栽植穴底部呈高 15 cm 左右的弧形突起,然后将幼苗放入栽植穴突起部位(幼苗根系在栽植穴内要充分舒展),回填穴土,栽植深度以幼苗根茎部留有的原苗圃地土印与土表相齐为准,最后踩实穴土并浇透水。

(5)栽植后的管理

①温度管理。

A. 催芽期。幼苗栽植后要阶段性逐步升温,防止温度急剧升高引起苗木生理失调出现枝蔓节间升长、落花落果等不良现象。栽植后 1 ~ 5 d,白天温度控制在 15 ℃左右,夜间温度 8 ~ 10 ℃;第 6 ~ 10 d 白天温度控制在 20 ℃左右,夜间温度不低于 10 ℃;第 10 ~ 15 d 温度控制在 25 ℃左右,夜温不低于 15 ℃;芽体变绿到展叶,温度调控在 28 ℃左右,温度高于 28 ℃打开通风口控制温度。

B. 开花期。葡萄开花期对极限温度异常敏感,要严格调控。白天适宜温度为 28 ℃左右,夜间适宜温度保持在 16 ~ 18 ℃。

C. 果实膨大期。此期白天温度控制在 25 ~ 28 ℃,夜间温度保持在 18 ~ 20 ℃,如果设施内白天温度超过 30 ℃应及时通风降温。

D. 果实着色至成熟期。果实着色需要较高的温度,果实成熟需要较大的温差,因此,此期白天温度控制在 28 ~ 30 ℃,夜间温度控制在 15 ~ 20 ℃。

②湿度管理。萌芽期设施内保持较高的湿度,发芽后则要控制湿度,萌芽至花序伸出期,棚内相对空气湿度应控制在 85% 左右。花序伸出后,棚内相对空气湿度应控制在 70% 左右。开花期保持适度干燥,有利于花粉散出,湿度保持在 60% ~ 70% 开花至坐果。果实膨大期设施内相对空气湿度应控制在 70% ~ 80%;果实着色期设施内空气湿度应控制在 60% ~ 70%。

③光照管理。葡萄是喜光性植物,光照不足,光合效能下降,果实品质降低。设施栽培要通过选用合适的架式与行向,使用无滴塑料薄膜、铺设反光膜,选用透光性好的果袋,适时揭薄膜等措施增加光照。

④气体调控。设施内由于气体不流动或流动缓慢,加上植株光合作用的消耗,室内二氧化碳浓度下降,影响光合作用。生产上要通过通风、二氧化碳施肥等方法补充室内二氧化碳的不足。

⑤肥料管理。在浆果采收后结合深翻熟化土壤施足基肥。基肥以有机肥料为主,适当加入一定数量的矿质元素。浆果采收后在行间根系周围挖施肥沟(穴)施入

土壤。每666.7 m^2 施充分腐熟有机肥5 000～8 000 kg,过磷酸钙100 kg。追肥于萌芽前、开花前每666.7 m^2 追施1次20 kg复合肥或尿素15～20 kg;浆果膨大期、果实着色期每666.7 m^2 追施1次15 kg复合肥和过磷酸钙15 kg;叶面肥在果实着色前每隔10～15 d喷施1次,肥料用0.3%尿素或以氮素为主的叶面肥,果实着色后每15 d喷施1次0.3%～0.5%磷酸二氢钾。

⑥生长期修剪。

A.抹芽和疏枝。抹芽是指抹去部位不当或过密的芽,当新梢长到5～10 cm时,将过多的发育枝、主蔓靠近地面30～40 cm的枝芽以及过密过弱的芽或新梢抹去,同一芽眼中出现2～3个新梢时,只保留一个健壮新梢,其余疏除。新梢长到15～20 cm时,再进行一次疏枝。架面枝梢量根据树势强弱和架面大小确定。单篱架新梢垂直引缚时每隔10～15 cm留1个新梢;同一方向两个新梢间距30 cm左右。棚架每平方米架面保留15～20个新梢。抹芽和疏枝后,结果枝与发育枝比例以1:2为宜。

B.结果枝摘心。在开花前5～7 d至始花期,在花序以上留4～6片叶摘心。控制新梢生长,促进花序发育,提高坐果率。使果穗果粒紧密、整齐。

C.副梢处理。定植当年的葡萄苗萌发后,其新梢做预备枝培养结果母枝时,在主梢摘心后,其上的副梢除顶端一个留1～2片叶反复摘心外,余者全部从基部抹除。作为延长生长用的梢可将其上副梢各留1～3片叶进行摘心,以后发出的副梢保留1片叶反复摘心。葡萄开始结果后,结果枝上的副梢处理方法有两种:一种是有花序的结果枝,花序前副梢,留2～3片叶后摘心,果穗以下的副梢从基部抹除,顶端1个副梢留3～4片叶反复摘心,使果枝上的叶片数最终达到12～15片;另一种是无花序的营养枝,主梢摘心后,只保留顶端一个副梢留4～6叶摘心,其余副梢留2～3叶反复摘心。

D.除卷须及新梢引缚。在生长季修剪中结合其他工作,随时对卷须加以摘除。当新梢长到40 cm左右时,即需引缚到架面上。篱架栽培可将部分新梢向外呈弓形引缚;棚架栽培可新梢引缚30%左右,其余的使之直立生长,以利于通风透光。

E.采收后修剪。根据品种的生物学特性和枝条生长的具体情况,采收后对部分枝梢进行适当回缩或疏除。

⑦花果管理。

A.诱发二次果。利用冬芽副梢诱发二次结果,在葡萄花前7～10 d,在主梢花序以上留4～7片叶摘心,发育枝留8～10片叶摘心,并抹除所有夏芽副梢,激发冬芽萌发,待冬芽二次梢露出花序后,其上留2片叶摘心。利用夏芽副梢诱发二次结果,在主梢开花前15～20 d,在花序以上夏芽尚未萌动的节上,对主梢进行摘心,同时,将下部已萌动的夏芽副梢全部抹除。如夏芽副梢上没有花序,待其展叶4～5片时,再留

2～3片叶摘心，利用夏芽三次梢结果。

B. 疏花序与花序整形。结果枝上花序过多时影响浆果发育和果实品质，花序留量应根据果穗大小和结果枝生长势确定：大穗品种，壮枝留1～2个花序，中庸枝留1个花序，短弱枝不留花序；小穗品种，壮枝留2个花序，中等枝留1个花序，个别空间较大处可留2个花序，细弱枝不留花序。保留的花序可适当整形，使果粒紧凑，大小整齐一致，果穗美观。整形主要是在开花前7～10 d将花序前端1/5～1/4用手指掐去，将过大的副穗剪除。

C. 疏果粒。浆果生长期对部分过密果、畸形果和小粒果及时疏除。

D. 提高着色率。在浆果开始着色时，通过调整果穗位置，摘掉结果新梢基部的老叶和疏除部分遮盖果穗的无用新梢、副梢，架下铺设反光膜等措施，促进果穗着色。

E. 化学调控。赤霉素可促使葡萄穗轴伸长，果粒增大，提高坐果率，促进无核化。比久、矮壮素能抑制营养生长，促进花芽分化，提高坐果率。采前使用细胞激动素，可提高果穗和果粒的固着力，减少采收和储运中的损失。

⑧病虫害防治。葡萄设施栽培病虫害比露地明显减少，病害主要有葡萄白腐病、黑痘病、白粉病、霜霉病、灰霉病等。防治方法主要以农业措施为主，化学药剂防治为辅。

A. 及时清除病果、病叶、病枝，减少浸染源。

B. 休眠期彻底清园，将枯枝烂叶集中烧毁。

C. 认真做好生长期修剪，改善通风透光条件。

D. 适当降低温度，控制湿度。

E. 浆果发育期适当提高果穗部位。发病时，用石硫合剂或25%粉锈宁可湿性粉剂1 500～2 000倍液防治白粉病。喷1：2：150波尔多液防治霜霉病。

虫害主要有葡萄连羽蛾、二黄斑叶蝉、绿盲虫、金龟子等。喷施90%敌百虫或40%氧化铝乐果或50%敌敌畏800倍液可防治。

⑨采收。设施栽培葡萄主要供鲜食，浆果必须适时采收。一般当红、紫、黑等深色品种充分表现出固有、鲜明色泽，黄、白、绿等浅色品种成透明状；果粒果肉变软，富有弹性，表面有较厚的果粉；口感达到该品种固有风味时采收。采收工具用专用采果剪或修枝剪，采收时穗梗留3～4 cm剪取果穗。采收宜在室内空气湿度较低时进行。湿度过大易造成浆果霉烂。采收时应轻拿轻放，避免造成果穗或浆果损伤。

14.1.2 桃设施栽培

桃树设施栽培是在外界条件不适宜桃树生长的季节，利用设施人工创造小气候条件，促使其开花、结果并形成商品产量。桃树设施栽培不仅能使桃果成熟的日期提前,调节淡季市场,还能获得高产、稳产和高效的栽培效果。近年来,桃设施栽培特别是日光温室促成栽培越来越受到人们的重视。栽培面积逐年扩大,产量成倍增长。温室栽培的桃树,由于空间的影响,要求密度高,栽培方式合理,最大限度覆盖地面,合理用光。树形要求低干矮冠、骨干枝少枝组多、结构简单,便于管理,有利于早成形、早结果、早丰产。在温室空间的利用上要求分层排列,充分利用空间,形成立体结果。

1)设施选择

北方多以早熟栽培为主,南方采用早熟栽培和防雨栽培,防雨栽培主要用于油桃。用于桃设施栽培的设施主要有防雨棚、日光节能温室、塑料大棚。防雨棚是在树冠上搭建简易防护设施,用塑料薄膜和各种遮雨覆盖物,达到避雨、增温或降温、防病、提早或延迟果实成熟等目的。塑料薄膜日光温室和塑料大棚是桃设施栽培的主要设施,有加温和不加温两种栽培形式。

2)栽培原理

桃为落叶小乔木。根系分布浅,生长迅速,伤后恢复能力强。桃芽具有早熟性,萌发力强,在主梢迅速生长的同时,其上侧芽能相继萌发抽生二次梢、三次梢。桃的成枝力也较强,分枝角常较大,干性弱,层性不明显,中心主干易自然消失。不同品种间分枝角度不同,形成开张、半开张和较直立的不同树姿。隐芽少而寿命短,更新能力不如其他果树。桃容易形成花芽,进入结果期早。花芽为纯花芽,在枝上侧生,顶芽为叶芽。同一节上着生2~3芽,一般花芽与叶芽并生。果实发育可分3个时期。其中第二期为硬核期,果实发育缓慢,结果初期以长、中果枝为主,结果盛期以短果枝为主。

桃树为喜温性树种,适应性较强,无论是南方、北方均可栽培。适宜的年平均温度,南方品种群为12~17 ℃,北方品种群为8~14 ℃,前者比后者更能耐夏季高温。大多数品种以生长期月平均温度达24~25 ℃时产量高、品质好。冬季通过休眠阶段时需要一定时期的相对低温,一般需0~7.2 ℃的低温750 h以上,但春蕾、雨花露等一些南方品种群品种需冷量较低,仅590~730 h。低温时数不足,休眠不能顺利通过时,常引起萌芽开花推迟且不整齐,甚至出现花芽枯死脱落的现象。不同品种间低温需要量有较大的差异。花期要求10 ℃以上的气温,如最低气温降至-1 ℃时,花器就容易受到寒害或冻害。

桃原产我国海拔高、日照长的西北地区,形成了喜光的特性。要求较低的空气湿度和土壤湿度。唯南方品种群较能适应潮湿气候,但在花期及果实成熟期仍忌多雨。花期阴雨天多,影响授粉、受精和坐果;果实成熟前湿度大,果实品质降低,且常引起裂果。光照充足,则树势健壮,枝条充实,花芽形成良好;光照不足时,内膛枝条多,易枯死,致结果部位外移。

桃树为浅根性果树,根系最不耐涝,在排水不良和地下水位高的地方会引起根系早衰、叶薄、色淡、落叶落果、流胶以至植株死亡。春季水分不足,萌芽慢,开花迟,易发生抽条现象。果实成熟期,水分过多使果实品质下降,裂果加重。

桃对土壤要求不严,一般土壤均能栽培。适宜于排水良好的壤土或砂壤土上生长。土壤不宜过黏或过肥,否则树体徒长不易控制,且易诱发流胶病。在土壤黏重湿度过大时,由于根系呼吸不畅,常造成根系死亡现象。

3)栽培技术要点

(1)品种选择

品种选择的正确与否是桃设施栽培成功的关键。桃树设施栽培的目的是为了提早上市,因此,品种选择应首先考虑发育期短的早熟和极早熟品种,并要求自然休眠期短,对低温的需求量少(7.2 ℃以下积温在 850 h 以下)。选择花粉量大、自花结实率高、丰产、个大、果实品质好、耐储运的品种。选择植株矮小、树冠紧凑,适宜在设施内进行促成栽培的品种。设施栽培的普通桃品种主要有早霞露、春蕾、春花、早花露、雨花露、北农早蜜、春丰、春艳、京春、庆丰、砂子早生、五月鲜等;油桃品种有曙光、华光、艳光、超五月火、早红宝石、阿姆肯、瑞光 1 号、瑞光 2 号、早红 2 号、早红珠、丹墨、早红霞、早美光等;蟠桃品种有早露蟠桃、新红早蟠桃、早黄蟠桃等。

(2)定植

①整地。对黏重或沙性较强的土壤,通过掺沙或掺黏进行改良;对坚实、黏重的土壤,进行深翻,打破不透水层。同时,施入足量有机肥,每 666.7 m^2 施优质腐熟厩肥 6 000 kg 或腐熟鸡粪 5 000 kg。

②苗木栽植前的处理。桃树设施栽培采用 1 年生嫁接速成苗。砧木以适应性强、生长势强、嫁接亲和力好、根系发达的毛桃为主。栽前对苗木根系进行修剪,剪去病虫为害和折断的根,较大的伤口进行修整,使其光滑平整。栽前清水浸泡 12 ~ 24 h。然后用 0.3% 的硫酸铜溶液浸泡 1 h 或用波美 3 度石硫合剂喷布全株,消毒后栽植。

③定植方式。栽植方式应用正方形栽植和三角形栽植相结合的混合式。其中第一行与第二行为正方形栽植,第二行与第三行为三角形栽植,第三行与第四行为正方形栽植,第四行与第五行为三角形栽植,其中第一、第三、第五行为永久性植株,第二、第四行为临时性植株。栽植时必须配置授粉树,授粉树为永久性植株。每栋温室栽培品种以 2 ~ 3 个为宜。栽后 2 ~ 3 年待永久性植株成形结果,临时性植株影响永久

性植株时，有计划地将临时性植株分 1～2 次间除移栽。如第二年间移第二行，第三年间移第四行。使株行距变为 1 m×2 m，这样就能保证在整个栽植期树冠覆盖地面，充分利用光能，获得群体的最高产量。

④定植密度。日光温室跨度一般为 7 m，栽植时按 1 m×1 m 栽植 5 行，第一行距棚基 1.5 m，行向与温室跨度一致，一般以东西走向为好，每 666.7 m^2 栽植 330～660 株。

⑤定植时间。栽植时期一般以扣棚当年的 3 月下旬至 4 月上旬或前一年的秋季为宜。让植株在自然条件下完成一个生长期。增加分枝量。当年完成自然休眠后于 11 月下旬扣棚即可进入结果期。

⑥栽植方法。桃树耐旱忌涝，应起垄栽植或适当浅栽。栽植时开沟定植，沟宽 1 m，深 0.5 m，土壤板结时应适当加深，表土与底土分放。定植时先在沟底回填表土和足量腐熟有机肥、适量混合施入磷钾肥，然后将苗木按确定的栽植点放入沟内，使根系分布均匀舒展。边填土边踏实，至离地面 10～20 cm 时再填底土。苗木适当浅栽，栽后灌水，水渗下后 1～2 d 覆土起垄。

（3）定植后的管理

①温度调控。

A. 扣棚及打破休眠。桃树进入自然休眠后，需 7.2 ℃以下的低温 500～1 000 h 的需冷量，才能通过休眠。桃树落叶后，当夜间温度在 0 ℃以上，10 ℃以下时，便可扣棚，并加盖草帘。草帘揭盖方法是：夜间揭开草帘，打开通风口，使其降温，白天关闭通风口，盖严草帘，保持低温。如白天温度在 7.2 ℃以下时，扣严棚膜和草帘闷棚处理 30～40 h 就可满足多数品种对低温的要求，通过自然休眠。

B. 揭帘升温。多数品种在 12 月下旬至翌年 1 月上旬已经通过自然休眠，这时便可扣严棚膜，关闭通风口开始升温。白天 8:00—9:00 揭开草帘见光升温，下午 4:00 左右盖帘保温。白天温度保持在 14～16 ℃，夜间温度在 2 ℃以上。萌芽到开花期温度控制在 20～24 ℃，最低温度在 7 ℃以上。果实发育期温度控制在 25 ℃，不超过 28 ℃，最低温度在 10 ℃。

C. 揭棚膜。棚膜揭除时间，应在棚外气温达到生长适宜温度时进行。一般在 5 月中旬，气温达到 25～30 ℃时揭除棚膜为好。

②湿度调控。扣棚升温后立即浇足水，覆盖地膜升温保湿。萌芽期空气相对湿度保持在 70%～80%，开花期保持在 50%，花后到采收期保持在 60% 左右。

③光照调控。桃树是喜光树种。因此，采取有效的增光措施，才能达到优质、高产、高效的目的。增光措施主要有：选择科学合理的温室结构；选择透光性能好的棚膜；经常清洗棚膜，清扫屋面；温室内悬挂反光膜；选择适宜的栽植密度，采用南北行

栽植；合理修剪，培养采光良好的树形。

④气体调控。设施内由于气体不流动或少流动，加上植株光合作用的消耗，引起设施内二氧化碳浓度下降，影响树体正常生长发育。可通过增施有机肥、施固体二氧化碳气肥、化学反应法等及时补充二氧化碳含量。在中午室内温度较高时加大通风量，促进室内外气体交流，也可有效补充二氧化碳的不足。

⑤土肥水管理。土壤管理多采用中耕和地膜覆盖，适时进行中耕除草，创造桃树生长的疏松土壤环境，也可从升温开始在树下间作栽种瓜、菜、草莓等。桃树设施栽培，前期促枝，后期促花。新梢长至15～20 cm时，开始追施速效肥料，土壤追肥和叶面追肥交替进行，土壤追肥通常每株施40～50 g尿素，新梢迅速生长期，间隔2～3周连续叶面喷施2～3次化肥，追肥时结合浇水。叶面喷肥一般为0.3%尿素和0.4%～0.5%磷酸二氢钾，每10～15 d喷施1次。灌水视土壤水分状况进行。7月中旬以后，停止土壤追肥，叶面追肥每10 d喷1次0.3%磷酸二氢钾。如土壤墒情好，一般不浇水，雨季注意排水。落花后，每株追施尿素100 g，或磷酸二铵100 g；硬核期，每株追施桃树专用肥150 g，硫酸钾150 g；果实膨大期，每株追施桃树专用肥200 g，硫酸钾200 g，用量视树体长势和产量适当增减。结合追肥浇小水，其他时间视墒情浇水，忌大水漫灌。

落花后至采收前，叶面追肥3～4次，或随打药一起进行。前期追施硼、钙、铁微肥加0.3%尿素；后期追施硼、钙微肥加0.3%磷酸二氢钾。采后叶面喷肥为0.3%尿素和0.4%～0.5%磷酸二氢钾，每10～15 d喷施1次。于9月下旬施1次有机肥和复合肥，施用量为每666.7 m^2 腐熟鸡粪或厩肥4 000 kg，硫酸钾复合肥65 kg。

⑥整形修剪。

A.树形及结构特点。

永久性植株。桃属喜光性很强的植物，树冠上部枝叶过密，极易造成下部枝条枯死，引起光秃现象，结果部位迅速外移。光照不足，还会造成根系发育差，花芽分化少，落花落果多，果实品质变劣。在温室栽培条件下，要求树形结构简单，易成形，早结果。一般以二主枝自然开心形为好。主干上着生两大主枝。主枝上按照不同高度着生1～3个侧枝。主枝、侧枝上着生大、中、小型结果枝组。主枝南北分布，伸向行间。开张角度以南面主枝50°～60°，北面主枝30°～40°为宜。树高控制在1～1.5 m。

临时性植株。临时性植株的作用是：前期覆盖地面，填充空间，及早结果。一般以自然树形为好。主干上直接着生大、中、小型结果枝组。各种结果枝组均匀分布，合理搭配。株高控制在1～1.2 m。

B.定干。

永久性植株：定干应在栽后进行。为了占据空间，充分利用光照，形成立体结果，第一行主干高20~30 cm,第三行植株主干高30~50 cm,第五行植株主干高50~70 cm。定干时整形带以10~20 cm为宜。整形带内有5~8个饱满芽。每行植株应比前行高出20 cm左右,以减少前行对后行光照的影响。

临时性植株:临时性植株主干高20~30 cm,栽后可直接在距地面30~40 cm处下剪,根据分枝培养结果枝组。

C. 整形方法。

永久性植株。春季芽萌发后选芽抹芽,抹除整形带以下所有萌芽。新梢长到50~60 cm时,选生长健壮,相距10~20 cm符合树形要求的两个新梢作为主枝培养。主枝长到80 cm时,可摘心处理。侧枝可在当年萌发的副梢或次年萌发的新梢中选留。以距主干50 cm左右、背斜于主枝、沿主枝生长方向与主枝有一定夹角的副梢或新梢作为侧枝培养。第一行植株每主枝1个侧枝,第三行植株每主枝两个侧枝,第五行植株每主枝2~3侧枝。第二侧枝距第一侧枝相距50 cm左右。侧枝长到50 cm时进行摘心处理。其他枝均作为辅养枝,长到40~50 cm时摘心。

临时性植株。春季芽萌发后,抹除20 cm以下所有萌芽。萌发的新梢均作为结果枝培养,长到40~50 cm时进行摘心处理,促进花芽分化。

矮化处理。从7月中下旬开始,要喷洒PP333控制幼苗徒长,每隔20 d喷1次,浓度为200~400倍,到8月中下旬停止,株高控制在100~150 cm。

D. 修剪。桃树修剪分休眠期修剪和生长期修剪。

a. 休眠期修剪。

永久性植株。骨干枝修剪,主枝延长枝留外芽、饱满芽剪留40~50 cm。侧枝延长枝留外芽、饱满芽剪留30~40 cm。对骨干枝位置不当、分布不均匀、角度不合理的可用换头或人工措施加以调整。结果枝修剪,温室栽培的桃树,结果枝的处理应进行短截修剪。按长、中、短搭配分别进行不同程度的短截。长果枝剪留8~10节,中果枝剪留4~7节,短果枝剪留3~4节。一般背上与背下短留,两侧着生的长留。

临时性植株。临时性植株所有枝条均按结果枝处理,按长、中、短搭配分别进行不同程度的短截。长果枝剪留8~10节,中果枝剪留4~7节,短果枝剪留3~4节。

b. 生长期修剪。

桃树生长迅速,枝叶量大,又极喜光,生长期修剪十分重要。一般在一个生长期进行3~4次修剪,第一次在萌芽到坐果后进行,主要包括抹芽、疏梢、调整骨干枝延长枝的方位、角度;第二次在新梢旺盛生长期进行,主要修剪内容是疏枝、摘心。留足结果枝预备枝,疏除密生枝、竞争枝、细弱枝等。新梢长到要求长度时适时摘心,对一些角度小的直立旺枝进行拿枝软化或扭梢,缓和生长势,促进花芽形成;第三次在新梢缓慢生长或停止生长时进行。主要是调整骨干枝的角度方位长势,对未停止生长的新梢进行摘心，疏除徒长枝、过密枝，改善光照条件，提高树体营养水平，促进花芽分化。

⑦花果管理。

A. 采用人工授粉、放蜂、吹风、喷硼、喷大棚坐果灵等，提高坐果率。

B. 疏花疏果。于花蕾期，疏除枝条基部和顶端坐果率低的晚花、弱花。落花后1周开始疏果，先疏去并生果、畸形果、小果，保留发育正常的大果，长果枝留3~4个，中果枝留2~3个，短果枝留1~2个，外围、上部宜多留，内膛、下部少留。

C. 促进果实着色和成熟。采用吊果枝、合理修剪、铺反光膜、摘叶转果等技术促进果实着色。果实着色期保持10 ℃以上的昼夜温差。

⑧病虫害防治。桃设施栽培病虫害较少，主要有流胶病、褐腐病等。病害的防治应加强农业措施，以预防为主。流胶病防治主要应加强土肥水管理，增施有机肥，及时防治枝干病害，防止造成伤口，有伤口及时处理。药剂防治可用70%甲基托布津1 000倍液或扣棚前喷施3~5波美度石硫合剂。褐腐病可在花后喷800倍甲基托布津或65%的代森锌500倍液2~3次，或以50%的克菌丹可湿性粉剂500倍液防治效果较佳。

虫害主要有红蜘蛛、介壳虫、蚜虫等。花期喷施石硫合剂可防治红蜘蛛，也可在扣棚前用杂草缠绕绑缚主干，开花前解除杂草，集中烧毁防治红蜘蛛。花后喷乐果可防治蚜虫。

⑨采收。桃果实采收应以成熟度确定。就地上市的鲜食品种，在九成熟时采收，远销外运的果实在八成熟时采收。采收时轻摘轻放，不能硬拉。一株树上分2~3次分批采收。采果时要由下而上，由外至里逐枝采收，采下的果实放在阴凉处。

14.1.3 樱桃设施栽培

樱桃为蔷薇科樱桃属植物，有中国樱桃、甜樱桃、酸樱桃、毛樱桃等，设施栽培以甜樱桃和中国樱桃为主。

1)设施选择

我国樱桃设施栽培主要在北方地区，目前生产中应用较多的主要有单栋塑料大棚、连栋塑料大棚、塑料日光温室等设施。利用草帘、棉被等覆盖物进行保温，同时采用自动或半自动卷帘机。由于樱桃形成花芽较晚，需要3年才有产量，生产上多采用先栽植，有产量后再建棚或直接栽植大苗的方式，以提高经济效益。

2)栽培原理

中国樱桃对温度不敏感，而甜樱桃对温度要求严格，喜温而不耐寒。甜樱桃在进入休眠期后需要一定的低温才能打破休眠，一般设施内的温度保持在 -2~7.2 ℃，有利于通过休眠。萌芽期的适宜温度为 10 ℃，新梢在 20 ℃下生长最快，开花期的适宜温度为 15 ℃，白天 18~23 ℃，夜间不低于 7 ℃。果实成熟期的适宜温度为 20 ℃，白天不超过 25 ℃，夜间不低于 15 ℃。昼夜温差 10 ℃左右为好。

中国樱桃较耐阴，而甜樱桃需要充足的光照。在全日照达 2 600~3 000 h 时，甜樱桃生长良好。设施栽培中应通过使用反光膜、摘叶转果、疏枝等措施改善光照条件，提高果实品质。

甜樱桃对水分敏感，既不抗旱也不耐涝，故有“樱桃不离水”的俗语。随着叶面积的扩大和果实的发育，需水量越来越大。新梢生长期是樱桃的需水临界期，要保证水分供应，但灌水量不宜太大，防止新梢徒长，造成落花落果或引起裂果。果实采收后结合追肥进行灌水，恢复树势。

甜樱桃在土层深厚、质地疏松、肥力较高的砾质壤土、砂壤土、壤土或轻黏土壤中，根分布较深，根系发达，生长健壮。在黏重土壤上，根系发育不良，导致植株生长不良。适宜的土壤 pH 值为 5.6~7。樱桃对重茬较敏感，老樱桃园间伐后，至少要种植 3 年其他作物后才能栽植樱桃。

3)栽培技术要点

(1)品种选择

樱桃设施栽培品种宜选择树体矮小、树冠紧凑、抗性强、适应性广、果实发育期短、成熟比较早、需冷量较少的早熟鲜食品种。甜樱桃大部分品种自花不结实，设施栽培中要配置授粉树，要求授粉品种与主栽品种花期相近，需冷量基本一致，与主栽品种隔行栽植，视主栽品种的不同，合理搭配授粉树，比例控制在 3∶1 或 4∶1。适宜设施栽培品种主要有红灯、芝罘红、意大利早红、早生凡、早大果、美早、早紫、红艳、早丰、红密、佳红、大紫、莱阳矮樱桃等。

(2)定植

①定植前的准备。选择生态条件良好、远离污染源并具有可持续生产能力的农业生产区域，要求地块背风向阳、地势平坦、土壤肥沃、排灌方便、交通便利、未栽过樱桃树的沙质壤土。同时，深翻整地，施足基肥，提高土壤肥力。

②定植方式和密度。樱桃设施栽培生产上有 3 种栽培方式：一是在设施内直接定植成苗，在棚内整形，第三年有产量，第四年丰产。二是在棚室外假植成苗，整形成花后移入温室，栽后 4 个月有产量。三是定植已整好形并已大量成花的成龄树，栽后 4 个月有产量。株行距一般采用(1~2) m×(2~3.5) m。栽植时必须配置授粉树，授粉树品种不能少于 2 个，主栽品种与授粉品种的比例为 2∶1 或 1∶1。

③定植时间和方法。定植时期一般在苗木萌芽前的1~2周即3月下旬至4月上旬进行。最好随起树随栽植。定植时开沟栽植,沟南北方向,沟宽1 m,深0.8 m,土壤板结时应适当加深,表土与底土分放。栽植时先在沟底回填表土和足量腐熟有机肥、适量混合施入磷钾肥,然后将苗木按确定的栽植点放入沟内,使根系分布均匀舒展。一边填土一边踏实,至离地面10~20 cm时再填底土。栽植前,未带土坨的苗木可用生根粉蘸根。成龄树尽量带土栽植。栽植方向应与原来的阴阳面一致。苗木适当浅栽,栽后灌3次透水,水渗下后1~2 d绑缚支柱,防止树体摇晃而死。

(3)定植后的管理

①温度调控。

A.扣棚升温时间。设施栽培适宜的扣棚时间,一般依据设施是否有加温条件确定。有加温条件的应早扣棚,无加温条件的应晚扣棚。在无加温设施中,生产中扣棚时间一般在2月下旬前后,如扣棚过早,花期温度过低,易导致失败。有加温设施的扣棚时间,以樱桃自然休眠结束并满足其低温需求量为依据。樱桃的低温需求量一般为7.2 ℃以下800~1 200 h。扣棚过早,低温休眠不足,导致发芽、开花延迟。在北方产区,一般可在12月下旬至翌年1月上旬开始扣棚升温为宜。

B.扣棚后温度管理。

a.扣棚至发芽期(扣棚后30~45 d)。扣棚后7~10 d:白天18~20 ℃,夜间3~5 ℃。以后白天20~22 ℃,夜间5~6 ℃。最低不低于3 ℃,最高不超过25 ℃。

b.发芽至开花期(扣棚后45~60 d)。温度要求白天20~22 ℃,夜间不低于5~8 ℃。要求地温14~15 ℃。要避免白天25 ℃以上的高温,夜间低于5 ℃以下的低温。防止受精不良或发生冻害。应注意抓好防风或夜间覆盖保温。

c.果实膨大期。要求白天气温20~22 ℃,夜间10~12 ℃,这样有利于果实膨大,提早成熟。

d.果实成熟期。要求白天气温不超过25 ℃,夜间12~15 ℃。昼夜温差保持在10 ℃左右。严格控制白天气温不能超过30 ℃,否则果实着色不良,影响花芽分化。

C.揭除棚膜时间。设施揭除棚膜的时间要依气候条件和果实生育期而定。过了霜期,可将棚膜部分卷起,放风锻炼2~3 d。果实采收后,完全揭除棚膜。

②湿度调控。扣棚后至发芽期要求湿度较高,土壤相对湿度保持在80%左右,过低发芽开花不整齐。开花至谢花期湿度应适当降低,一般相对湿度控制在50%~60%为宜。过低花器柱头干燥,对授粉受精不利;过高花粉吸水易破,影响授粉效果。花期之后,土壤相对湿度保持在60%~70%为宜。

空气湿度要求与土壤湿度相似,一般前期要求高,后期要求相对较低。发芽期要求相对湿度保持在80%左右,以后逐渐下降。花期、果实膨大期要求湿度在50%~

60%。果实成熟期要求相对湿度50%。增加空气湿度可向地面洒水和树体喷水;降低空气湿度通过开启关闭通风窗、门等来完成。

③光照调控。生产中调控光照措施除了设计合理的棚室结构外,还要采取适宜的栽培密度,培养合理的树体结构,使用透光性好的无滴膜,棚内铺、挂反光膜。做到早揭帘,晚盖帘。阴天如果无雨也要揭帘,充分利用散射光。如果遇到连阴雨天气,要进行人工补充光照,一般采用150~200 W的白炽灯泡,每隔5 m左右安装1只,灯泡挂在树冠上方。

④气体调控。樱桃设施栽培密度大、叶面积系数高,光合作用消耗二氧化碳多,设施内要及时为室内补充二氧化碳气体,以增强光合效能。通过增施有机肥、施固体二氧化碳气肥、化学反应法等及时补充二氧化碳含量。在中午室内温度较高时加大放风,促进室内外气体交流,也可有效补充二氧化碳的不足。

⑤肥水管理。土壤管理多采用清耕和地膜覆盖,适时进行中耕除草,创造樱桃生长的疏松土壤环境。栽植成苗的,自建园到覆膜前的2~3年,要给予充足的肥水,促进枝叶生长,迅速扩大树冠,增加枝量,早结果,早丰产。一般在9~10月,株施腐熟的鸡粪10~20 kg,同时加入5 kg过磷酸钙。追肥主要集中在前期,土壤追肥和叶面追肥交替进行,土壤追肥通常每株施40~50 g尿素或0.5~1.0 kg复合肥。叶面喷肥为0.3%尿素和0.4%~0.5%磷酸二氢钾,每10~15 d喷施1次。灌水关键是掌握好萌芽前后和土壤封冻前,以确保新梢生长和树体安全越冬。覆膜投产后,肥水供应随产量的提高而增加,秋季施足基肥,一般株施优质圈肥20 kg,磷肥0.3 kg,钾肥0.8 kg。开花前,每株追施尿素200 g,花期前后连喷2~3次光合微肥或磷酸二氢钾,促进坐果,增强光合能力。结合追肥浇小水,其他时间视墒情浇水,忌大水漫灌。采果后补肥,叶面追施0.3%尿素和0.4%~0.5%磷酸二氢钾,每10~15 d喷施1次。于9月下旬施1次有机肥和复合肥,施用量为每666.7 m^2腐熟鸡粪或厩肥4 000 kg。硫酸钾复合肥65 kg。灌水应视土壤水分状况严格掌握灌水量。扣棚后灌水30 mm左右,发芽前再浇水10~20 mm,果实膨大期一次灌水10~15 mm,着色以后每次灌水10 mm以下为宜。

⑥整形修剪。

A. 主要树形。樱桃设施栽培要求树冠矮小、紧凑、光照良好。常用的树形有:改良主干形、自然开心形和丛状形。通常塑料大棚的中间行或日光温室的中后部空间较大,可采用改良主干形;塑料大棚的两边行或日光温室的前部,空间较小,应采用自然开心形或丛状形。

自然开心形:无中央领导干,干高20~40 cm,全树3~4个主枝,开张角度40°~50°。主枝间距30 cm以上,每个主枝上留5~6个背斜或背后侧枝,插空排列,开张角度 70°~80°。

改良主干形:类似于苹果的自由纺锤形,是目前美国、日本等国广泛采用的树形。设施栽培干高 40~50 cm,中央领导干保持优势生长,其上配备 10 个左右单轴延伸的主枝,螺旋排列,主枝角度 80°~90°,主枝上着生结果枝组。

自然丛状形:树体结构与自然开心形基本相同,但没有主干。4~5 主枝直接在近地面处分生而成。这种树形,树体矮,树冠小,成形快,抗风力强,不易倒伏。

B. 整形修剪。苗木定植后,按树形要求,冬夏剪结合完成整形。

苗木定植后,按干高要求与饱满芽所处的位置定干。新梢萌发后,选留中心干和主枝。顶端直立向上生长的新梢作为中心干培养,选生长旺盛、分布合理、角度适宜的新梢作为主枝。7 月中下旬,当新梢长到 30~40 cm 时摘心。选作主枝的新梢通过拉枝、压枝撑枝使角度开张到 80°~90°。冬剪时,对中心干延长枝留 40~50 cm 在饱满芽处中短截。下部主枝缓放或破顶芽,不宜短截。适当疏除过密枝、交叉枝、直立枝。有空间的直立枝,也可采取重摘心或扭梢的办法予以控制。根据品种特性,培养各种类型的结果枝组。一般背上培养小枝组,两侧培养大中型枝组。夏剪时继续选留培养主枝,开张主枝角度,并对各类新梢适时摘心。主枝背上新梢留 10~15 cm 摘心,其余新梢可在 7 月中下旬摘心。经过 3 年即可完成整形。树形完成后,修剪的关键是平衡树势,控制树冠,调整骨干枝角度,培养更新结果枝组,调节营养生长和生殖生长,促进花芽形成。

樱桃设施栽培树冠高度的控制主要通过整形修剪、断根控根、化学药剂、选用矮化砧、以果压树等实现。

⑦花果管理。

A. 保花保果。樱桃设施栽保花保果的措施主要有:配置好授粉树;人工辅助授粉;花期蜜蜂授粉;花期喷硼:盛花期喷一次 0.3% 硼砂液,可提高坐果率和果实品质;新梢摘心,在新梢长到 10~15 cm 时,应及时摘心,缓解新梢与果实的养分竞争,减少生理落果,提高坐果率,促进果实膨大。

B. 疏花疏果。疏蕾一般在开花前进行,主要是疏除弱花保留壮花,疏除量以 30% 为宜。疏果一般在生理落果后进行,疏除小果、畸形果、病虫果。坐果量较多时,应对弱枝、发育不良枝上的果部分疏除,一个花束状果枝留 3~4 个果为宜。

C. 提高果实品质。在果实着色期,摘除遮住果实阳光的叶片。果实采前 10~15 d,树冠下铺反光膜,促进果实着色,提高果实品质。

⑧病虫害防治。萌芽前喷 3°~5°石硫合剂,萌芽后喷 0.3°~0.5°石硫合剂,可以预防多种病虫害。5—6 月喷 2 次 70% 代森锰锌可湿性粉剂或 50% 多菌灵可湿性粉剂 600 倍液,7—8 月喷两次石灰等量式波尔多液 200 倍液,可有效防治樱桃的穿孔

病、叶斑病和果腐病。流胶病发生初期对病斑纵划几刀，挤出汁液，涂石硫合剂原液。

⑨采收包装保鲜。果实成熟后，应及时采收，装箱上市。果实成熟期有差异，要分批采摘，但不要采收过早。采收时轻摘、轻放，防止果面损伤，果实带果柄采摘，不要让果柄脱落。采后分级包装，重量以每盒0.5 kg为宜。

果实采收后，要立即撤掉塑料膜，并加强后期管理，狠抓病虫害防治和追肥浇水，及时修剪，保证树体正常生长发育。

14.1.4 草莓设施栽培

草莓是蔷薇科草莓属多年生常绿草本浆果植物。草莓果实鲜红艳丽，营养丰富、芳香多汁、甜酸可口，深受广大消费者的喜爱。发展草莓设施生产可以更加经济地利用土地，提高土地劳动生产率，延长鲜果供应时间，提高草莓果实的产量和质量，具有十分可观的经济效益和社会效益。

1)设施选择

草莓设施栽培适用设施种类较多，包括塑料大棚、日光温室，分为加温和不加温两种类型，主要进行促成栽培。塑料中棚、塑料小拱棚、地膜覆盖主要进行春季提早成熟栽培。目前，生产上较为常用的设施类型主要是塑料薄膜日光温室和塑料大棚。

2)栽培原理

草莓对温度的适应性较强，但喜凉爽、不耐热。草莓地上部分生长发育适宜温度为15~26 ℃，果实成熟期适温度为20 ℃左右，超过30 ℃生长受到抑制。在开花期低于5 ℃、高于35 ℃，都会影响授粉受精过程，影响种子的发育产生畸形果，长时间处在低于0 ℃、高于40 ℃的环境易使植株衰老死亡。

草莓性喜光照，但又比较耐阴，冬季在覆盖情况下越冬的叶片仍然保持绿色，第二年还能正常进行光合作用。但光照不足、生长弱，产量和质量下降。在夏季，阳光强烈，草莓易受干旱与酷热危害，根系生长差、叶片小，严重时叶片焦枯死亡。

草莓不耐旱，苗期缺水阻碍茎叶的正常生长。结果期缺水，影响果实的膨大发育，严重时降低产量和质量。草莓繁殖地缺水，匍匐茎扎根困难降低出苗率。水量过大时土壤空气少，氧气不足，影响根系的生长，长时间积水会使植株窒息死亡，雨季应及时排涝。一般要求草莓正常生长期间土壤相对含水量以70%为宜。花芽分化期为60%，结果成熟期为80%为好。

草莓可以在各种土壤上生长，但在疏松、肥沃、湿润、通气良好、富含有机质的土壤上易获得丰产。草莓不耐盐碱，适宜在pH值5.5~6.5的土壤中生长。在施肥上要注意氮、磷、钾肥的配合，适当增加磷、钾肥有利于提高草莓的产量。

3)栽培技术要点

(1)栽培方式

目前,已研究提出草莓设施栽培的多种栽培方式,包括半促成栽培、促成栽培和抑制栽培,从而实现了草莓的周年供应。

①半促成栽培。是指草莓在秋季完成花芽分化后,在自然低温、短日照条件下通过休眠,而后人为给予温度、光照等条件使其较露地提早开始生长,从而提早成熟上市的设施栽培形式。

②促成栽培。是指草莓在秋季完成花芽分化后,在自然休眠开始之前或尚未完成自然休眠时,采取人工措施抑制或打破休眠,促使其提前生长发育,从而达到早开花、早结果、早上市的设施栽培形式。

③延后栽培。是指草莓完成花芽分化后,采用低温储藏的方式人为诱导休眠,使其通过自然休眠,在预定采收期的适宜时间栽植,达到周年供应市场的设施栽培方式。冷藏适宜温度为 -2 ~0 ℃。

(2)品种选择

栽培方式不同对品种要求不同,半促成栽培的目的是提早上市,一般露地品种均适宜,但以耐寒性较强、需冷量较高、休眠较深,以果大、优质、丰产、耐储运的品种为好,品种主要有哈尼、宝交早生、硕丰、全明星等。促成栽培的目的是在元旦或春节上市,要求选择休眠浅、成熟早、果大味美色鲜的品种,适宜的品种有:丰香、达那、春香、女峰、明星、美香莎等。抑制栽培的目的是在10月上市,宜选用休眠深、耐寒性强、成熟早的品种,如全明星、新明星、戈雷拉等。

(3)定植

①选用无毒壮苗。优质壮苗标准:根系强大,叶柄粗短,成龄叶 4 ~7 片,新茎粗 0.8 cm 以上,苗重 20 ~40 g,无病虫害。

②整地作畦施足基肥。栽植草莓的土地,要选择土质疏松、肥沃、通透性好,pH 值 5.7 ~6.5 的壤土或沙质壤土。在栽种前 10 ~15 d,全层旋耕 2 次后灌水保湿,然后起垄或作畦,要求垄高 30 cm、垄底宽 60 ~65 cm、垄面宽 50 ~60 cm、沟宽 25 cm 的标准小高垄。作畦一般为宽度 1.0 ~1.2 m 的宽畦或 50 ~60 cm 的窄畦,畦向南北。草莓设施栽培产量高,自身苗营养消耗大,故需施足基肥。基肥宜用鸡粪等优质有机肥,定植前每亩施鸡粪 2 000 ~3 000 kg。鸡粪必须经充分腐熟后施用,并且沟施与撒施相结合。

③定植方式和密度。草莓目前推广的高产方式有两种:一种是宽畦 4 行栽植,即在宽畦上栽 4 行,行距 20 ~25 cm,株距 15 ~20 cm;一种是高垄双行栽植,即在垄面上

栽植2行，行距25～30 cm，株距15～20 cm。每666.7 m^2 密度控制在8 000～10 000株。

④栽植时期。草莓设施栽培目前均采用一年一栽制，以秋季定植为主。北方地区最早的在7月下旬至8月上旬，晚的在9月下旬至10月上旬进行。

⑤栽植方法。栽植前覆地膜，在畦上按密度破膜挖穴。栽植时把草莓根系垂直，舒展放在穴内，用土压平。栽植深度以深不埋心，浅不露根为宜，方向应和原来一致，新茎弓背朝向畦外侧，以便使花序向畦外延伸，有利于垫果和采收。定植后及时灌透水，前3～4 d，每天浇1次水，以后保持土壤湿润。定植后还应注意适当遮光覆盖，提高秧苗成活率。

(4)定植后的管理

①温度调控。

A.扣棚保温。升温时期主要决定于设施类型、计划采收上市时间、品种特性等。一般促成栽培，应在顶芽开始分化后30 d即在10月中旬扣棚、覆膜保温。半促成栽培，北方一般在2月中、下旬到3月上旬开始扣棚保温。

B.温度控制。扣棚初期，白天最高温度控制在30～35 ℃，夜间不低于8 ℃；现蕾期最高温度28～30 ℃，最低6～8 ℃；开花坐果期主要控制在20～28 ℃，此期要特别注意防止花期冻害，不得出现6 ℃以下低温；果实发育期控制在10～28 ℃，此期低温有利于果实肥大，高温有利于果实成熟。棚内30 ℃以上时注意及时放风。

②湿度调控。草莓喜湿，但不耐涝。浇水应以小水勤浇为原则。湿度过大易发生病害，开花结果期间湿度过大，影响受精，易产生畸形果。室内相对湿度花期控制在80%以下，其他时期控制在80%～90%。

③光照管理。草莓喜光，又比较耐阴，光照充足，植株生长旺盛，能获得高产；光照不足，植株生长细弱，果实小，色泽差。设施栽培应注意增加光照，适当稀植，以利于通风透光。经常清扫屋面，保持透明覆盖物良好的透光性。同时，草莓对夏季强光有不良反应，在炎热夏季应适当遮阴。

④气体调控。草莓叶片大，数量多，光合能力强。设施栽培条件下，空气不流通，易造成二氧化碳浓度下降，影响产量。花序出现后应适当补充增施二氧化碳肥。同时，在保证温度的前提下，尽量多通风，加速空气流动。

⑤肥水管理。定植后及时灌水，中耕松土除草，确保秧苗成活和生长。缓苗后适当控水，促发新根，促进花芽分化，以后视土壤墒情保持土壤含水量在60%～80%。追肥从植株现蕾开始，每隔15 d追施1次，共追3～4次。开花前追施以氮、磷肥为主，每666.7 m^2 追施尿素10～13 kg或复合肥20 kg；坐果后以磷、钾肥为主，每666.7 m^2追施磷酸二氢钾15～20 kg，结合进行灌水。也可进行叶面喷施，开花前用

0.3%～0.5%的尿素和磷酸二氢钾叶面喷施，坐果后浓度降至0.1%，每隔10 d喷施1次。

⑥植株管理。草莓栽植成活后对植株管理主要包括3个内容：一是除匍匐茎，要及时摘除植株抽生的匍匐茎，做到随见随除；二是摘除老叶、枯叶、弱芽，草莓成活后叶片不断老化，光合作用减弱，并有病叶产生，因此，生长季节要不断除掉老黄叶、病叶和植株上生长弱的侧芽，以节省营养，集中营养提供结果；三是疏花疏果，在开花前疏除多余的花蕾，大型果的品种保留1级、2级序花蕾，中、小型果品种保留1级、2级、3级花序的花蕾，一般每株留10～15个果。

⑦病虫害防治。草莓设施栽培病害主要有白粉病、霜霉病、灰霉病等。白粉病的防治可用25%粉锈宁可湿性粉剂3 000倍液，70%甲基托布津1 000倍液，在花前喷施，开花后严禁喷施，也可用百菌清烟剂，每666.7 m^2用300 g进行熏蒸。霜霉病的防治以农业措施为主，及时通风换气、降低湿度，是抑制或减轻发病的重要措施。要及时清除病原菌，对病叶、病果等被侵染处及时摘除，防止再度侵染。药剂防治可选用50%多菌灵800倍液、甲基托布津1 000倍液等喷雾防治。

草莓害虫主要有蚜虫、红蜘蛛、地下害虫。蚜虫、红蜘蛛的防治一是及时清除老叶、枯叶及杂草；二是保护和利用天敌；三是药剂防治，可用2.5%溴氰菊酯3 000～5 000倍液或20%杀灭菊酯4 000倍液。地下害虫的防治一是地膜覆盖；二是人工捕杀，发现有萎蔫的苗子时，可在附近将地老虎或蛴螬等挖出踩死；三是灯光诱杀，于成虫发生期，在其产卵之前进行。

⑧采收。采收期的确定有两种方法：一是根据开花期确定，正常情况下草莓开花30 d左右，果实即进入成熟阶段，可以采收；二是观察果面着色程度。一般果面着色70%以上即可采收，一天中草莓的采收时间最好是上午从露水稍干开始，至11:00左右结束；下午要在4:00以后进行。果实初熟期每隔1～2 d采收1次，盛果期每天采收1次，采收时应轻拿轻放，避免损伤。

14.1.5　杏设施栽培

杏设施栽培是生产优质、高档杏果的重要途径，可以避免杏树长期受到冻害，从而提早杏树成熟期，一般可比露地提早50～60 d，极大地提高了经济效益。近年来，我国杏树面积不断扩大，尤其是设施栽培面积大量兴起，达到杏周年供应。

1）设施选择

杏树设施栽培，目前主要以塑料大棚、日光温室等促成栽培为主，有加温和不加温两种栽培形式。

2)栽培原理

杏树为落叶乔木或灌木,树冠为圆头形或自然半圆形,在适宜的生长条件下,树冠可达6~8 m,树高10 m以上,在山地、丘陵和旱、薄地上树高也可达3~4 m,实生杏树或仁用杏,树冠矮小成灌木状。杏树的寿命长,在生态条件适宜和管理水平较高的条件下,树龄可达200年以上。嫁接苗定植后,2~3年开始结果,6~7年生进入盛果期,经济寿命可达40~50年,甚至更长。

杏树是耐寒的果树,在休眠期能耐-30~-25 ℃的低温。自然休眠期短,早春回暖杏树即开始萌动。在土壤温度达到4~5 ℃时开始生长新根,盛花期平均温度为7.5~13 ℃,花芽分化的温度为20 ℃左右,落叶期为1.9~3.2 ℃。杏树也能忍耐较高的温度,在新疆哈密,夏季平均最高温度达36.3 ℃,绝对最高温度43.9 ℃,直射光下的温度更高,杏树依然能够忍受,且果实品质极佳。但是,在高温、高湿、休眠期短的条件下,果实小,产量低,品质差。

杏树为喜光树种,光照充足则生长结果良好,果实着色好,含糖量增加;光照不足则枝条容易徒长,内部短枝落叶早,易枯死,造成树冠内部光秃,结果部位外移,果实着色差,酸度增加,品质下降。光照条件也影响花芽分化的质量。光照充足则花芽发育充分,质量高;光照不足则花芽分化不良。

杏树抗旱性较强。在年降水量400~600 mm的山区,即便不进行灌溉,也能正常生长结果。杏树对水分的反应是相当敏感的。在雨量充沛,分布比较合理的年份,生长健壮,产量高,果实大,花芽分化充实;在干旱年份,特别是在枝条迅速生长和果实膨大期,如果土壤过于干旱,则会削弱树势,落果加重,果实变小,花芽分化减少,果实成熟期湿度过大,会引起品质下降和裂果。

杏树不耐涝。土壤积水3 d以上就会引起黄叶、落叶,时间再长会引起死根,以致全树死亡,应及时排水、松土。

杏树对土壤要求不严,但适宜于排水良好,土层深厚,地下水位深在1.5~2 m,透气性能良好,以有机质含量高的砂质土壤为好。

3)栽培技术要点

(1)品种选择

设施栽培条件下,杏树应选干果杏,早期丰产性强、需冷量低、休眠期短、抗性强、树体矮化紧凑、自花结实力强、果实成熟早、肉硬皮厚、耐储运、品质优良的鲜食品种。目前,设施栽培品种有凯特、金太阳、金星、麦黄杏、玉巴旦、二花曹等。

(2)定植

①苗木选择。选择根系良好、枝条粗壮无病的主栽树及授粉树种苗,将根系浸入

清水 24 h，然后用 3 波美度的石硫合剂喷布全株，消毒后按 1 m×2 m 的株行距起垄栽植。

②栽植地准备。选择地处背风向阳、地势平坦、土壤肥沃、排灌方便、交通便利、未栽过核果类果树的沙质壤土。定植前深翻土壤，施足基肥，每 666.7 m^2 施腐熟有机肥 4 000 kg，氮、磷、钾复合肥 25 kg，提高土壤肥力。

③栽植方式与密度。设施杏树的定植有两种方式：一是选用 2～3 年生大苗，春季定植在设施内，当年 11 月下旬至 12 月上旬扣棚升温；二是将一年生苗木定植在预建设施用地，培养 2～3 年后建保护设施。为了提高采光度，一般采用南北行向，长方形栽植，行距 2.5～3 m，株距 1～1.5 m。春季定植，定植后浇一遍透水，定干高度为 30～40 cm。

④授粉树配置。杏树属两性花，但多数品种有自花不实现象，有的品种虽然能自花结实，但坐果率较低，因此，设施内栽培必须配置授粉树，提高坐果率。授粉树应选择亲和力强、花粉量大、花期相近、经济价值高的品种，授粉树与主栽品种配置比例一般为 1∶4～1∶3。

(3)定植后的管理

①环境调节。杏树设施栽培的适宜扣棚时间在 1 月中旬。扣棚前 15～20 d，地面铺地膜，以利于提高低温扣棚后温室内温度不可回升过快，应采取逐步升温的方法。扣棚初期，白天少量拉开草帘，使温室内白天温度保持在 6～11 ℃，3～4 d 后增加白天拉开草帘数量，使温室内白天温度保持在 10～15 ℃，7～8 d 后白天全部拉开草苫，午间揭膜放风，使温室内白天温度保持在 20～24 ℃。花期一般白天温度保持在 17～21 ℃，夜间 8～10 ℃，20 cm 土温为 12～18 ℃；幼果生长期白天温度保持在 20～25 ℃，夜间 11～14 ℃，20 cm 土温为 14～16 ℃；硬核期白天温度保持在 20～28 ℃，夜间 15 ℃左右，20 cm 土温为 16～23 ℃；果实成熟期白天温度控制在 22～32 ℃，夜间温度 10～18 ℃。当温室内温度过高，应通风降温，先从顶部揭膜放风，然后从中下部揭膜放风，温室内温度过低时，应加温或加厚草苫。

温室内湿度和光照调控：一般情况下，花前空气湿度应保持在 80% 左右，花期空气湿度保持在 50%～60%，其他生育阶段为 60% 左右，杏树是喜光树种，在光照充足的条件下，生长结果良好，只要湿度允许，应尽量延长打开草苫的时间。阴天也应打开草苫，以充分利用散射光，同时，应尽量清洗棚膜上的灰尘，保持棚膜表面清洁，增加光照透光率。

②肥水管理。扣棚前施基肥，每 666.7 m^2 施农家肥 2 500 kg，鸡粪 3 000 kg，硫酸钾、磷酸二铵各 30 kg。追肥生长要抓好 4 个时期：第一次在萌芽期，施尿素和复合肥，每株 0.2～0.3 kg；第二次在花后 2 周，每 7～10 d 喷施 300 倍液尿素加 300 倍液

硫酸钾加过磷酸钙，连喷2~3次，以促进果实细胞的分裂；第三次在花芽分化期，以施磷钾肥为主，有机肥为辅，以促进花芽分化；第四次在幼果膨大期，每株施尿素0.5 kg，以利于果实的正常发育。温室栽培杏树一般扣棚前灌一次透水，花期至果实膨大期灌1~2次水即可。

③花果管理。

A. 花期授粉。温室内基本无风，且昆虫较少，不利于杏树自然授粉。因此，必须进行辅助授粉，一般采用人工授粉和蜜蜂授粉相结合的方法较好。花前2~3 d将蜂箱放于温室内，蜂箱口放一平盘，盘内加糖水，当棚内有杏花开放时，将蜂箱打开。杏花开放后用毛笔进行人工点授。在杏树开花后30 min内完成授粉，其坐果率可达95%，花后2~4 h完成授粉，坐果率为70%，花后12 h完成授粉，其坐果率达50%。

B. 激素处理。盛花期喷500倍硼砂+300倍尿素，花后2周内喷25 mg/L赤霉素+0.3%磷酸二氢钾+葡萄糖和300倍防落着色剂，以提高坐果率。

C. 环割。花后对旺树旺枝进行环割，每枝2~3刀，间隔3~5 cm。

D. 疏花疏果。为保证杏果大而整齐，应在果实的第一次迅速膨大期内进行疏果，一般花后3~4周进行。盛花期疏去晚花、弱花，一般短果枝留1~2个果，中果枝留2~3个果，长果枝留3~5个果。为提高果实品质，可在谢花后15~20 d及时疏除小果、畸形果、病虫果。

④整形修剪。

A. 幼树期。幼树期对骨干枝延长枝在饱满芽处短截（一般留50 cm以上）；对竞争枝及时疏除，其余枝条缓放；主侧枝背上的竞争枝及时疏除，其余枝条缓放；生长季节主、侧枝延长新梢摘心，并疏除过密枝；背上要利用的直立枝，采取扭梢、拉枝等措施。

B. 初果期。初果期要继续扩大树冠，增加侧枝数量。修剪要求与幼树基本相同，适当疏除过密枝、过密结果枝组及徒长枝。长果枝、发育枝短截培养结果枝组，生长季节以疏枝和重摘心为主。

C. 盛果期。此期树势开始衰弱，延长枝和其他分枝要多短截、少缓放，疏除过密枝、衰弱枝，回缩或疏除冠内结果枝组。短截一年生枝，促其发枝，培养新的结果枝组。生长季对长势强旺新梢及徒长新梢摘心，促发二次枝。

D. 衰老树。在加强肥水管理的基础上，对骨干枝回缩更新，生长季节对发出的旺梢摘心，疏除过密枝和无用枝。

⑤病虫害防治。杏树温室栽培主要病害有蚜虫、叶螨、杏褐腐病等。冬剪时，剪去病虫枝，病僵果，清除落叶，用硬毛刷刷掉介壳虫体，集中烧毁或深埋，扣棚前一周

喷施6%~7%的石硫合剂，防治越冬病虫。刮除流胶病孔，涂抹5倍多菌灵，防治病虫害。展叶后，喷施50%可湿性粉剂1 000倍液或65%代森锰锌可湿性粉剂400倍，防治杏疮痂和细菌性穿孔病。5月上旬、中旬幼果膨大期喷施30%多霉清可湿性粉剂1 200倍或25%代森锰锌可湿性粉剂400倍，防治杏褐斑病、炭疽病。5月中旬果实采收后，按常规引用药剂防治病虫害，保护叶片。

⑥采收与揭膜。4月中下旬至5月上旬为采收期，采收完毕后，昼夜放风，10 d后再揭膜，揭膜后仍要加强肥水管理，增施有机肥、氮、磷、钾肥，及时为树体补充水分和养分，保证花芽分化的顺利进行。同时，培养新的结果枝组，保证第二年丰产稳产。杏果不耐储运，应及时采收，如远地运输应在七八成熟时采收，采收时要轻拿轻放。以免造成果实的机械损伤，影响品质和经济效益。

14.1.6 李设施栽培

李树为落叶小乔木，对气候、土壤的适应性较强，管理简便，在世界各地广泛种植，近年来，李果市场销售好、售价高、生产效益大。有力地促进了李果生产的发展，在露地栽培发展的同时，大力发展李设施栽培。可比露地栽培提前30~45 d成熟，具有巨大的市场潜力。

1)适用设施

李树设施栽培，目前主要以塑料大棚、日光温室促成栽培为主，有加温和不加温两种形式。

2)栽培原理

李树树冠高3~5 m，自然生长时中心干易消失，形成开张树冠。幼树生长旺盛，发枝多，成形快，结果早。

李树为浅根性果树，吸收根主要分布在20 cm深的土层中，水平根分布范围通常比树冠大1~2倍。根系生长最适温度为15~22 ℃，最适土壤相对湿度为60%~80%时，根系1年内有3次生长高峰。

李树的芽有花芽和叶芽两种。多数品种在当年生枝条的基部形成单叶芽，在枝条的中部多为花芽和叶芽并生形成复芽，枝条的近顶端形成单叶芽。花芽为纯花芽，每个花芽含1~4朵花。芽有早熟性，萌芽力强，潜伏芽的寿命长。

李树的枝有营养枝和结果枝两种类型。营养枝一般生长较健壮，组织较充实，枝上着生叶芽，叶芽抽生的新梢可扩大树冠和形成新的枝组；结果枝着生花芽并开花结果，有5种类型：徒长性果枝、长果枝、中果枝、短果枝、花束状果枝。中国李以短果枝和花束状果枝结果为主，欧洲李和美洲李以中果枝和短果枝结果为主。幼树抽生长果枝多，至初果期则形成较多的短果枝和少量的中、长果枝。随着树龄的增加，长、中、短果枝逐渐减少，花束状果枝数量逐渐增多。花束状果枝为盛果期树的主要结果部位，担负 90% 以上的产量。

李树对环境条件适应性强。不同品种对温度要求差异大，原产北方的品种能耐 -40 ~ -30 ℃的低温，而生长在南方的品种不耐低温。李对光照要求不严格，但在果实生长发育阶段光照良好有利于提高果实品质。李对土壤要求也不严格，适宜在中性或微酸性土壤中生长，pH 值 6.2 ~ 7.4 为宜。

3）栽培技术

（1）品种选择

设施栽培应选择成熟期早、丰产性好、个大、色好、味浓、品质优良、便于管理、易于通过休眠，在低温、低光照条件下能正常生长结果、抗病能力强的品种。目前，生产中较为常用的品种有：大石早生、大石中生、美丽李、五月鲜、帅李、摩尔特尼、玉皇李等。

（2）定植

①苗木选择与处理。选择根系良好、枝条粗壮无病的主栽及授粉树种苗，将根系浸入清水 24 d，然后用 0.2% 的硫酸铜浸根 1 d 或用 3 波美度的石硫合剂喷布全株，消毒后按 1 m × 2 m 的株行距起垄栽培，南低北高，便于排水。

②栽植地准备。选择地块背风向阳、地势平坦、土壤肥沃、排灌、方便、交通便利、未栽过樱桃树的沙质壤土。定植前深翻整地，施足基肥，一般每 666.7 m^2 施腐熟有机肥 4 000 kg，氮、磷、钾复合肥 25 kg，提高土壤肥力。

③栽植方式与密度。设施李树的定植有两种方式：一是选用 2 ~ 3 年生大苗，春季定植在设施内，当年 11 月下旬至 12 月上旬扣棚升温；二是将一年生苗木定植在预建设施用地，培养 2 ~ 3 年后建保护设施。为了提高采光度，一般采用南北行向，长方形栽植，行距 2.5 ~ 3 m，株距 1 ~ 1.5 m，春季定植。

④授粉树配置。李树有自花不实现象，有的品种虽然能自花结实，但坐果率较低，设施内栽培必须配置授粉树，提高坐果率。授粉树应选择亲和力高、花粉量大、花期相近、经济价值高的品种。授粉品种一般 2 ~ 3 个。

（3）定植后的管理

①温度调控。

A. 适时扣棚、打破休眠。李树度过自然休眠需 7.2 ℃以下低温 1 000 ~ 1 250 h 的需冷量。扣棚时间一般在满足需冷量的前提下，根据棚的保温效果尽早扣棚。北方地区正常年份一般 12 月中下旬到 1 月上旬可以满足栽培品种的需冷量，因此，日光温室可在12月中下旬扣棚盖帘，塑料大棚可在2月中下旬扣棚，也可在室内低温黑暗处打破休眠。白天盖上草帘，关闭风口，夜间揭帘降低温度，使室内温度控制在0～7.2 ℃范围，使树在黑暗低温环境下，经1个月左右，李树即可通过自然休眠。

B. 温度调控。李树从揭帘升温到萌芽约需30 d，为了协调地温和气温，必须在覆盖棚膜前20～30 d，覆盖地膜，提高土温。

萌芽前，白天气温控制在20 ℃；夜间气温最低在1～3 ℃，不得低于0 ℃。萌芽期，温度控制在12～14 ℃，白天最高温度不超过22 ℃，夜间最低温度在3 ℃。开花期，最适温度为12～16 ℃，白天最高温度不超过20 ℃，夜间不低于6 ℃。花蕾期的夜间气温不低于4 ℃，以免遭冻害。幼果期，温度不能超过22 ℃，夜间最低温度为8 ℃。果实硬核前期白天最高温度不超过28 ℃，夜间最低温度为10 ℃。果实硬核期，白天最高温度控制在28 ℃，夜间最低温度为8 ℃。果实膨大期，白天温度控制在25～28 ℃，最高不超过30 ℃，夜间温度控制在10～15 ℃，最好是降到10 ℃，有利于果实着色和品质提高。果实成熟期，白天温度维持在25～26 ℃，最高不超过30 ℃，夜间温度在10 ℃。

②湿度调控。萌芽期相对湿度控制在80%左右，花期控制在50%～60%，果实膨大期控制在60%～70%，果实着色至成熟期控制在50%～60%，湿度过大时通风换气。

③光照调控。光照直接影响产量与品质，选择透光性好的无滴膜，经常清洁棚膜，增加透光率，阴天充分利用漫射光。为了提高树冠下部受光量，在棚内张挂反光膜、覆盖地膜，利用灯光在冬季光照不足的情况下，进行人工补光。生长期注意透光修剪、复剪。

④气体调控。合理调节室内二氧化碳浓度，可以提高叶片光合能力，增加果品产量，改善果实品质。在通风换气的基础上，增施二氧化碳气肥效果良好。

⑤土肥水管理。当年定植当年扣棚，必须加强前期管理，促进生长，后期适当控制，促使花芽形成。在7月中旬前，加大肥水供应，促进树体生长，迅速扩大树冠，增加光合面积。7月中旬后控制旺长，促进花芽分化。新梢长到20 cm时，每隔15 d见干浇水，配合追施磷酸二铵或尿素，7月中旬后控制肥水，每15 d喷1次150～300倍的PP333，连续3次，配合钾肥和微肥施入。休眠前深翻，结合秋施基肥，一般结果树每株施有机肥50 kg，幼果发育期叶面喷施0.5%尿素或适当追施磷钾肥，果实膨大期追施钾肥，每株0.5 kg，控制氮肥，促进果实发育。

⑥花果管理。主要是保花保果和疏花疏果。为提高坐果率，可在花期喷施2次0.3%硼酸，并结合人工授粉和鸡毛掸滚授，以及花期放蜂等措施。为了达到高产、稳产、优质的栽培目的，必须适时适量进行疏花疏果。根据不同品种、树势、坐果稳果情

况而定。如早熟、果形小、生理落果少的品种，约在花后20 d进行；若是中熟、果形大、生理落果严重的品种，可推迟进行。疏果标准以每16片叶子留果1个为原则，果实间距为7 cm左右为宜。一般长果枝留3~4个果，中果枝留2~3个果，短果枝留1~2个果。疏果时疏去畸形果、病虫果、伤果、并生果、小果，以及果面上的残花。多保留侧生果和向下着生发育良好的果实。

果实着色期应采取地面铺反光膜、摘叶、叶面喷施复合肥、降低室内湿度、增大昼夜温差等措施，促进果实着色，提高果实品质。

⑦整形修剪。

A. 主要树形。设施栽培李树常用树形有自然开心形、"Y"字形、疏散分层延迟开心形、纺锤形等。

a. 自然开心形。主干高20~30 cm，无中央领导干，主干上着生3~4个向四周均匀分布的主枝，主枝间距10~20 cm。第一主枝分枝角度60°~70°，第二主枝分枝角度45°~50°，第三主枝分枝角度35°~40°。

b. "Y"字形。干高15~20 cm，两主枝着生在主干两侧。每主枝上再培养2个侧枝，主侧枝上培养中、短果枝。

B. 整形修剪。

a. 休眠期修剪。李树休眠期修剪一般在10月下旬扣棚前进行，根据李树以短果枝和花束状果枝为主的结果特性，主要采用短截、回缩、疏枝、缓放等修剪方法。对骨干枝延长枝留饱满侧芽剪留40~50 cm，为了控制树冠高度，改善树冠内膛的光照条件，降低结果部位，防止树势衰弱，对多年缓放的大枝、长枝进行回缩。疏除密生重叠枝、纤弱枝、病虫枝、树冠内膛的直立枝、影响树冠透光的大枝等。缓放中庸斜生枝。合理配置结果枝，适当培养预备枝。

b. 生长期修剪。生长期修剪主要有抹芽、扭梢、疏梢、摘心、拉枝等方法。萌芽期将位置不当、生长过密的芽抹掉，有利于开花坐果和通风透光。疏除主枝和侧枝上密生的枝梢。果实膨大期，当新梢长到40 cm左右时进行摘心，控制旺长、促进果实发育和花芽分化。当骨干枝长到40~50 cm时，及时拉成与树冠中心垂直线呈50°~60°，对控制枝梢旺长和促花的效果较好。

⑧病虫害防治。设施栽培条件下虽然病虫害较轻，但应遵循预防为主，综合防治的原则。萌芽前全株喷布波美3°~5°的石硫合剂。生长期注意防治蚜虫，可在花前、花后10 d各喷1次10%吡虫啉1 500~2 000倍液。每次喷药配合甲基托布津或代森锌等杀菌剂的使用。休眠期清除病虫枝、叶、果、杂草等。

⑨采收。设施李树果实采收应分批进行，随熟随采随销售。储运的果实应在果实成熟度达8~9成时采收。

⑩采后管理。果实采收后逐步揭膜炼树，土壤追肥，及时进行疏枝及回缩更新等修剪，增强树体透光性。7月以后视树势生长状况进行断根、化学控制等措施控长促花，提高花芽饱满程度，培养花束状果枝结果。

14.2 实训内容

14.2.1 葡萄整枝

1)实训目的

通过实训使学生学会葡萄设施栽培植株整枝的作用、时期、方法和技术要点。

2)材料与用具

材料:设施栽培2~3年生葡萄幼树、成年树。

用具:修枝剪、手锯等。

3)实训内容和方法

(1)休眠期整枝

落叶后即可进行。方法:篱架多主蔓扇形，主蔓间隔50 cm选留3个，在每条主蔓间隔20~30 cm培养一个枝组，主蔓延长蔓一般适当控制，剪留8~12节。结果枝组修剪采用单枝更新和双枝更新相结合的方法调整枝蔓数量。结果母枝的休眠期修剪有短梢修剪(2~4芽)、中梢修剪(5~7芽)和长梢修剪(8芽以上)。中、长梢修剪时，采用双枝更新的修剪方法，即在母枝的下部留2~3个饱满芽进行短梢修剪，促使基部萌发2个壮枝，次年休眠期修剪时，留上部的枝作为来年结果母枝，根据其粗度、成熟度、空间大小按中长梢修剪，下部的枝作为预备枝留2~3芽短梢修剪。完成结果后，在第3年修剪时，将上部已完成结果的枝从基部疏除，下部预备枝上的两个枝仍按前1年的剪法进行。这样重复更新，可延缓结果部位上移，保证枝条数量的稳定。单枝更新在休眠期修剪时，只留1个1年生枝，一般用中梢修剪，次年萌发结果后，只留下部1个生长健壮良好的枝作为下年结果母枝，其余上部枝一律剪除。

(2)生长期整枝

葡萄生长期枝叶量多，生长旺盛，很容易造成架面郁闭，光照不良，影响产量和品质。因此，生长期是调整植株枝条数量、改善光照的关键时期。

①抹芽和疏枝。新梢长到5~10 cm时，将过多的发育枝、主蔓靠近地面30~40 cm内的枝芽以及过密过弱的新梢抹去，同一芽眼中出现2~3个新梢，只保留一个

健壮的新梢。新梢长到15～20 cm时，再进行一次疏枝。

②结果枝摘心。在开花前5～7 d至始花期，在花序以上留4～6片叶摘心。

③副梢处理。定植当年的葡萄苗萌发后，其新梢做预备枝培养结果母枝时，在主梢摘心后，其上的副梢除顶端一个留1～2片叶反复摘心外，其余全部从基部抹除。作为延长生长用的梢可将其上副梢各留1～3片叶摘心，以后发出的副梢保留1片叶反复摘心。葡萄开始结果后，结果枝上的副梢处理方法有两种：一种是主梢在花序前4～6片叶摘心后，果穗以下的副梢从基部抹除，顶端1个副梢留3～4片叶反复摘心，其余副梢留1～2片叶反复摘心，使果枝上的叶片数最终达到12～15片；另一种是主梢摘心后，只保留顶端一个副梢4～6叶摘心，以后始终只保留前端1个副梢2～3叶反复摘心。

④除卷须及新梢引缚。在生长季修剪中结合其他工作，随时对卷须加以摘除。当新梢长到40 cm左右时，即需引缚到架面上。篱架栽培可将部分新梢向外呈弓形引缚；棚架栽培可用30%左右的新梢引缚，其余的使之直立生长，以利通风透光。

⑤疏花序与花序整形。对果穗重400 g以上的大穗品种，壮枝留1～2个花序，中等枝留1个花序，短弱枝不留花序；对小穗品种，壮枝留2个花序，中等枝留1个花序为主，个别空间较大处可留2个花序，短细枝不留花序。花序整形上，对于果穗圆柱形、紧圆锥形的品种，花序一般不用整形，部分花序过长的，于开花前7～10 d将花序顶端用手指掐去其全长的1/4～1/5；果穗较大、副穗明显的品种，将过大的副穗剪除，过长的分枝和过长的穗尖掐去，使果穗紧凑、果粒大小整齐。

⑥疏穗和疏粒。疏穗在盛花后20 d左右，篱架上按二年生葡萄每株保留4～6个果穗，多年生葡萄架面每平方米保留5～8个果穗的原则，将多余的果穗疏除。疏粒于落花后15～20 d，果粒小、着生紧密的果穗以250～350 g为标准，果粒大、着生稍松散的果穗以750～850 g为标准，果粒中等、松紧适中的果穗以450～550 g为标准，疏除部分过密果、畸形果和小粒果。

⑦采收后整枝。根据品种的生物学特性和枝条生长的具体情况，对部分枝梢进行适当回缩、短截和疏除。

每一项实训内容，在教师的演示讲解和指导下，学生分组实际操作训练，最后独立完成操作。

4）作业

完成实训报告，总结整枝方法、技术要点，写出实训体会。

14.2.2 桃树修剪

1)实训目的

通过实际操作,学会设施栽培桃树整形修剪的技术,掌握不同年龄时期的修剪要点。

2)材料与用具

材料:设施栽培桃的幼树、盛果期树。

用具:剪枝剪、手锯、梯子、伤口保护剂等。

3)实训内容与方法步骤

(1)休眠期修剪

桃在设施栽培条件下,要求树形结构简单,易成形、早结果。一般以二主枝自然开心形为好。主干上着生两大主枝。主枝上按照不同高度着生1~3个侧枝。主枝、侧枝上着生大、中、小型结果枝组。主枝南北分布,伸向行间。开张角度以南面主枝50°~60°,北面主枝30°~40°为宜。树高控制在1~1.5 m。

①幼树整形修剪。

A.定干。苗木定植后,第一行植株在距地面20~30 cm处下剪定干,第三行植株在距地面30~50 cm处定干,第五行植株在距地面50~70 cm处定干。定干时整形带以10~20 cm为宜。整形带内有5~8个饱满芽。每行植株应比前行高出20 cm左右,以减少前行对后行光照的影响。

B.主、侧枝的选留与培养。定植后第二年发芽前,在整形带内选择生长健壮、分布均匀、角度适宜的2~3个枝作主枝培养,剪留长度一般南方品种群留50 cm左右,北方品种群需轻剪,剪口芽留外芽。第三年发芽前,各主枝延长枝留40~50 cm中短截。同时选留侧枝,第一侧枝在距主枝基部50 cm左右,选留背斜侧生方向的健壮枝,剪留的长度低于主枝,一般为30~40 cm。在生长期修剪时选留出第二侧枝,第二侧枝与第一侧枝在相反方向,间距50 cm左右。第四年发芽前,对主、侧枝延长枝继续留外芽中短截。在主、侧枝上选留和培养结果枝组,此时树形基本形成。

②盛果期树修剪。5~15年生的树为盛果期树,此期的修剪任务是调节生长和结果的关系,培养和更新结果枝组,防止结果部位外移,延长盛果期年限。

A.主、侧枝延长枝的修剪。盛果初期继续对延长枝中短截,以扩大树冠,其剪留长度,南方品种群留30 cm左右;北方品种群适当轻剪,一般剪留40~50 cm。树冠相互交接时,适当回缩落头,控制树冠。

B. 结果枝的修剪。长果枝南方品种群剪留 20 cm 左右长(8 ~ 12 节花芽),并选留一部分长果枝重短截做预备枝。北方品种群一般进行轻短截,也可重短截一部分长果枝做预备枝。中果枝南方品种群剪留 10 cm 左右长(5 ~ 7 节花芽),并可短截一部分做预备枝。短果枝南方品种群可短截部分短果枝,剪留 2 ~ 3 节叶芽。桃树结果部位易外移,为防止外移,对结果枝可采取单枝更新和双枝更新。

C. 结果枝组培养和更新。利用发育枝或长果枝重短截留 20 cm 长,促生分枝培养结果枝组。桃树小型结果枝组易干枯死亡,应培养利用大、中型枝组。当大、中型枝组过高过旺时,疏去上部旺枝,回缩到中庸枝,在枝组中下部剪留预备枝,防止结果部位上移。背上枝组控制成斜生枝组;枝组衰弱下垂时,及时回缩到角度较高的健壮枝处;枝组过密时,去小留大,去弱留壮。

D. 其他枝修剪。徒长枝一般疏除或留 3 ~ 4 极重短截,培养成小型结果枝组。竞争枝疏除或极重短截,病虫枝,干枯枝,细弱枝直接疏除。

(2) 生长期修剪

桃树生长期修剪通常每年进行 3 ~ 4 次。

第一次在萌芽后到新梢生长初期进行,抹除部位不当或过密的芽,疏除过多新梢和二次枝,以节约养分,减少无用枝对养分的消耗。

第二次在新梢处于迅速生长期进行,留足适当壮枝,疏除竞争枝、徒长枝、细弱枝、密生枝,对旺张枝进行摘心、拿枝、扭梢,培养为结果枝。延长枝达到长度及时摘心。

第三次在新梢缓慢生长期进行,主要任务是对尚未停长的枝进行捋枝,调整枝叶量改善树冠光照条件,促使花芽分化。

第四次在新梢停止伸长生长时进行,主要是控制生长,促进枝条充实,提高枝芽的越冬能力。对未停止生长的新梢进行摘心,疏除过密枝、徒长枝、竞争枝。

每一项实训内容,首先在教师的演示讲解和指导下,学生分组实际操作训练,最后独立完成操作。

4)作业

①完成实训报告,总结桃树整形修剪方法技术。

②观察分析桃树上强下弱或外强内弱及结果部位外移等现象的产生与修剪方法有无关系?写出实训体会。

③总结桃树不同年龄时期的修剪要点。

14.2.3 草莓植株管理

1)实训目的

通过实训使学生掌握草莓设施栽培植株管理的作用、时期、方法和技术要点。

2)材料用具

材料:设施栽培草莓植株。

用具:修枝剪、秸秆、麦草等。

3)实训内容和方法

①摘除匍匐茎。在匍匐茎大量形成后开始抽生时及早摘除,一般连续摘除 3 ~ 4 次。

②摘除老叶。草莓生长期叶量多,生长旺盛,容易造成光照不良,消耗养分,影响产量和品质,应将植株上的老叶、病叶及时摘除,以减少养分消耗,改善光照。一般每株草莓留 10 ~ 15 个叶片即可。

③疏花疏果。在花序抽出后第一朵花开放前,疏去部分花蕾,保留 1 ~ 4 级花序的果,其余疏除,每株留果 10 ~ 15 个。

④垫果。花后 2 ~ 3 周,在草莓株丛间铺草,垫在花序下面或果实下面。防止果实与地面接触,造成裂果或烂果。

⑤茎部培土。在秋季茎叶旺盛生长时,对植株茎部适当培土,避免须根暴露在外,促进新根生长,一般培土 2 ~ 3 cm,注意不要埋住苗心。

每一项实训内容,在教师的演示讲解和指导下,学生分组实际操作训练,最后独立完成实训项目。

4)作业

①制订草莓植株管理方案。

②完成实训报告,总结管理方法、技术要点。

14.3 扩展知识链接

我国果树设施栽培现状

目前,果树设施栽培在世界各国迅速发展,以日本、意大利、荷兰、加拿大、比利时、罗马尼亚、澳大利亚、新西兰、美国等国发展速度快、栽培面积大,其中,日本是世界上果树设施栽培面积最大、技术最先进的国家。世界各国设施栽培的果树有 35

种，包括12种落叶果树和23种常绿果树，其中以草莓栽培面积最大，葡萄次之。近年来，桃、李、杏等核果类果树发展迅速，成为设施主栽品种。

我国果树设施栽培始于20世纪70年代。1978年，黑龙江省齐齐哈尔市园艺所在塑料大棚和加温温室内栽培葡萄获得成功，但由于当时经济条件和市场购买力的限制，一直没有大面积推广。进入20世纪90年代后，随着人民生活水平的提高和市场对反季节果品的需求，拉动了果树设施栽培的发展。1991—1998年，我国设施栽培樱桃、李、杏、枇杷、桃、草莓、葡萄等果树相继取得了成功，据不完全统计，截止到1999年底，全国果树设施栽培面积达到10万hm^2，主要分布在山东、辽宁、北京、河北等省、市、自治区，以草莓、葡萄、桃和油桃的栽培面积最大，占整个果树设施栽培面积的95%以上，设施类型以日光温室为主，塑料大棚为辅，生产模式以早熟促成栽培为主，延迟栽培为辅。近10年来，我国果树设施栽培取得了长足发展，已经形成了规模化生产。

我国果树设施栽培虽然取得了一定的成绩，但同时也存在不少问题，值得政府有关部门、园艺科技工作者和广大果农的认真思考。存在的主要问题一是科研投入不足，导致对果树设施栽培研究的深度和广度不够，果树设施生产技术含量不高。二是市场资源开发比较单一。目前，果树设施栽培绝大多数只限于生产反季果品，供应市场，对反季观赏果树、果树盆景、设施果树旅游休闲等方面的研究开发和利用不足。三是设施栽培品种不够丰富，目前，设施果树栽培成熟技术仅限于葡萄、草莓、油桃、樱桃等少数品种，应加大投入研究开发猕猴桃、柿、枣、梨、苹果等果树的设施栽培技术，在品种选择上除早熟、极早熟、极晚熟品种外，还应研究开发中晚熟高档品种的延迟栽培技术，同时，加强热带、亚热带果树的设施栽培技术，在北方进行常绿果树生产，拓展设施栽培品种数量，满足不同层次消费者的需求，创造更高的经济效益。四是设施性能较差。我国北方果树反季栽培的主要设施是日光节能温室，而大多数日光温室是用于蔬菜栽培而建造的，根据不同果树的生物学特性来建造的日光温室相对较少，因此，设施果树生产大多数设施仍沿用蔬菜温室的结构，造成日光温室结构不够合理，性能较差，设施结构对果树无针对性，如温室采光不良，升温、保温、蓄热、降温效果不好，温室强度不够，操作不便等。良好的栽培设施是果树设施生产的重要基础条件，所以，在果树栽培设施的设计、建造方面还有待于进一步提高。五是果树设施栽培技术还不够完善。如落叶果树设施栽培的升温时间、室内光照条件的控制，二氧化碳施肥技术的应用，人工辅助授粉技术，设施内放蜂技术，果树整形方式与方法等栽培技术还有待于进一步研究完善。六是缺乏规模经营、市场预测和产业化。目前我国果树设施栽培分布范围比较分散，规模化生产和集约化经营程度低，远没有形成产业化基地。同时，只重视生产环节，对采后包装、市场运作等不够重视，还达不到产业化发展要求。

14.4 考证提示

以侧重务实、突出实践应用是近年果树工试题主要特点,题型结构也由原来的非客观性多元化试题向以选择题和判断题为主的客观性试题发展。鉴定内容涉及植物与植物生理、土壤与肥料、植物保护、园艺设施、蔬菜栽培等多门学科。果树设施栽培在试卷中出现较多的是:设施环境调控方法及技术要点、设施果树栽培的水肥管理要点、设施果树促成和抑制栽培的意义、设施栽培果树常用树形及整形修剪技术要点、产品保鲜等,在技能鉴定辅导复习时应重点掌握。

任务后

考证练习题

1. 填空题

(1)在当地育苗中,桃常用的砧木是______。

(2)定果时,桃的长、中、短果枝所留的果数分别是______、______、______。

(3)桃树设施栽培疏花的适期为______,疏果的适期是______,确定留果量的方法主要是______。

(4)设施条环境条件与露地的主要差异是______、______和______。

(5)要获得果树设施栽培的成功,必须要解决好的问题______、______等。

(6)设施栽培中,经常采用的控长促花技术措施有______、______、______等。

(7)设施栽培中,为保证果树正常授粉受精和坐果必须采取的技术措施是______和______。

(8)合理确定升温时间的主要依据是______、______、______、______。

(9)设施果树栽培对品种的基本要求是______、______、______。

(10)果树叶面喷肥时,尿素的使用浓度为______,磷酸二氢钾的使用浓度为______。

2. 选择题

(1)多年生草本果树有(　　)。

A. 草莓　　B. 杏　　C. 树莓　　D. 樱桃

(2)甜樱桃果实按果实构造分类属于(　　)。

A.核果类　　B.浆果类　　C.仁果类　　D.坚果类

(3)桃树常用树形是(　　)。

A.自然开心形　　B.小冠疏层形　　C.纺锤形　　D.圆柱形

(4)草莓一般在花后(　　)果实开始成熟。

A.1个月　　B.2个月　　C.3个月　　D.4个月

(5)草莓设施栽培一般666.7 m^2 栽植(　　)株为宜。

A.4 000~6 000　　B.5 000~7 000

C.6 000~7 000　　D.8 000~12 000

(6)目前,在我国适合设施栽培的果树有(　　)。

A.葡萄、桃、草莓　　B.苹果、李、板栗

C.山楂、枣、梨　　D.海棠、杏、核桃

(7)果树中最怕涝的树种是(　　)。

A.苹果　　B.栗　　C.山楂　　D.桃

(8)葡萄设施栽培的树形是(　　)。

A.扇形　　B.十字形　　C.圆柱形

(9)下列因素中,不利于花芽分化的是(　　)。

A.开张枝条角度　　B.合理修剪,通风透光

C.花芽分化前环剥　　D.大量施氮肥使树势旺长

(10)葡萄结果母枝剪留长度有(　　)种方法。

A.2种　　B.3种　　C.4种

3.判断题

(1)草莓对土壤水分特别敏感。(　　)

(2)促成栽培不是绝对的使果树不进行自然休眠。(　　)

(3)果树前期树冠覆盖率增长快,有利于早丰产。(　　)

(4)设施栽培果树留花量越大产量也就越高。(　　)

(5)桃、杏、李的花芽全是腋花芽。(　　)

(6)判断桃树树势强弱主要看当年抽生长枝的数量和长度。(　　)

(7)桃树的结果部位比较稳定。(　　)

(8)桃树整形修剪应特别注意控制结果部位外移问题。(　　)

(9)核果类果树设施栽培果实采收后修剪的主要目的是改善光照条件。(　　)

(10)核果类果树设施栽培栽植当年肥水管理都应贯彻前促后控的原则。(　　)

(11)棚架栽培的葡萄施肥的重点是架后部位。(　　)

(12)葡萄浆果着色的好坏与直射光的强弱密切相关。 (　　)

(13)目前葡萄设施栽培中,用来控制休眠的主要化学药剂是赤霉素。 (　　)

(14)土壤上湿下干是果树设施栽培需要注意解决的重要问题之一。 (　　)

(15)容器栽培在果树设施栽培中具有广阔的应用前景。 (　　)

(16)葡萄的浆果在散射光下也能正常着色。 (　　)

4.问答题

(1)桃树保护地栽培选用什么设施好?栽植密度如何掌握?

(2)桃树设施栽培对品种有什么要求?

(3)设施栽培桃树在何时开始升温比较适宜?

(4)樱桃设施栽培选择什么品种和砧木好?

(5)樱桃设施栽培开始升温后,在温湿度管理方面应注意什么问题?

(6)草莓设施栽培有几种方式?各有什么特点?

(7)草莓设施栽培应把握好哪些关键环节?

(8)设施栽培葡萄的修剪时期和方法与露地栽培有什么异同?

(9)葡萄设施栽培常采用哪几种栽培方式?

(10)设施葡萄采用哪几种整形方式?

参考文献

[1] 杨玉文. 设施园艺研究新进展[M]. 北京:中国农业科学技术出版社,2009.

[2] 别之龙,黄丹枫. 工厂化育苗原理与技术[M]. 北京:中国农业出版社,2008.

[3] 刘士哲. 现代实用无土栽培技术[M]. 北京:中国农业出版社,2004.

[4] 李青云. 园艺设施建造与环境调控[M]. 北京:金盾出版社,2008.

[5] 克里斯 · 贝茨. 温室及设备管理[M]. 齐飞,等,译,北京:化学工业出版社,2009.

[6] 陈国元. 园艺设施[M]. 苏州:苏州大学出版社,2009.

[7] 杜纪格,宋建华,杨学奎. 设施园艺栽培新技术[M]. 北京:中国农业科学技术出版社,2008.

[8] 胡繁荣. 设施园艺[M]. 上海:上海交通大学出版社,2008.

[9] 李志强. 设施园艺[M]. 北京:高等教育出版社,2006.

[10] 张彦萍. 设施园艺[M]. 北京:中国农业出版社,2002.

[11] 白忠,白靖舒. 现代花卉学原理与切花百合生产技术[M]. 北京:金盾出版社,2007.

[12] 王宇欣,段红平. 设施园艺工程与栽培技术[M]. 北京:化学工业出版社,2008.

[13] 温耀贤. 功能性塑料薄膜[M]. 北京:机械工业出版社,2005.

[14] 甘肃省农科院果树所. 甘肃主要果树栽培[M]. 兰州:甘肃科学技术出版

社,1990.
[15] 宋丽润.林果生产技术(北方本)[M].北京:中国农业出版社,2001.
[16] 杨凌职业技术学院.果树栽培学[M].北京:中国农业出版社,2001.
[17] 苏州农业学校.观赏植物栽培[M].北京:中国农业出版社,2000.
[18] 周兴元.园林植物栽培[M].北京:高等教育出版社,2006.
[19] 张彦萍.设施园艺[M].北京:中国农业出版社,2002.
[20] 张乃明.设施农业理论与实践[M].北京:化学工业出版社,2006.
[21] 李道德.果树栽培[M].北京:中国农业出版社,2001.
[22] 吴国兴.保护地蔬菜生产实用大全[M].北京:中国农业出版社,1995.
[23] 蒋先明.蔬菜栽培学各论[M].北京:中国农业出版社,1993.
[24] 李志强.设施园艺[M].北京:高等教育出版社,2006.
[25] 李式军.设施园艺学[M].北京:中国农业出版社,2002.
[26] 张福墁.设施园艺学[M].北京:中国农业大学出版社,2001.
[27] 王秀峰,等.蔬菜工厂化育苗[M].北京:中国农业出版社,2000.
[28] 邢禹贤.新编无土栽培原理与技术[M].北京:农业出版社,2002.
[29] 夏春森,等.蔬菜遮阳网、防虫网、防雨棚覆盖栽培[M].北京:农业出版社,2000.
[30] 孙羲.植物营养原理[M].北京:农业出版社,1995.
[31] 谭秀荣.甜樱桃高效栽培技术[M].沈阳:辽宁科学技术出版社,1999.
[32] 包满珠.花卉学[M].北京:农业出版社,2000.
[33] 曹志洪.设施农业相关技术[M].北京:中国农业科技出版社,2000.
[34] 刘士哲.无土栽培技术[M].北京:农业出版社,2001.
[35] 李光晨,等.园艺通论[M].北京:科学技术文献出版社,2000.
[36] 李秀杰.桃树设施栽培[M].北京:中国林业出版社,1998.
[37] 司亚平,何伟明.蔬菜穴盘育苗技术[M].北京:农业出版社,1999.
[38] 黄丹枫,等.现代温室园艺[M].上海:上海教育出版社,2005.
[39] 刘燕.园林花卉学[M].北京:中国林业出版社,2003.
[40] 李圣超.设施园艺工程与我国农业现代化[J].中国果菜,2008(1).
[41] 朱芳冰.智能化温室的发展现状及趋势[J].现代化农业,2008(12).
[42] 高智富.温室环境控制技术的现状[J].中国市场,2007(35).
[43] 周国泉.温室植物生产用人工光源研究进展[J].浙江林学院学报,2008(6).
[44] 潘丽惠.荫棚的规划与设计[J].上海农业学报,2006(3).
[45] 王丽萍.河北省蔬菜简易工厂化育苗技术[J].河北农业科技,2008(20).

[46] 闫杰,罗庆熙,韩丽萍. 工厂化育苗基质研究进展[J]. 中国蔬菜,2006(2).
[47] 周炜,曲英华. 工厂化穴盘育苗基质的研究[J]. 北方园艺,2005(6).
[48] 陈全胜,汪淑磊,邓凯敏. 无土栽培营养液的配制[J]. 黄冈职业技术学院学报,2008(4).
[49] 葛志军. 国内外温室产业发展与研究进展[J]. 安徽农业科学,2008(35).
[50] 李谦盛,李式军. 适宜中国南方的连栋温室[J]. 中国蔬菜,2003(2).
[51] 东方. 温室 CO_2 环境及其调控技术[J]. 农业工程技术·温室园艺,2003(1).
[52] 高智富. 温室环境控制技术的现状[J]. 中国市场,2007(9).
[53] 张志斌. 我国设施园艺发展的思考与建议[J]. 华中农业大学学报,2004(5).
[54] 闫杰,罗庆熙. 园艺设施内温度湿度的调控[J]. 温室园艺,2004(7).
[55] 邢作山,张广义. 棚室内气体状况与调控技术[J]. 温室园艺,2004(8).